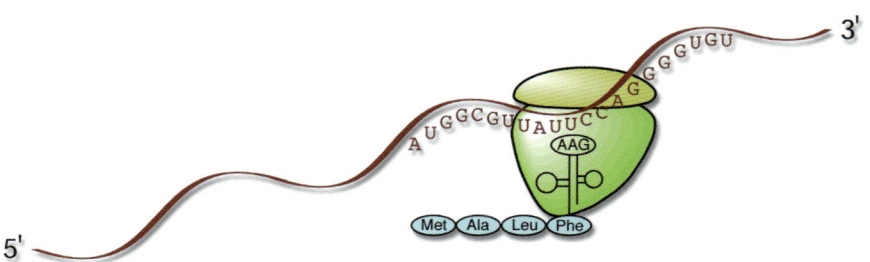

生命科学の基礎

日本大学松戸歯学部教授　城座映明

学建書院

はじめに

　本書は，共用試験の一部を構成する「生命の分子的基盤」に対する，松戸歯学部での過去5年間にわたる授業資料をまとめたものです．CBT（computer-based testing）とよばれるこの試験は，基礎科目を終え，臨床科目をある程度終了した学生が受験します．したがって基礎領域での非常に基本的な内容，たとえばアミノ酸の構造などは省きました．しかし遺伝子組み換え実験に関しては今後の重要性を意識して解説を試みました．

　授業の過程で気がついた問題点は，生理学・生化学・薬理学に代表される機能系領域では，著者自身も含めた個々の教員が，さまざまな図を「勝手に」使用しているということです．教科書レベルでの図が全国規模で統一されていれば，学習者にとっては大変学びやすいのではと想像されますが，1冊の著書のなかでさえも図面の大小関係・関連性についての説明は乏しいのが現状です．一方で，知識が単独して点在している状況は，知識を持ち合わせていないことに等しいということを学習者に伝えております．一見独立しているかのようにみえる事項でも，ほかの事実とリンクしていることが理解されれば，知識を整理しながら理解することが可能と考えられます．

　そこで本書では，代表的な図面の大小関係・関連性を「関連図」として，また個々の知識の関連性を「概念図」としてまず提示しました．実際の授業で，学習者には個々の知識の関連性を示すMap（4〜7頁）を提出してもらいました．そのなかのBestの「作品」二学年分が後者です．

　分子モデルを基盤とした，かなり「おたく的」な練習問題を掲載していることも事実であり，読者の「何を質問しているのか意味不明」という声がきこえてきます．しかし目で見ることのできないミクロの世界を扱う機能系領域において分子が可視化できれば，糖質，脂質，アミノ酸，酵素，細胞膜，ウイルス，原核細胞，真核細胞・・・と正確にスケールを拡大することが可能になるハズです．その意味で，HGS分子モデルのはたす役割は非常に大きいものと確信しており，実際の授業で活用しています．機会があれば分子モデルの有効性を広く紹介したいと考えています．

　歯科に限らず，医科，看護，薬学，獣医学など生命科学に関連する領域での基礎を固めるために著したつもりですが，改めて内容を振り返ると欠落・不備が多々見受けられます．読者からのご意見を頂けると幸いです．また前著より多くの図の転載を快く許可して下さった日本看護協会出版会，そして著者の意をくみ取り，出版の機会をいただいた学建書院に心より感謝致します．

2010年12月

日本大学 松戸歯学部 化学教室　城座 映明

もくじ

関連図・概念図　*2*

Part 1　イントロダクション　*8*

1　分子モデルの導入　*8*
2　化学の基礎
　　—「分子的基盤」に入る前に—　*8*
3　物質の略記法　*10*
　1　化学物質の略記法　*10*
　2　タンパク質の表記・表現法　*10*
　3　遺伝子などの習慣的な表示法　*10*
4　物質の極性　*12*
　1　試料の整理　*12*
　2　薄層クロマト　*12*
　3　逆相クロマトの実際　*14*
　4　リドカインの作用機序　*14*
◆　練習問題　*16*

Part 2　生命を構成する基本物質　*22*

1　アミノ酸とタンパク質の構造と機能　*22*
　1　アミノ酸の基本構造　*22*
　2　ヒスタミンで連想すべき事項　*22*
　3　アミノ酸の表記法　*22*
　4　タンパク質を構成する
　　　「通常の」アミノ酸　*22*
　5　タンパク質　*22*
　6　タンパク質関連酵素　*24*
　7　タンパク質の高次構造　*25*
　8　コラーゲン　*25*
2　糖質の構造と機能　*25*
3　脂質の構造と機能　*28*
　1　おもな脂質の種類　*28*
　2　リポタンパク質　*28*
　3　脂質分解酵素　*28*
4　核酸の構造と機能　*31*
5　生体におけるエネルギー利用　*32*
　1　糖質代謝　*32*
　2　脂質代謝　*34*
　3　タンパク質代謝　*34*
　4　核酸代謝　*34*
　5　代謝の全体像
　　　—肝臓を中心として—　*38*
　6　酵素の働き　*40*
　7　代謝異常　*40*
◆　練習問題　*46*

Part 3　遺伝子と遺伝　*54*

1　セントラルドグマ　*54*
◆　練習問題　*62*

Part 4 　遺伝子組み換え実験　74

1. 汎用される酵素　74
2. 網目構造を有する支持体による物質の分離・精製　76
3. 一次抗体と二次抗体の調整　77
4. 陽性タンパク質の同定　78
5. ウエスタンブロッティング　79
6. サザンブロッティング　80
7. 陽性クローンのスクリーニング　82
8. ELISA法　83
9. PCR　84
10. RT-PCR　86
11. ジデオキシ誘導体（ddNTP）による塩基配列の決定　88
12. short tandem repeat（STR）に基づく個人情報　90

◆　練習問題　92

Part 5 　細胞のコミュニケーション　94

1　細胞の構造と機能　94
　1. 原核細胞と真核細胞のちがい　94
　2. 体細胞と生殖細胞　94
　3. 常染色体と性染色体　94
　4. 細胞周期　98
　5. 細胞死の基本的機序
　　　―アポトーシスとネクローシス―　98

2　細胞のコミュニケーション　99
　1. 細胞間の情報伝達　99
　2. ホルモンとサイトカイン　100
　3. ビタミンと補酵素　101
　4. 血液細胞の分化　102
　5. 結合組織　104
　6. 炎症―その概要　105
　7. アラキドン酸カスケード　106
　8. 炎症時における血清タンパク質の反応　106
　9. Ⅰ型アレルギー　110
　10. 補体系の活性化　111
　11. アスピリンと胃潰瘍　112
　12. 免疫の概要　114

◆　練習問題　116

Part 6 　リガンドとレセプター　122

1. 概　要　122
2. 水溶性リガンドの場合　123
3. リガンドが細胞に結合している場合　130
4. 脂溶性リガンドの場合　131

◆　練習問題　136

文章例題　144
索　引　147

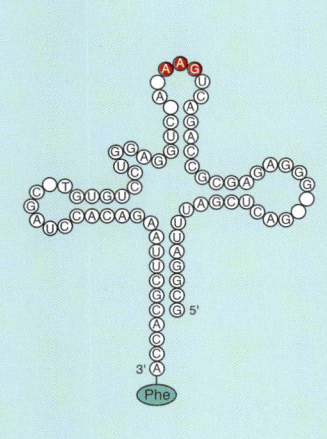

関連図・概念図

図1

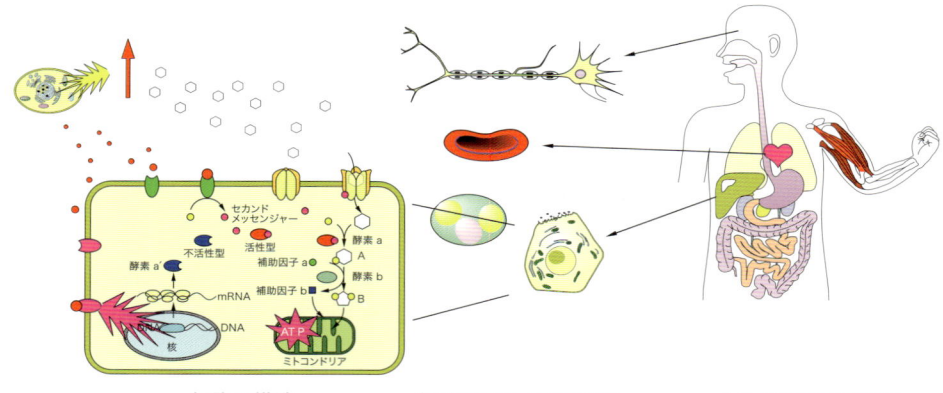

細胞の構造　　　各臓器を構成する細胞　　　人体を構成する臓器

図2

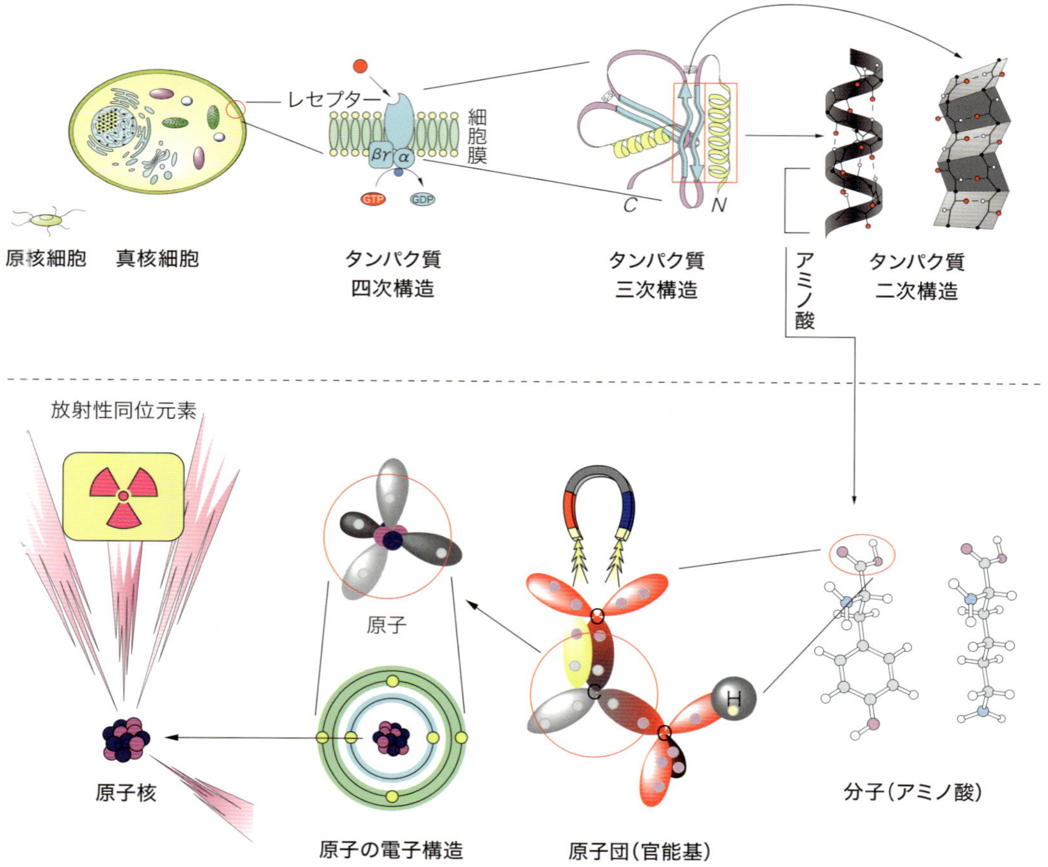

原核細胞　真核細胞　　タンパク質四次構造　　タンパク質三次構造　　アミノ酸　　タンパク質二次構造

放射性同位元素

原子核　　原子の電子構造　　原子　　原子団（官能基）　　分子（アミノ酸）

図 3

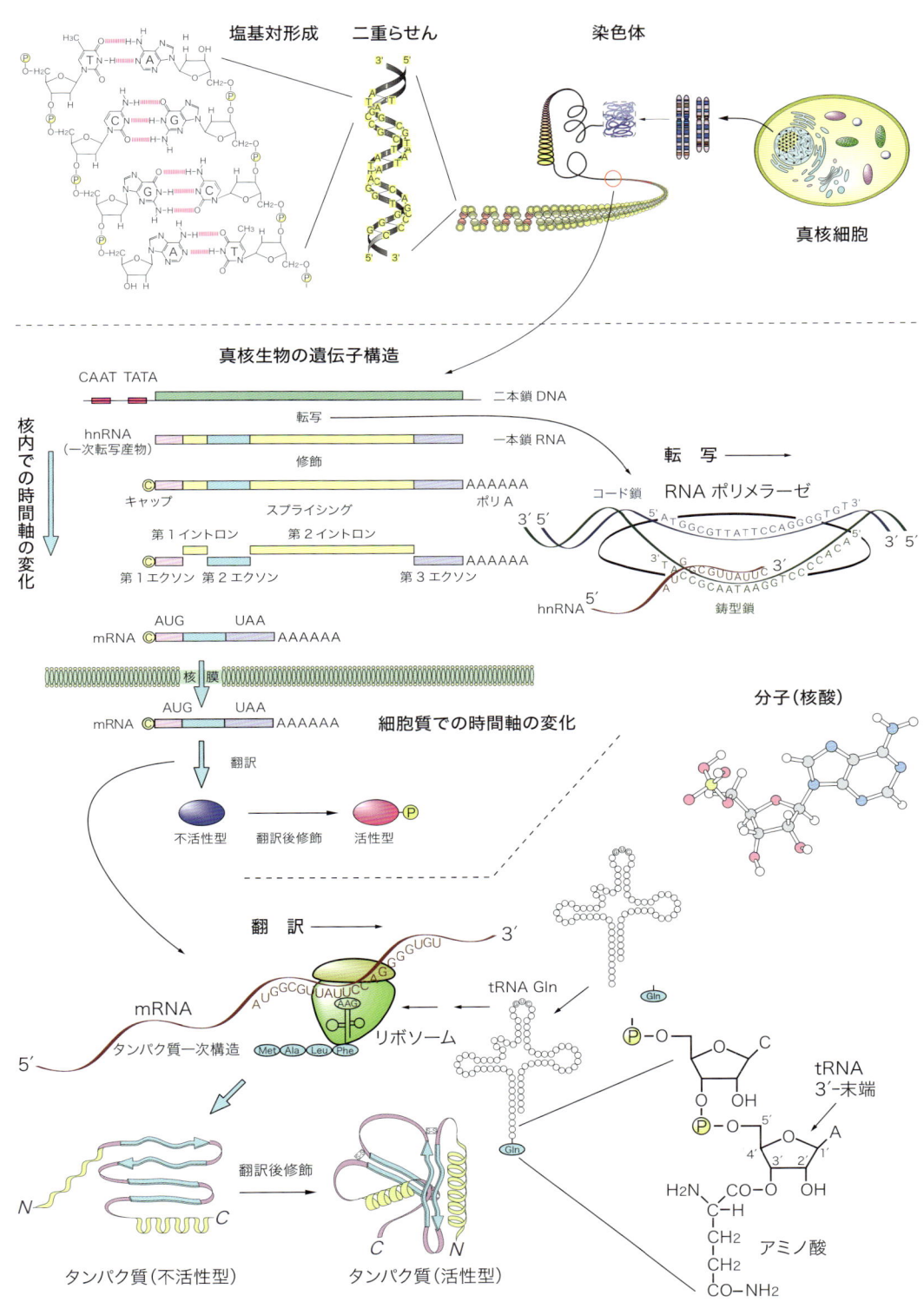

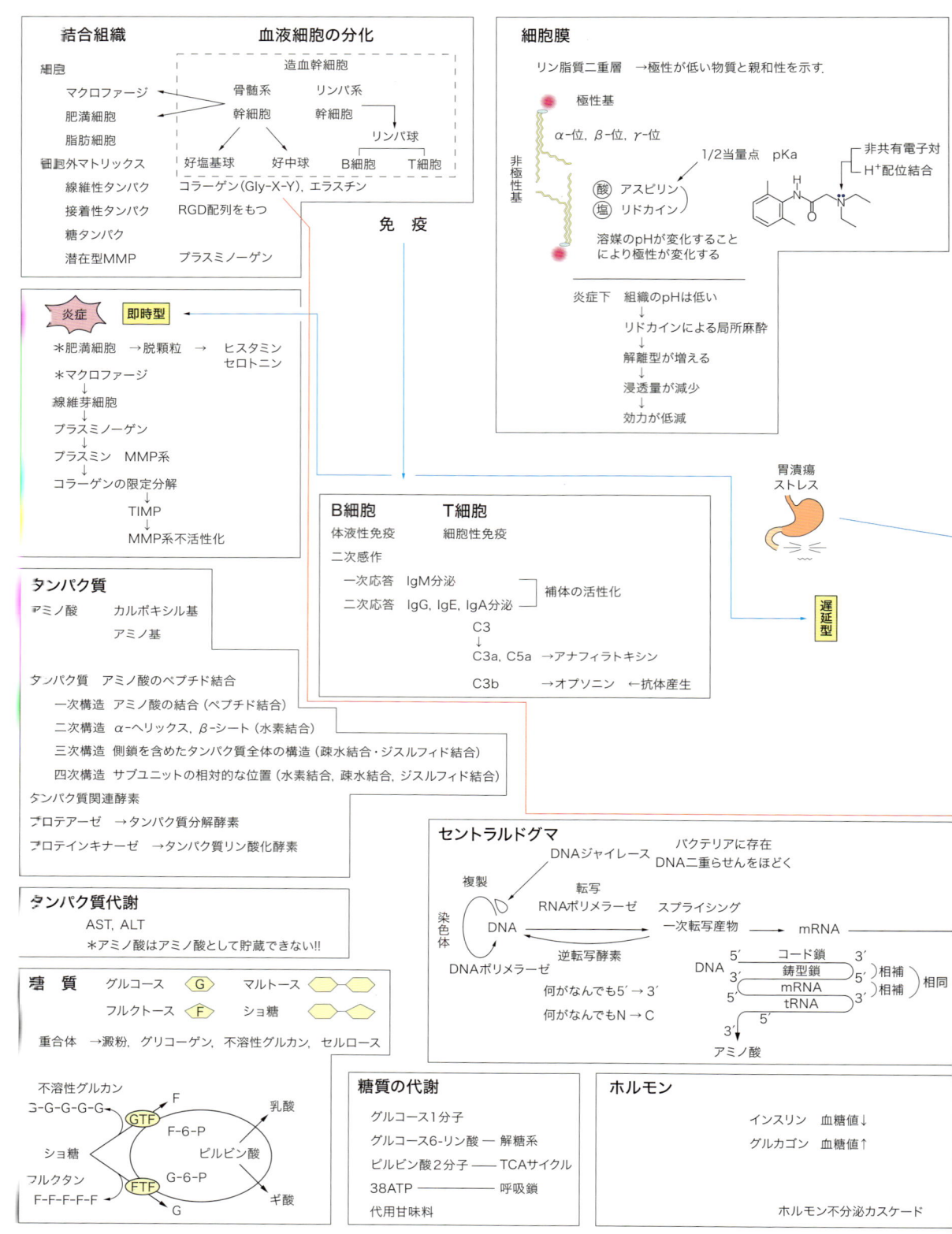

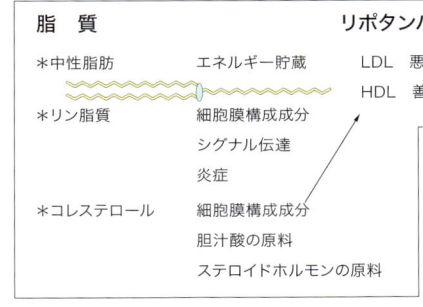

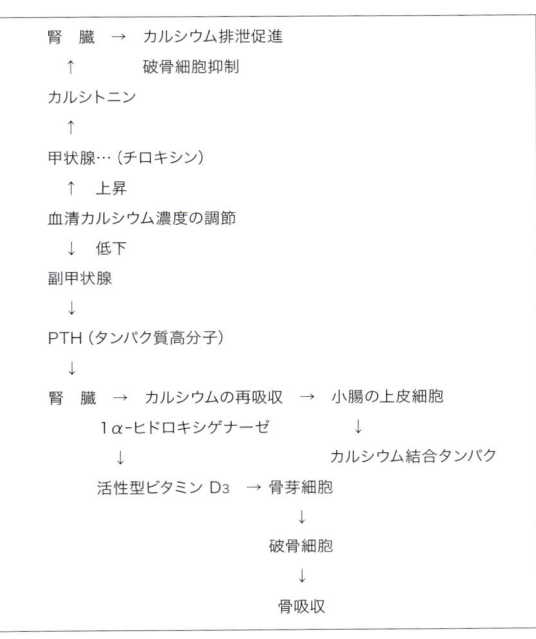

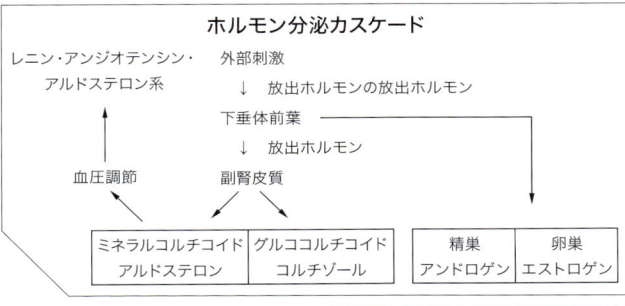

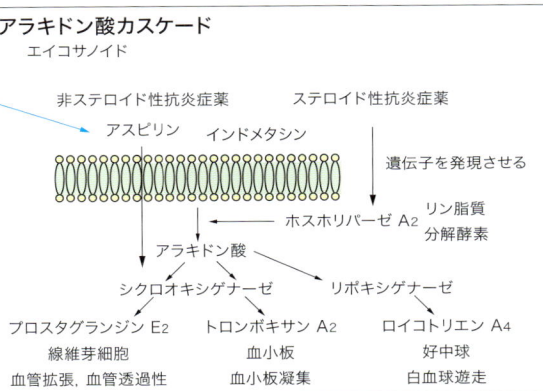

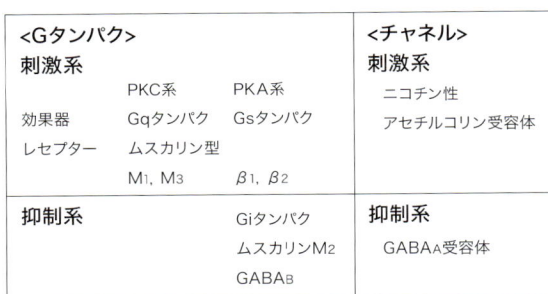

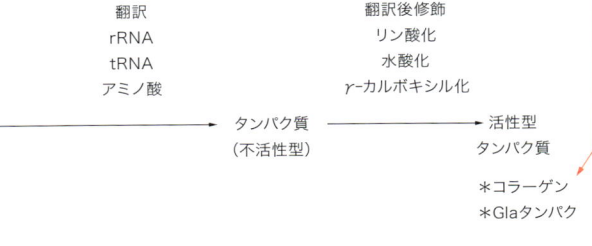

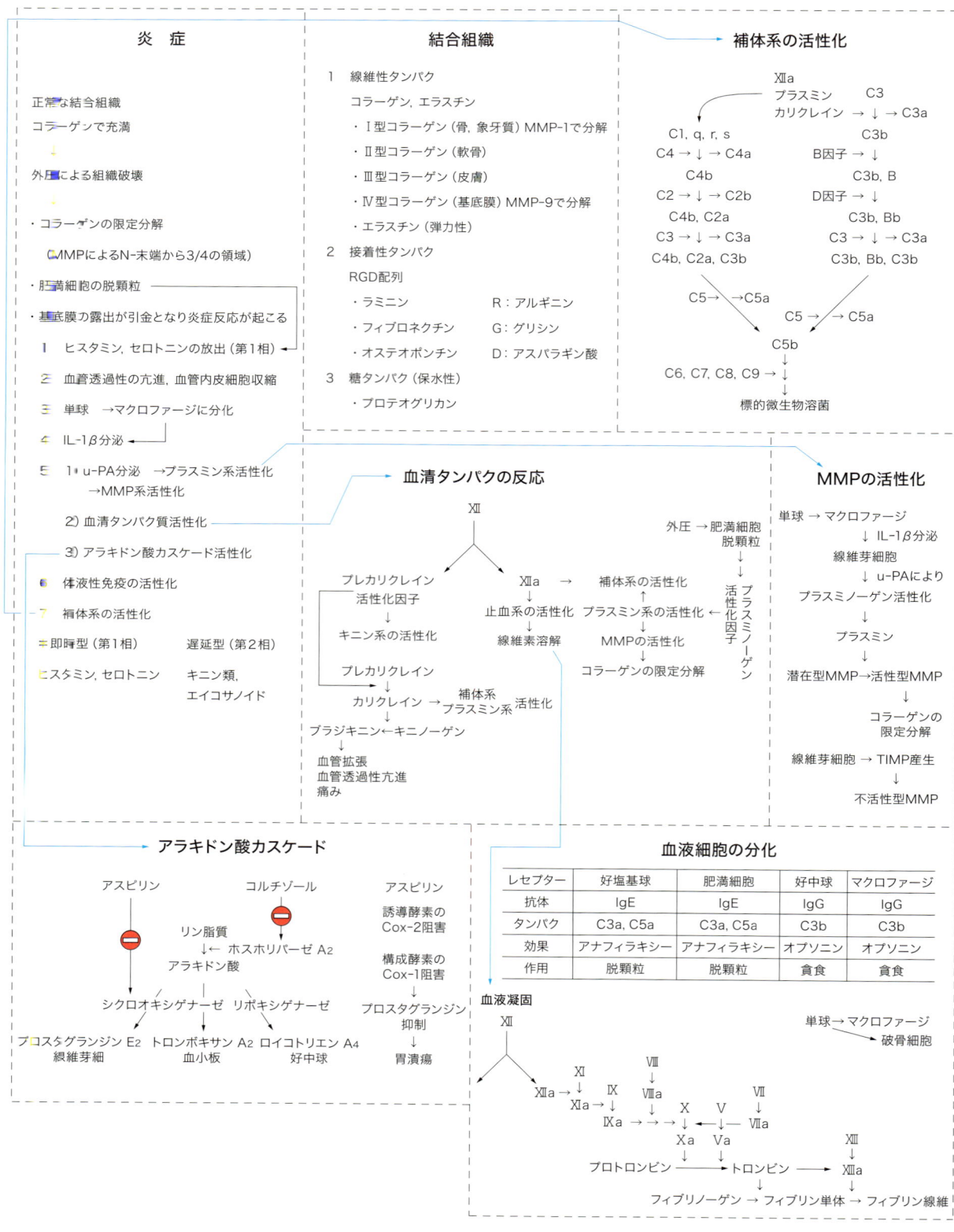

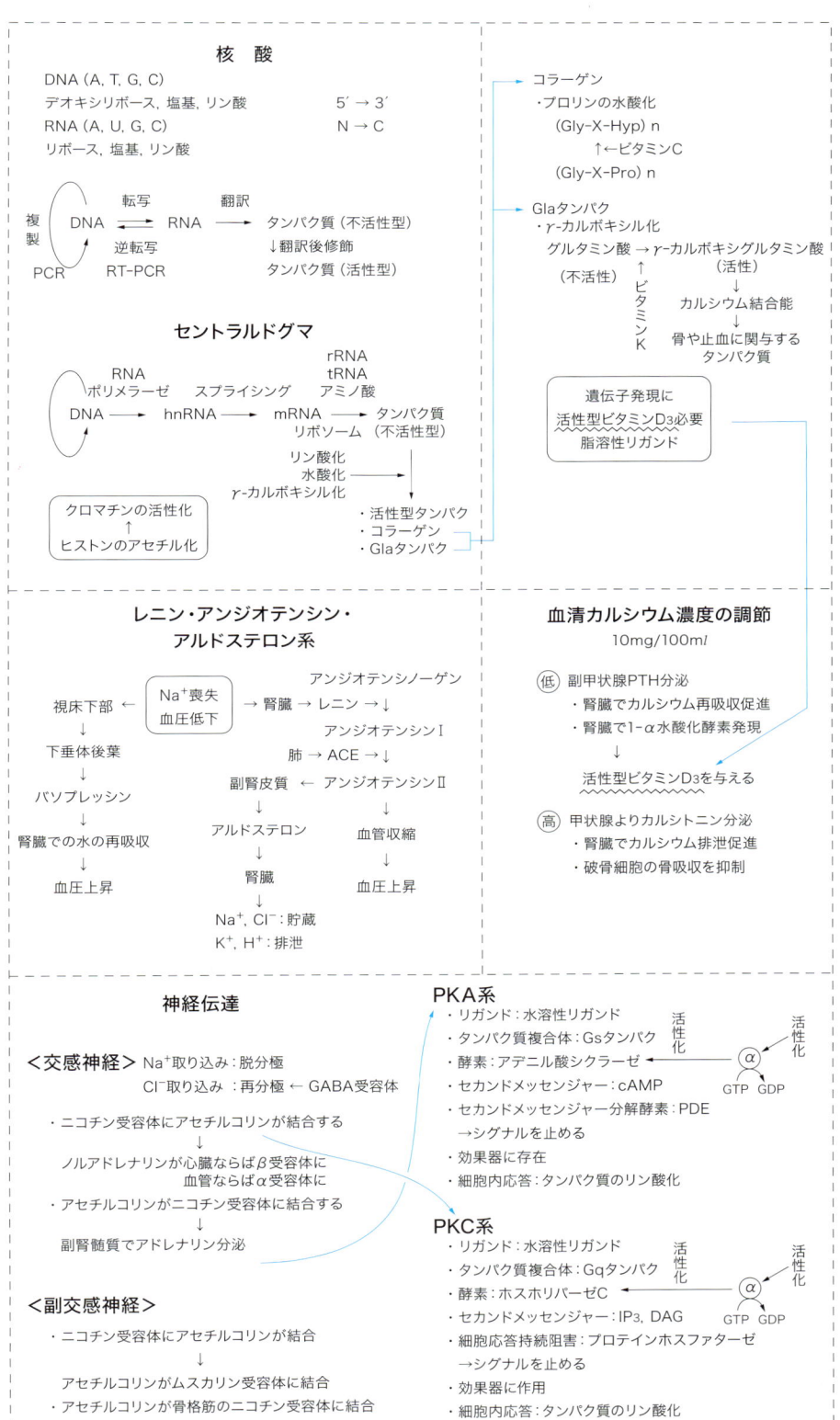

Part 1 イントロダクション

1 分子モデルの導入

　生体に関与する物質の分類を試みると，その基準として高分子か低分子か，水溶性か脂溶性か，窒素を含むか含まないか，などの点があげられる（図1・4）．これを1ナノメートル（10億分の1メートル）が10センチメートル（つまり1億倍）で表現される分子モデルを導入して考察してみよう．具体的にはグルコースやアミノ酸は手のひらに乗る低分子，リン脂質を構成する個々の単位も低分子，リン脂質そのものも低分子となる（図1・1）．

　さらに化学式で示されるものはすべて低分子とみなせる（例：中性脂肪，ATP，コレステロール）．また分子の色合いに注目した場合，モノトーンは脂溶性物質（例：コレステロール），カラフルな分子は水溶性物質（例：グルコース）となる．

　タンパク質はアミノ酸が数百，数千残基重合したもので，モデルで組むと私たちの体ほどの大きさになる．したがってモデルの世界に入ると，私たち自身はタンパク質や酵素の大きさになる（図1・2）．

　モデルによってリン脂質を構築すると，その大きさ（厚さ）は約25 cmほどになる．細胞膜はリン脂質が上下に重なった二重構造をしているので，厚さは約50 cmになる．したがって細胞膜表層に存在するレセプタータンパクは，私たちが椅子に腰掛け，机に向かっている様子に例えることができる（図1・1）．

　神経伝達物質はほとんどが水溶性低分子である（代表例：アセチルコリン，アドレナリンなど）．またモデルの世界では，神経細胞間のシナプス間隙は約2メートル，神経―筋肉間のシナプス間隙は約50メートルになる．さらに大腸菌の大きさは約100メートル，真核細胞は日本大学松戸歯学部から松戸駅（約3 km）ほど，そしてその大きさの細胞の中身を厚さ約50 cmの細胞膜が支えていることになる．肝臓の大きさは，何と地球規模に対応する（図1・3）．

2 化学の基礎 ―「分子的基盤」に入る前に―

　分子とは：そのものの性質を示す最小単位
　　　　　→　分子量，モル，モル濃度，cf 血糖値
　原子とは：分子を構成する単位，原子核と電子，陽子と中性子

1. 元素の周期律（周期律表の第3周期までとK，Caを覚える），原子の電子構造（H，C，N，O），電気陰性度，水素イオン（別名プロトン，陽子そのもの，化学結合上は「手ぶら」の状態），水素イオン濃度，pH，最外殻に存在する電子が化学結合に関与する．
2. 混成軌道：sp^3混成軌道　→　正四面体，飽和結合（単結合）
　　　　　　sp^2混成軌道　→　正三角形，不飽和結合（二重結合）
3. 非共有電子対　→　窒素の非共有電子対は塩基性をもたらすうえで重要
　　　　　　　　→　配位結合，塩酸リドカイン

図 1・1 モデルの世界に入る-1

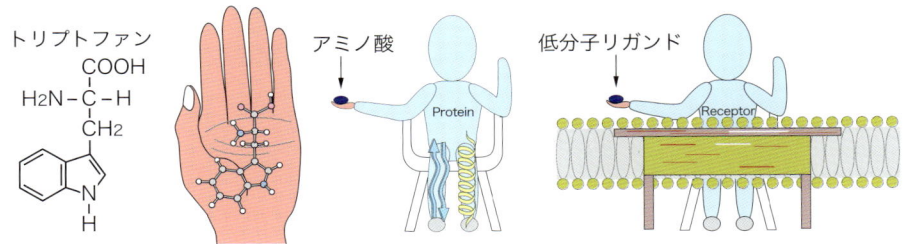

図 1・2 モデルの世界に入る-2

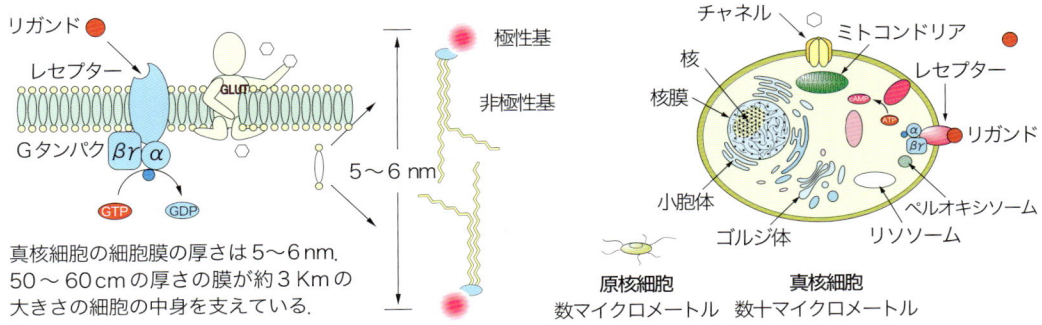

真核細胞の細胞膜の厚さは 5〜6 nm. 50〜60 cm の厚さの膜が約 3 Km の大きさの細胞の中身を支えている.

原核細胞　　真核細胞
数マイクロメートル　数十マイクロメートル

図 1・3 モデルの世界に入る-3

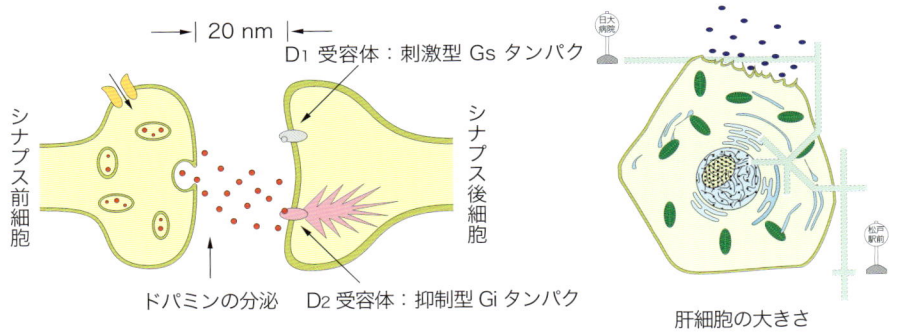

肝細胞の大きさ

4　官能基における電子の局在性
　　カルボキシル基とアミノ基, 極性基と非極性基, 水溶性と脂溶性, 酸と塩基・水溶液の pH, 酸性物質と塩基性物質
5　化学結合 5 種
　　共有結合, 配位結合, イオン結合, 水素結合, 疎水結合

3 物質の略記法

多くの化学物質は構造式で示されるが，省略した記述が非常に多く，初学者にはわかりづらい．

1 化学物質の略記法

分子を構成する炭素原子の元素記号 C は省略し，骨格は「針金」のように表現する．針金の末端，屈曲点および交点には炭素原子が存在する．また原則として，炭素原子に結合している水素原子は示さない（図1・4）．酸素原子，窒素原子などは省略せず，これらの原子に結合する水素原子も省略しない．炭素原子の結合の手は常に4本なので，単結合，二重結合での炭素原子に結合する水素原子の数に注意する．

＜脂肪酸の炭素原子の位置＞
  → カルボキシル基の隣から α-位，β-位，γ-位，一番遠くは ω-位．

2 タンパク質の表記・表現法：さまざまな示し方が存在する

タンパク質はアミノ酸がペプチド結合により重合したもので，一次構造，二次構造，三次構造および四次構造が存在する（図2・2参照）．それぞれに対応した略記法が勝手に用いられている．

一次構造を線分のみで表記する（N-末端，C-末端の記述がある場合はまだまし）．

アミノ酸を○などで示し，これを数珠状につなげてタンパク質の一次構造になぞらえる（図1・5）．

二次構造の α-ヘリックス，β-シートをリボンで表現し，CGによりそれぞれの相対的位置を明示して三次構造を示す（近年の教科書に多用されている）．

タンパク質をグラデーションにより立体感をもたせた楕円などで示し，サブユニットから構成される四次構造を表現する．

3 遺伝子などの習慣的な表示法：遺伝子には方向性がある

線分を1本書くと，二本鎖DNAを現す場合と一本鎖DNAを現す場合とがある．一本鎖では多くの場合，左側が5′-末端に，右側が3′-末端に表現される．

平行線を2本書くと二本鎖DNAを現す．多くの場合，上に書かれた線分の左側が5′-末端に，右側が3′-末端に表現される．2本のDNA鎖は逆平衡に水素結合しているので，下の線分ではこの逆となる（図1・6）．

【設問】遺伝子の方向性を決める要素は何か．

図 1・4　化学物質の略記法

＊ 炭素原子の骨格は針金のように表現する．針金の末端，屈曲点，交点を炭素原子として表現する場合がある．

＊ 水素原子は，炭素原子に結合している場合には示さないことがある．

水素原子をキチンと記述すると…

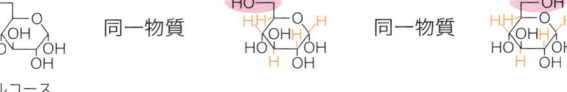

参照
p16, 17

R：何かが結合している
　最小単位は水素原子
　次がメチル基

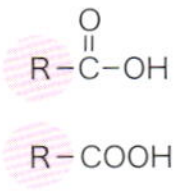

図 1・5　タンパク質の略記法

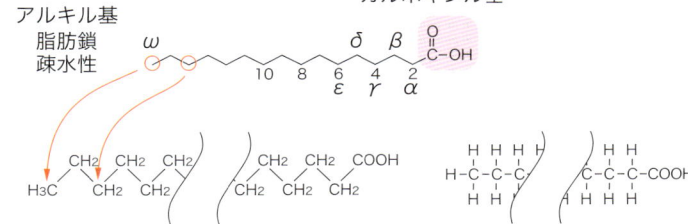

図 1・6　遺伝子の略記法

2本の DNA 鎖が逆平衡に水素結合している．DNA 鎖には方向性がある．

横棒を1本書くと　二本鎖 DNA を示す場合　————

一本鎖 DNA を示す場合　5′ ———— 3′

一本鎖 DNA を示す場合　3′ ———— 5′

平行棒を2本書くと　二本鎖 DNA を示す　5′ ———— 3′ / 3′ ———— 5′

二本鎖 DNA を示す　3′ ———— 5′ / 5′ ———— 3′

参照
p56, 73

一本鎖 RNA ですが…

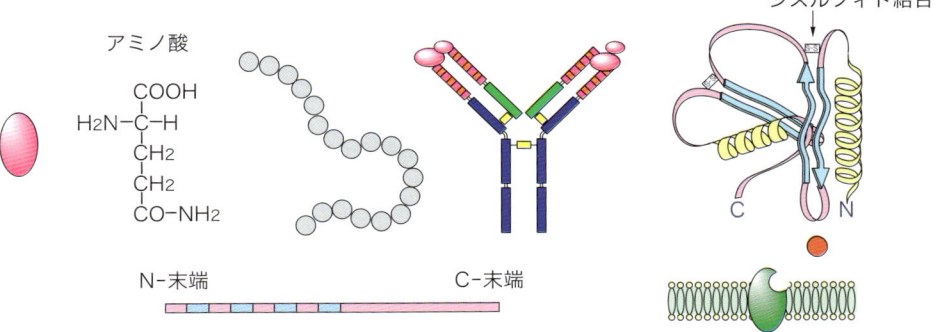

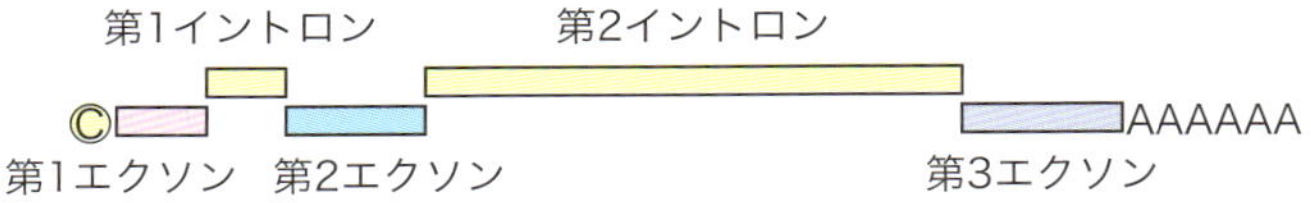

4 物質の極性

1 試料の整理

　化学物質が細胞の中に浸透するかしないかについて考えることにしよう．それにはまず物質の性質を知ることである．最初に物質を分類するが，それにはさまざまな基準が考えられる．高分子か低分子か，窒素を含むか含まないか，そして水溶性か脂溶性かである．化学物質が細胞の中に浸透するかしないかは，この最後の分類基準である物質の極性に強く依存する．この分類基準では，注目している物質の極性が，存在する環境のpHにより左右されるか，されないかが重要な因子となる．前者に分類され，私たちの生活に密接な関係をもつ物質としては，酸性物質としてのアスピリン，塩基性物質としてのリドカインがあげられる．鎮痛剤として汎用されるアスピリンは，分子内にカルボキシル基を有する酸性物質であり，そのままの形ではほとんど水には溶けない極性の低い状態（遊離型）にある．強塩基である水酸化ナトリウムなどで中和滴定を行うと，カルボキシル基がイオン化した解離型となり，その結果水溶性となる．そして当量点での水溶液を蒸発させることにより美しい結晶が得られる（アスピリンのナトリウム塩）．これとは逆に，アスピリンのナトリウム塩を蒸留水に溶解して塩酸を加えると遊離型となり，もはや水に溶けていることはできない．この事実から，酸性物質は酸性状況下におくと極性が低くなり，あぶらっぽくなることが理解される．

　一方，局所麻酔薬として重要なリドカインは分子内に三級アミン構造を有する塩基性物質であり，塩酸による中和反応の結果，配位結合を形成して解離型となり，水溶性の塩酸リドカインを与える．アスピリンのナトリウム塩と同様，塩酸リドカインを蒸留水に溶解して水酸化ナトリウムを加えると遊離型となる．すなわち塩基性物質は，塩基性状況下にすると，あぶらっぽくなる．

　次に，存在する環境のpHに関係なく常に一定な物質の代表例として，水溶性ビタミン，脂溶性ビタミンがある．水溶性ビタミンとしてアスコルビン酸（ビタミンC）が，脂溶性ビタミンとしてトコフェロール（ビタミンE）があげられる．

2 薄層クロマト

　化学物質が細胞の中に浸透するかしないかを知ることは容易ではない．しかし薄層クロマトという手法を用いることにより，ある程度予測することが可能である．ここではその手法について述べる．化学物質がコーティングされたプラスチック表面に，極性の異なる物質を毛細管（キャピラリー）を用いてスポットする．まったく同一なものを2枚用意し，一方は酸性溶媒で，また他方は塩基性溶媒で展開し，紫外線を照射するなどして分離された物質を検出する．似たもの同士は行動をともにするので，極性の似たもの同士は親和性を示す．今日では，薄層クロマトの表面を水酸基でコーティングした順相と，アルキル基でコーティングした逆相とが入手可能である．また細胞膜の化学構造はリン脂質二重層であり，その極性は非常に低い．すなわち逆相クロマト表面の固定相の化学構造は細胞膜と同一とみなせる．したがって逆相クロマト

図 1・7　試料の整理：アスピリンとリドカインの解離

酸性物質
アスピリン，抗炎症薬
pH により極性が変化する．

塩基性物質
リドカイン，局所麻酔薬
pH により極性が変化する．

酸性・酸性・あぶら
アスピリンナトリウム塩
A
COOH
H+
OH−
塩基
酸
H+
COO−
O
+ Na+ + H2O
遊離型
解離型
脂溶性
イオン化による水溶性
非共有電子対
アミド結合
配位結合
B
H
N
H+
酸
塩基
OH−
H+
N+
+ Cl−
遊離型
解離型
三級アミン構造
塩基性・塩基性・あぶら
リドカイン塩酸塩

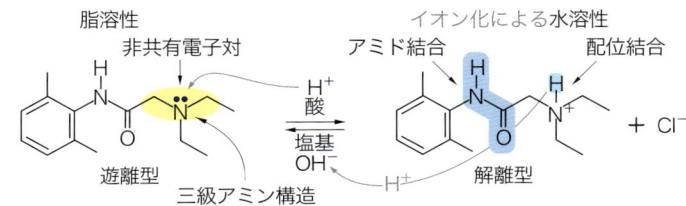

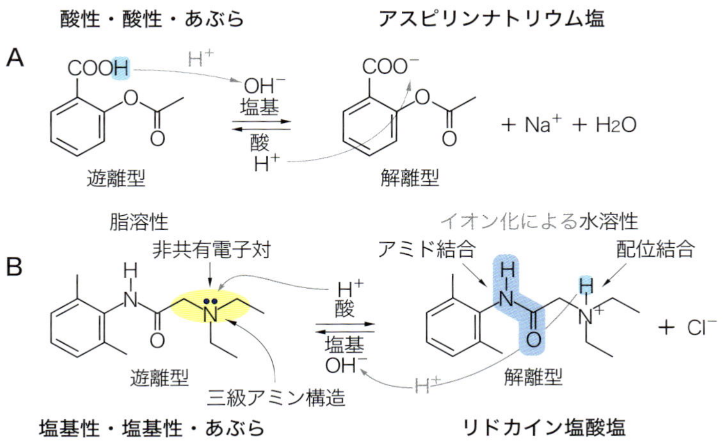

C　**水溶性物質**

OH
OH
HO
OH
O

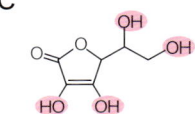

アスコルビン酸(ビタミン C)
水酸基が多く，pH に関係なく極性が高い
→　常に水溶性

D　**脂溶性物質**

O
HO

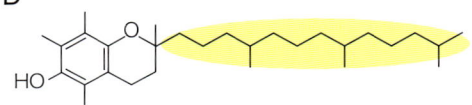

トコフェロール（ビタミン E）
分岐した脂肪鎖をもち，pH に関係なく極性が低い
→　常に脂溶性

図 1・8　薄層クロマト

A

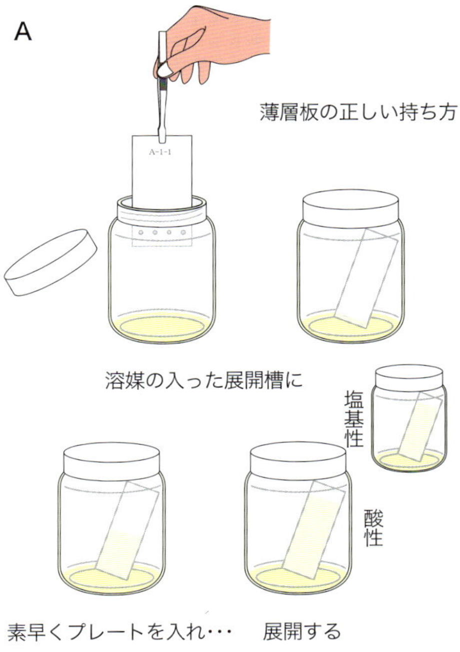

薄層板の正しい持ち方
A-1-1
溶媒の入った展開槽に
塩基性
酸性
素早くプレートを入れ…
展開する

B　薄層クロマトの表面構造と試料の分離

固定相の構造
順相：水酸基がコーティングされ，表面の極性は高い．
逆相：アルキル基がコーティングされ，表面の極性は低い．

似たもの同士は行動をともにする　→　人間とまったく一緒!!

逆相では，極性の低い物質は固定相に親和性を示す．

極性の高い物質は固定相と親和性を示さずに突っ走り，一方，極性の低い物質は固定相と親和性を示して，ほとんど移動しない．

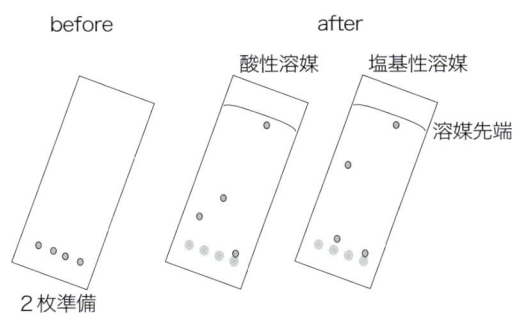

before
after
酸性溶媒
塩基性溶媒
溶媒先端
2枚準備

上での化学物質の挙動を調べることにより，注目している化学物質の細胞内への浸透性が予測可能となる．

3　逆相クロマトの実際

アスピリン（酸性物質#1），リドカイン（塩基性物質#2），アスコルビン酸（水溶性物質#3），トコフェロール（脂溶性物質#4）を逆相クロマトで分離した実際の結果が図1-9Bである．各試料をスポットしたまったく同様な2枚の薄層板を準備し，一方は酸性溶媒で，また他方は塩基性溶媒で展開を行った．わかりやすいものの結果から説明すると，#3は酸性，塩基性に関係なく突っ走っており，固定相とまったく親和性を示していない．pHに関係なく極性が高く，水溶性物質であるアスコルビン酸であることがわかる．一方，#4は酸性，塩基性に関係なく常に固定相と高い親和性を示している．したがって脂溶性物質であるトコフェロールと同定される．#1および#2はpHにより移動度が異なっているので，酸性物質あるいは塩基性物質であることが示唆される．#1の酸性および塩基性下での挙動を比較すると，酸性状況下のほうで移動度が低く，固定相に親和性を示している．酸性状況下であぶらっぽくなっているので，酸性物質であるアスピリンと同定される．また#2はこれとは逆に塩基性状況下であぶらっぽくなっているので，塩基性物質であるリドカインと同定される．

4　リドカインの作用機序

リドカインは，歯科領域では局所麻酔薬として汎用されている．その作用機作は，神経細胞のナトリウムチャネルを遮断し，活動電位の発生を抑制することにある．リドカインが機能を発揮するためには，まず神経細胞の内側に入り込む必要がある．細胞膜はリン脂質二重層で構成されており，逆相クロマトの固定相と類似した極性の低い状況にある．低分子物質は，リン脂質と同様に極性の低い遊離型の状態であれば細胞膜と親和性を示し，その結果，細胞内に透過することができる．したがって遊離型リドカインは細胞膜を透過して局所麻酔薬としての機能を発揮することができるが，イオン化した解離型リドカインは局所麻酔薬としての機能が低下する．

ここで炎症領域のpHは低下しているという．そのような領域では解離型リドカインの存在比率が高くなることは，先の実験結果から明らかである（酸性溶媒下での#2の挙動）．すなわち炎症状況下では，局所麻酔としての機能が低下することが理解できる．

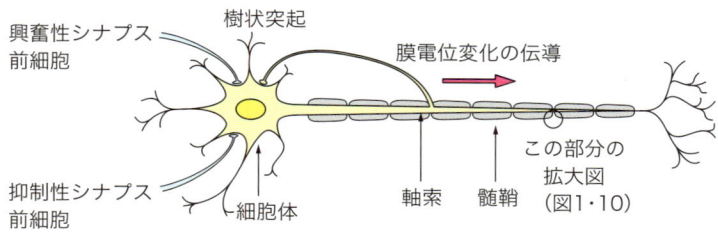

図 1・9　逆相クロマトの実際

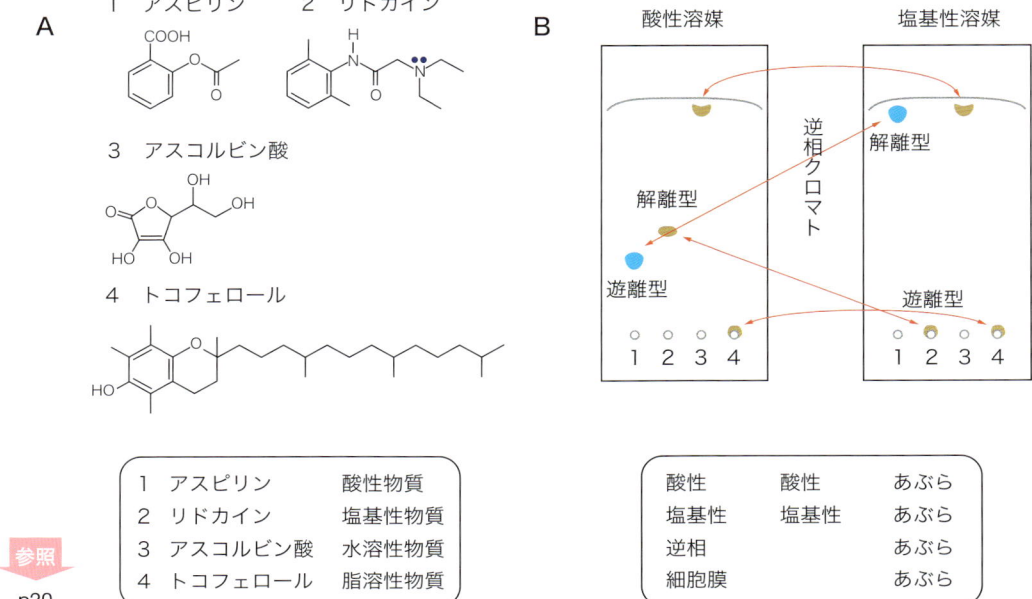

図 1・10　リドカインの作用機序

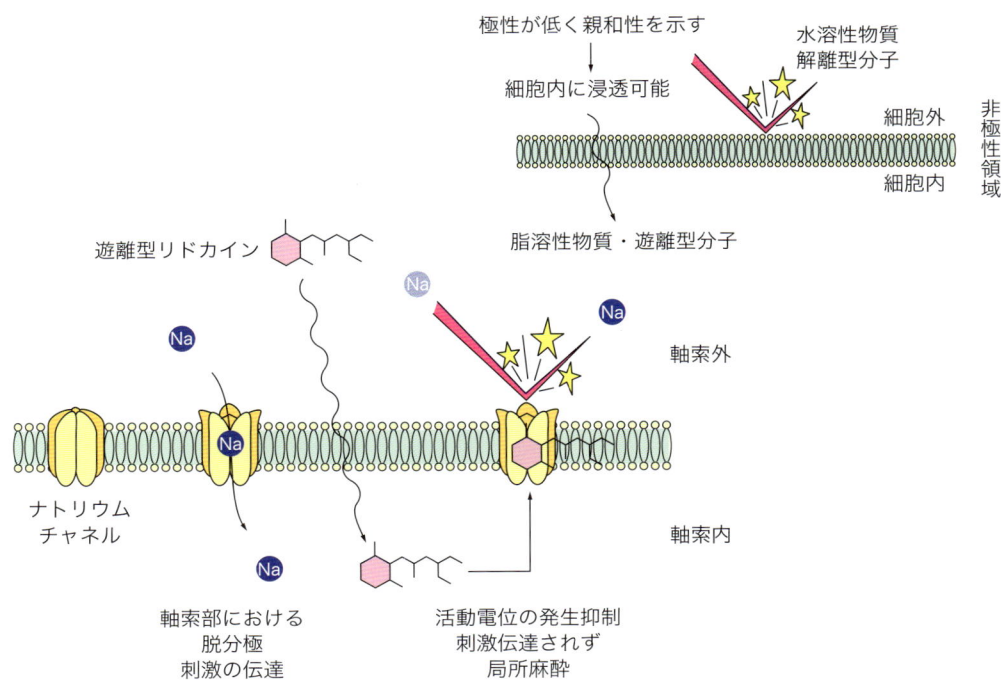

◆ 練習問題 ◆

■■■ 1-1 略記法により示された次の化学物質の構造式を示しなさい．

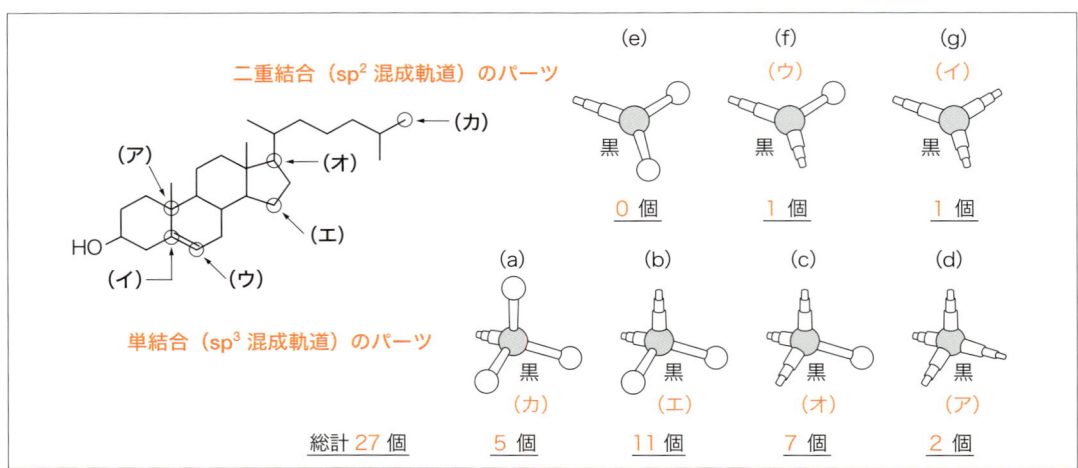

参照
p10, 11
　炭素原子のCは省略し，骨格は「針金」のように表現する．針金の末端，屈曲点および交点には炭素原子が存在する．また原則として，炭素原子に結合している水素原子は示さない．炭素原子の結合の手は常に4本なので，単結合，二重結合での炭素原子に結合する水素原子の数に注意する．

■■■ 1-2 有機化合物の構造を，部分構造とともに略記法にて示す．
　　　下記の問いに答えなさい．

1 部分構造（ア）〜（カ）に対応する分子モデルパーツはどれか．
2 有機化合物の性質はどのようか．　脂溶性　低分子
3 有機化合物の名称は何か．　コレステロール
4 有機化合物を構成する炭素原子の総数は27である。パーツ(a)〜(g)は，それぞれ何個使用されているか．

■■■ 1-3 略記法により示された化合物の構造式を，
また分子モデルに対応する構造を略記法で示しなさい．

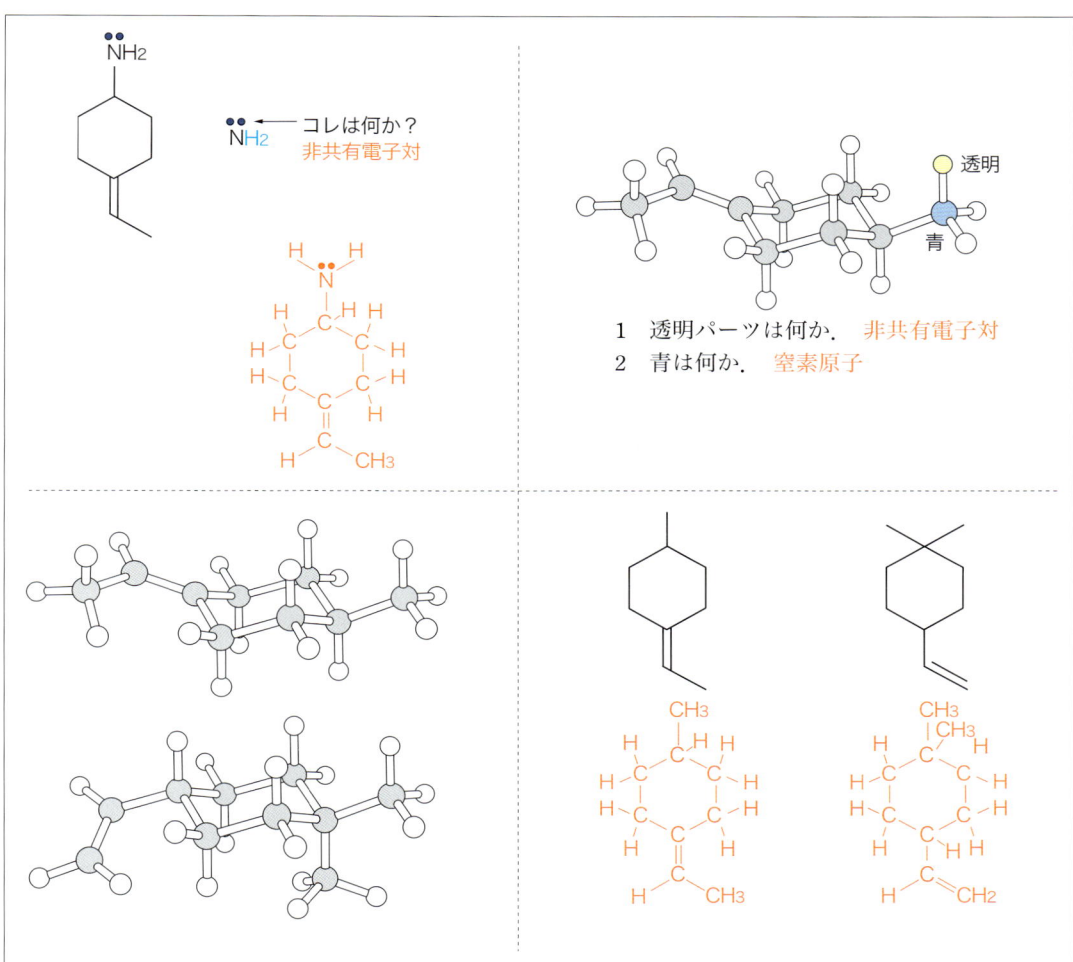

参照
p10, 11

1-4 生体に関与する物質の化学構造を示す．下記の問いに答えなさい．

（ア）グルコース — 飛び出している炭素が6-位
（イ）フルクトース — 結合している酸素の多いほうが2-位
（ウ）飽和脂肪酸　$CH_3-(CH_2)_{14}-COOH$
（エ）リシン（アミノ酸）
（オ）カルシウムイオン　Ca^{2+}
（カ）尿素
（キ）ATP — 飛び出している炭素が5'-位
（ク）グリセロール
（ケ）中性脂肪　R1，R2，R3：脂肪鎖を示す．
（コ）コレステロール
（サ）ピルビン酸

1. （ア）〜（サ）は何か．
2. 脂溶性物質はどれか．（ウ）：脂肪酸　（ケ）：中性脂肪　（コ）：コレステロール
3. タンパク質代謝の最終産物はどれか．（カ）：尿素
4. 血中濃度の低下によりグルカゴンの分泌をもたらすのはどれか．（ア）：グルコース
5. PTHにより血清中の濃度が調節されるのはどれか．（オ）：カルシウムイオン
6. 高エネルギー化合物はどれか．（キ）：ATP
7. 解糖系の出発物質および最終物質はどれか．また解糖系の第1段階の反応を述べなさい．
   解糖系の出発物質：（ア）：グルコース
   最終産物：（サ）：ピルビン酸
   第1段階の反応：グルコース　→　グルコース6-リン酸
8. β-酸化の基質はどれか．（ウ）：脂肪酸
9. セカンドメッセンジャーはどれか．（オ）：カルシウムイオン
10. 胆汁酸の原料はどれか．（コ）：コレステロール

■■■ 1-5 元素の周期律表の一部を示す．下記の問いに答えなさい．

(ア)							He
Li	Be	B	C	N	O	(イ)	Ne
(ウ)	Mg	Al	Si	P	S	(エ)	Ar
(オ)	(カ)						

(ア)：H　(イ)：F　(ウ)：Na　(エ)：Cl　(オ)：K　(カ)：Ca

1　活動電位に関与するイオンはどれか．　　　(ウ)：Na^+
2　静止電位に関与するイオンはどれか．　　　(オ)：K^+
3　過分極に関与するイオンはどれか．　　　　(エ)：Cl^-
4　筋原線維の収縮に関与するイオンはどれか．(カ)：Ca^{2+}
5　活性型ビタミン D_3 が関与するイオンはどれか．(カ)：Ca^{2+}
6　う蝕に対する耐酸性を与えるイオンはどれか．(イ)：F^-

■■■ 1-6 有機化合物の構造を略記法にて示す．下記の問いに答えなさい．

1　(ア) はどれか：(a)-H, (b)-C, (c)-H_2, (d)-CH_2, (e)-CH_3
2　(イ) はどれか：(a)-H, (b)-C, (c)-H_2, (d)-CH_2, (e)-CH_3
3　炭素原子 (ア) の位置に対応するギリシャ文字は何か．またアラビア数字は何か．　ω（オメガ），16
4　炭素原子 (イ) の位置に対応するギリシャ文字は何か．またアラビア数字は何か．　γ（ガンマ），4
5　有機化合物の名称は何か．　飽和脂肪酸

参照
p11

■■ 1-7　Aさんは未知試料1～4を異なったpH下で逆相クロマトにより分析した．その結果を模式図に示す．下記の問いに答えなさい．

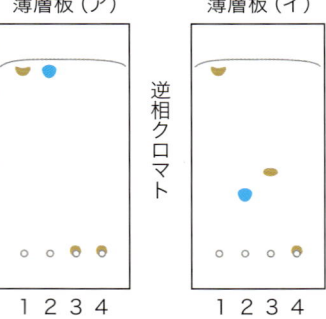

まずpHを変化させても移動度に変化のない試料を探す．#1, #4がそれにあたり，#1は突っ走っているので水溶性，#4は固定相に親和性を示しているので脂溶性とわかる．

#2, #3はpHにより移動度が変化している．設問で述べたように，#3は塩基性物質とのことなので，塩基性・塩基性・あぶらにより，薄層板（ア）は塩基性状況下での結果であることがわかる．

p15

1　逆相クロマトの表面の極性はどのようになっているか．
　　逆相クロマトの表面の極性は，細胞膜と同様に低い．

サンプルを調べたところ，試料3は塩基性物質であることがわかった．　　図中の説明により：

2　酸性物質はどれか．　　(a) 試料1, (b) 試料2, (c) 試料3, (d) 試料4
3　水溶性物質はどれか．　(a) 試料1, (b) 試料2, (c) 試料3, (d) 試料4
4　脂溶性物質はどれか．　(a) 試料1, (b) 試料2, (c) 試料3, (d) 試料4

5　薄層板（ア）の展開溶媒はどれか．(a), (b), (c), (d)　選択肢
6　薄層板（イ）の展開溶媒はどれか．(a), (b), (c), (d)
　　(a) 水溶性溶媒
　　(b) 脂溶性溶媒
　　(c) 酸性溶媒
　　(d) 塩基性溶媒

脂溶性物質は細胞内に自由に浸透し，過剰摂取により中毒をまねく．

7　過剰摂取が中毒の原因となる試料はどれか．(a) 試料1, (b) 試料2, (c) 試料3, (d) 試料4
8　上記7の原因となる根拠はどれか．
　　(a) 細胞膜と同様に極性が高い，(b) 細胞膜と異なり極性が高い
　　(c) 細胞膜と同様に極性が低い，(d) 細胞膜と異なり極性が低い
9　試料1はどれか．(a), (b), (c), (d)　　図中の理由により水溶性物質：(c)
10　試料2はどれか．(a), (b), (c), (d)　　図中の理由により酸性物質：(d)

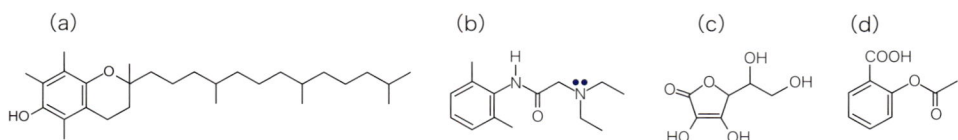

■■■ 1-8 リドカインの作用機序を模式図に示す．下記の問いに答えなさい．

(ア) 遊離型リドカイン　　非共有電子対
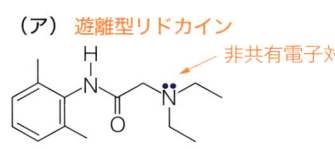

(イ) 解離型リドカイン　　配位結合
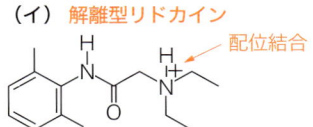

リドカインの作用機序
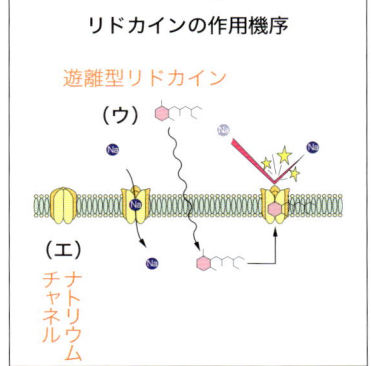
遊離型リドカイン
(ウ)
(エ) ナトリウムチャネル

リドカインの膜透過性
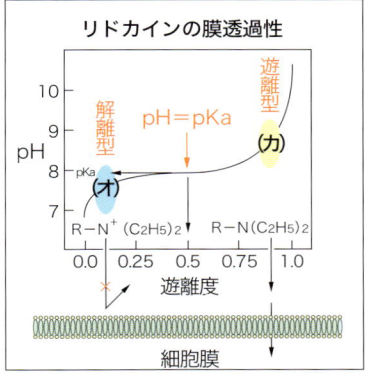
細胞膜

p15

1　遊離型はどれか．　　(ア)
　　解離型はどれか．　　(イ)
　　解離型に特徴的な結合様式は何か．　　配位結合
2　脂溶性物質はどれか．　　(ア)：遊離型リドカイン
　　また水溶性物質はどれか．　　(イ)：解離型リドカイン
3　塩酸塩はどれか．
　　「塩酸リドカイン」は解離型リドカインである．
4　(エ) は何か．　　ナトリウムチャネル
5　(オ) はどのような状態か．　　解離型の水溶性である．
6　(カ) はどのような状態か．　　遊離型の脂溶性である．
7　pH＝pKa の領域はどこか．その領域でのリドカイン分子の状態はどのようか．
　　pH＝pKa は 1/2 当量点であり，解離型と遊離型の存在量が等しい．
8　リドカイン注射液はどのように調製するか．
　　遊離型リドカインを塩酸により中和する．
9　注射液中のリドカインの細胞中への浸透性はどのようか．
　　注射液は水溶液である．したがって解離型リドカインのため，細胞中への浸透性は低い．
10　炎症領域でのリドカインの細胞中への浸透性はどのようか．
　　組織の pH が低下するため，解離型リドカインの存在比が高くなり，細胞中への浸透性は低くなる．
　　その結果，局所麻酔の効果が低下する．

Part 2 生命を構成する基本物質

1 アミノ酸とタンパク質の構造と機能

1 アミノ酸の基本構造

1つの炭素原子にカルボキシル基とアミノ基の両者が結合している．脱炭酸により対応したアミンになる．

【例】ヒスタミンが脱炭酸を受けると，対応したアミン，つまりヒスタミンになる．
ヒスタミン，セロトニンはつきもの!!

アミノ酸の脱炭酸によりモノアミンとよばれる多くの神経伝達物質などが生じる（図2・1）．

【例】ヒスタミン，セロトニン，GABA（γ-amino butylic acid：γ-アミノ酪酸），ドパミン，アドレナリン → いずれも水溶性低分子．

2 ヒスタミンで連想すべき事項

1 炎症時の即時型血管透過性（肥満細胞，好塩基球）．
2 I型アレルギー．
3 胃酸分泌（H_2ブロッカー）．

3 アミノ酸の表記法

→ 三文字表記と一文字表記 → Met-Ala-Gly-Ser…はMAGS…

【関連】RGD配列：アルギニン-グリシン-アスパラギン酸を1文字表記したもので，フィブロネクチン，ラミニン，オステオポンチンなどの接着性タンパク質にみられる． ☞p104，結合組織参照．

4 タンパク質を構成する「通常の」アミノ酸

→ 20種類（翻訳後修飾があるので表現に要注意）．

【国試】Asp，Asn，Glu，Gln：
アスパラギン酸，アスパラギン，グルタミン酸，グルタミン．

【設問】遺伝暗号により規定されるアミノ酸は何種類か．

【関連】Gla，Hypは何か． ☞p61参照．

5 タンパク質

タンパク質とは，アミノ酸がペプチド結合により重合したもの．アミノ基とカルボキシル基から水分子が取れる（脱水縮合）ことにより形成される結合様式は，通常アミド結合とよばれるが，アミノ酸の場合に限り，とくにペプチド結合とよぶ．

タンパク質には方向性がある．

→ 何がなんでも5から3，何がなんでもNからC !!

図 2·1 アミノ酸とその誘導体

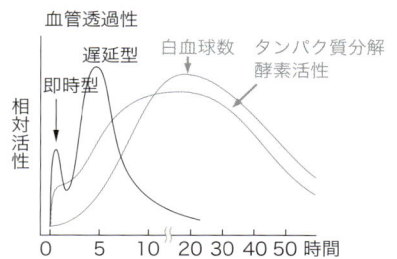

炎症時の血管透過性は2相性であり，即時型の第1相はヒスタミン，セロトニンなどのケミカルメディエーターが主体となる．遅延型の第2相はプロスタグランジン，ロイコトリエンなどのエイコサノイドやキニン類による．

参照 p105

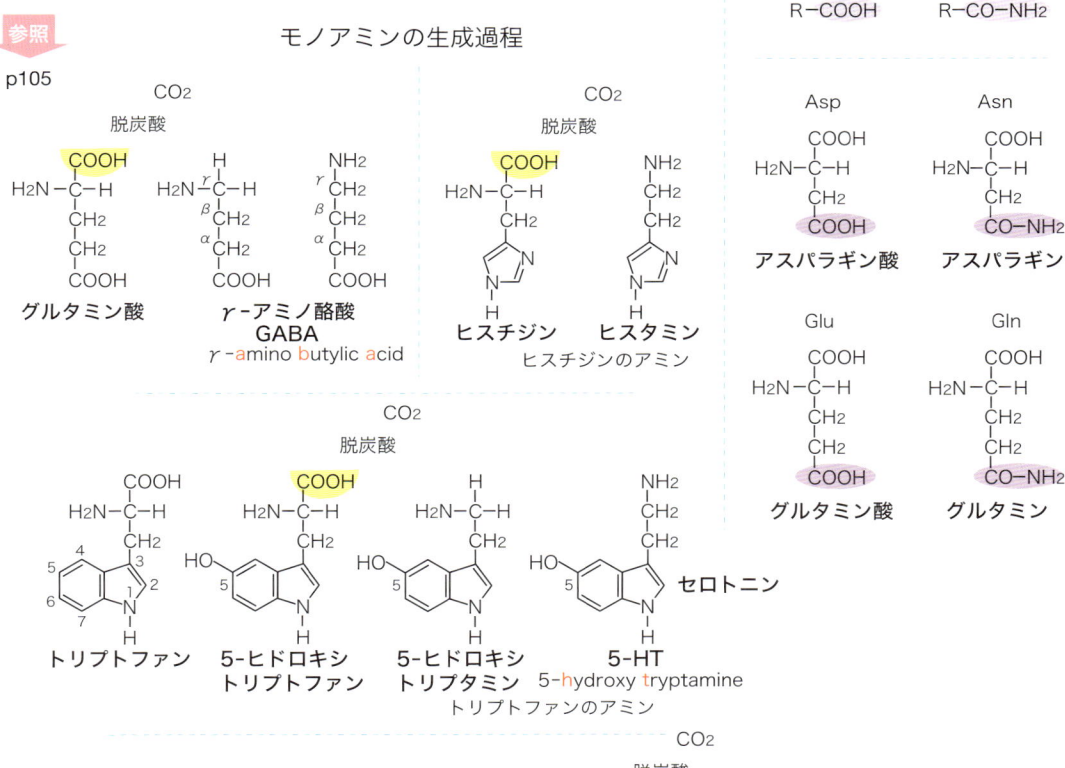

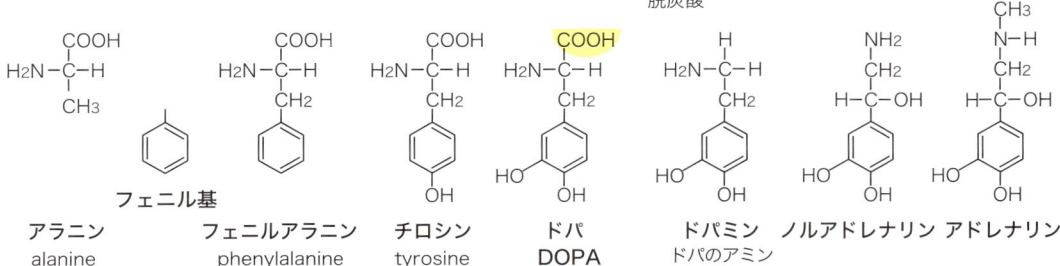

図 2・2　タンパク質の高次構造とおもな結合様式

一次構造：アミノ酸の結合の順番，ジスルフィド結合の位置
二次構造：α-ヘリックスとβ-シート
三次構造：α-ヘリックスとβ-シートがタンパク質の
　　　　　どの部分に存在するか
四次構造：サブユニット構造をとるタンパク質における
　　　　　サブユニットの相対的な位置

高次構造の形成に関与する結合様式
　　　　非共有結合：水素結合，疎水結合
　　　　共有結合　：ジスルフィド結合

アミノ酸

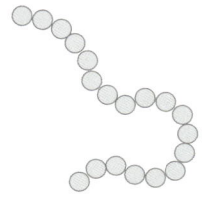
一次構造

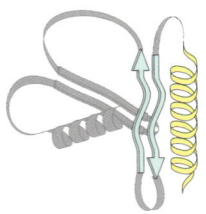
二次構造

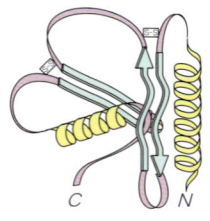
三次構造

おもな結合様式

一次構造　　ペプチド結合　　⇒　共有結合
　↓
二次構造　　水素結合　　　　⇒　非共有結合
　　　　　　疎水結合
　↓
三次構造　　ジスルフィド結合 ⇒　共有結合
　↓
四次構造　　水素結合，疎水結合
　　　　　　ジスルフィド結合

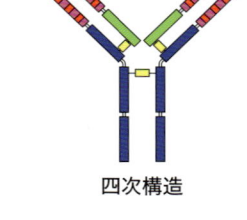
四次構造

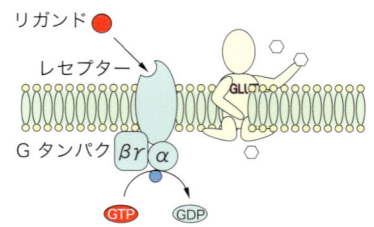

6　タンパク質関連酵素

　　プロテアーゼ　　→　タンパク質分解酵素
　　プロテインキナーゼ　→　タンパク質リン酸化酵素　→　PKA, PKC

7　タンパク質の高次構造

一次構造：アミノ酸の結合の順番（遺伝情報により規定され，ペプチド結合により重合する）
二次構造：α-ヘリックスとβ-シート（水素結合による）
三次構造：側鎖を含めたタンパク質全体の構造（おもに疎水結合による）
四次構造：サブユニットの相対的な位置（水素結合あるいは疎水結合による）
＊とくに二次構造（α-ヘリックスとβ-シート）が重要　→　水素結合の関与
【設問】タンパク質の二次構造に関与する結合様式はどれか．
　　　　　選択肢：共有結合，配位結合，イオン結合，水素結合，疎水結合
【関連】水素結合　→　世の中にこれほど重要な結合様式はほかに存在しない!!
　　　　塩基対形成とタンパク質の二次構造

8　コラーゲン

→　生体中に最も多量に存在するタンパク質（Gly-X-YあるいはGly-Pro-Hyp）．
【関連】翻訳後修飾，炎症と細胞外マトリックス
　　　　　→　MMP（コラーゲンのN-末から3/4を限定分解）
【設問】コラーゲンの繰り返し構造は何残基のアミノ酸から構成されるか．
【設問】コラーゲンのなかで最も多いアミノ酸は何か．

2　糖質の構造と機能

1　グルコース
　　→（ブドウ糖：骨格は六角形）分子式と分子量を覚える（$C_6H_{12}O_6 = 180$）
2　グルコースの重合体4つ
　　→　澱粉，グリコーゲン，グルカン（ムタン），セルロース．
　　これらはグルコースの重合体なので，いずれも高分子である．
3　マルトース，イソマルトース
　　→　グルコースが2分子結合したもの，結合位置が異なる．
　　　＊イノシトール　→　グルコースと大きさおよび構造が似ている物質（cf：IP_3）
4　フルクトース
　　→（果糖：骨格は五角形）分子式と分子量はグルコースに同じ．
【設問】グルコースとフルクトースとでは分子量は異なる．（Y or N）
5　ショ糖
　　→　グルコースとフルクトースが結合したもの．
　　　（G-Fなどと表現することもある）
　　別名：スクロース，サッカロース，砂糖
【設問】ショ糖を構成する糖は何か．
6　糖質関連酵素
　　アミラーゼ　→　澱粉を分解してマルトース，グルコースを遊離する．

図 2・3　代表的な糖質の構造と表記法

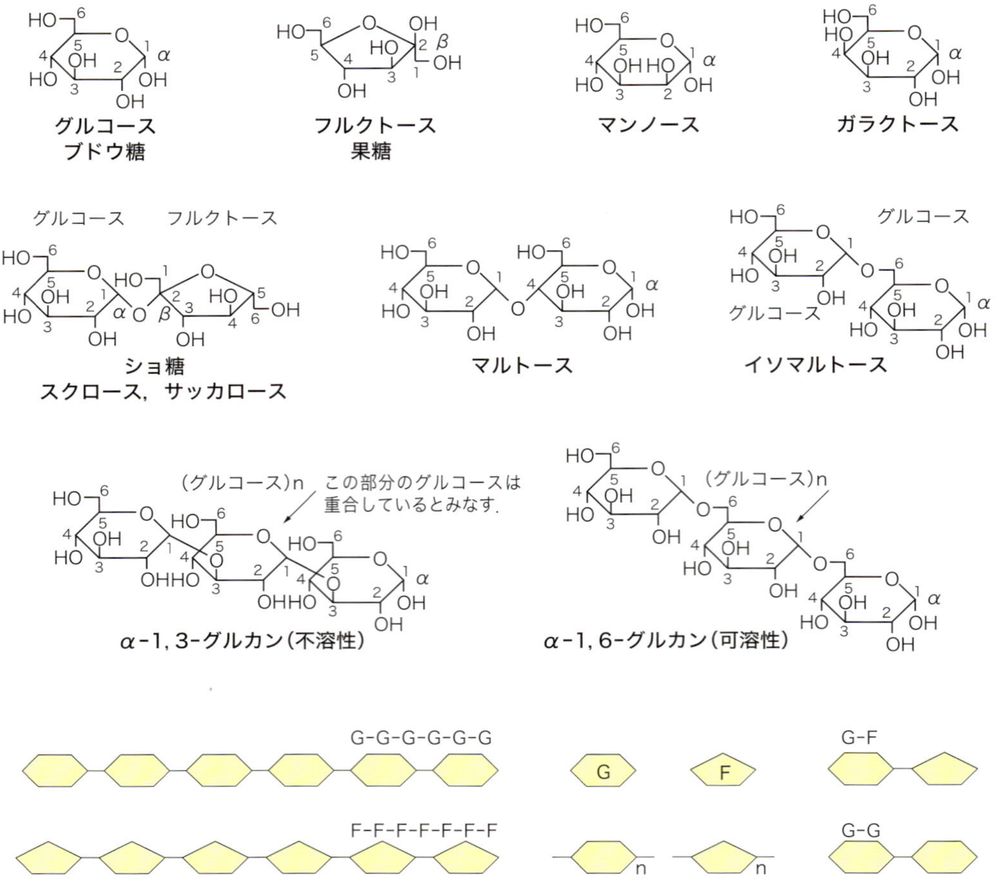

グルコース
ブドウ糖
フルクトース
果糖
マンノース
ガラクトース
グルコース
フルクトース
ショ糖
スクロース，サッカロース
マルトース
グルコース
グルコース
イソマルトース
(グルコース)n
この部分のグルコースは
重合しているとみなす.
α-1, 3-グルカン(不溶性)
(グルコース)n
α-1, 6-グルカン(可溶性)
G-G-G-G-G-G
G
F
G-F
F-F-F-F-F-F-F
n
n
G-G

図 2・4　糖アルコール

還元
還元
グルコース
ソルビトール
キシロース
キシリトール

アルドースに存在するアルデヒド基を還元すると，対応した糖アルコールを与える.
これらの物質は代用甘味料として使用される.

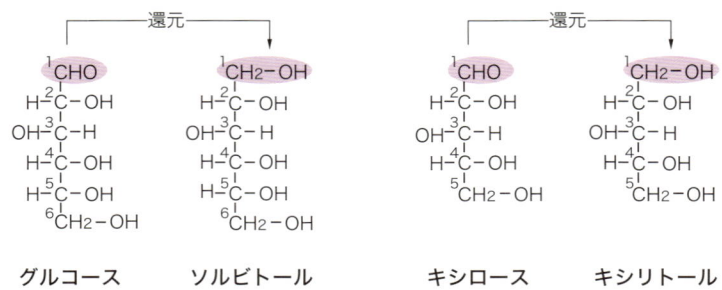

図 2・5　ミュータンス連鎖球菌による有機酸の産生

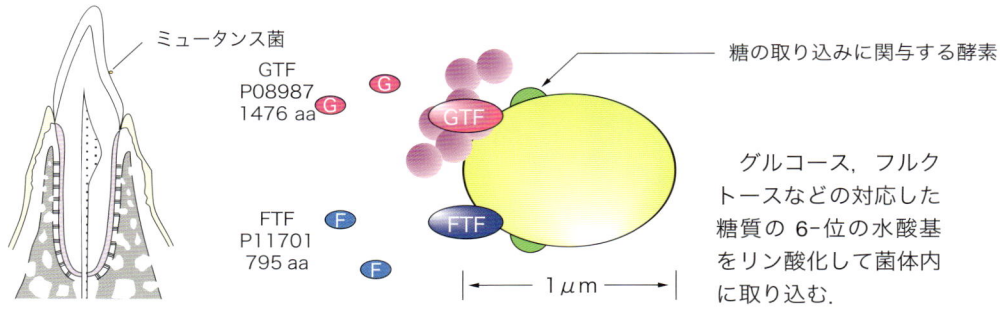
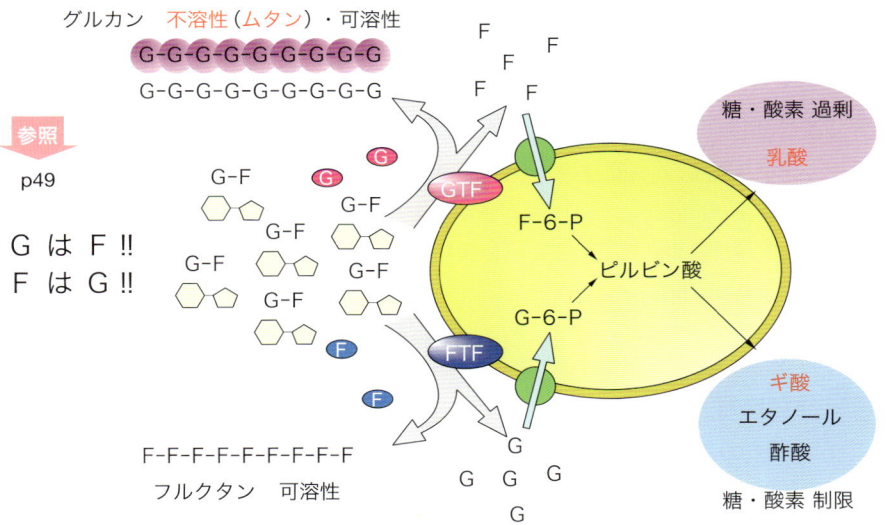

　ミュータンス連鎖球菌の 1 種である *Streptococcus mutans* の菌体表層にはグルコシルトランスフェラーゼ glucosyltransferase（GTF），フルクトシルトランスフェラーゼ fructosyltransferase（FTF）などの酵素が存在している．GTF はショ糖を基質として，これを分解し，グルカンおよびフルクトースを与える．グルカンにはグルコース単位の結合様式により水に不溶性および可溶性グルカンの 2 種類が存在する．う蝕には前者の不溶性グルカン（ムタンともよぶ）が重要な役割をはたす．

　一方，FTF はショ糖を基質としてフルクタンおよびグルコースを与える．これらの反応により生じたグルコースあるいはフルクトースは菌体膜に存在する，糖の取り込みに関与する酵素の働きにより，グルコース 6-リン酸あるいはフルクトース 6-リン酸のかたちで菌体内に取り込まれる．これらのリン酸化された糖類は，解糖系の反応によりピルビン酸まで変換される．

　S. mutans による有機酸の生成は，菌体の生育条件により大きく変化する．すなわち糖質，酸素の供給が十分な環境下では，解糖により生じたピルビン酸は乳酸となり菌体外に分泌される．また糖質，酸素の供給が制限された環境下では，解糖により生じたピルビン酸はギ酸，エタノールおよび酢酸となり，これらが分泌される．*S. mutans* がプラークの表層に存在する場合は前者の，また深部に存在する場合は後者の生育条件に対応し，ギ酸の産生が強い際には歯面の脱灰の進行が速い．

3 脂質の構造と機能

1 おもな脂質の種類

飽和脂肪酸，不飽和脂肪酸：脂肪鎖にカルボキシル基が結合したもの．不飽和脂肪酸には脂肪鎖中に二重結合が存在し，*cis*, *trans* の立体異性体が生じる（図 2・6, 7）．

中性脂肪：脂肪酸とグリセロールがエステル結合したもの．

リン脂質：アラキドン酸，イノシトール三リン酸（IP_3）などから構成される．

コレステロール：ステロイドホルモン，胆汁酸，活性型ビタミン D_3 などの原料．

これらの脂質はすべて脂溶性低分子である．

【設問】加水分解によりアラキドン酸が，また IP_3 が生じるのはどれか．
　　　選択肢：脂肪酸，中性脂肪，コレステロール，コレステロールエステル，リン脂質

2 リポタンパク質

脂質は水に溶けないので，末梢細胞への供給には特殊な構造体が必要となる．これがリポタンパク質である（図 2・8～10）．

LDL（low density lipoprotein）およびキロミクロン（chylomicron）：中性脂肪，コレステロールの末梢細胞への運搬（社会的には悪玉コレステロール）．

HDL（high density lipoprotein）：コレステロールを貪食した泡沫細胞からコレステロールを除去（社会的には善玉コレステロール）．動脈硬化を予防する重要な働きがある．

3 脂質分解酵素

リポタンパクリパーゼ：中性脂肪に作用し，脂肪酸（脂溶性）とグリセロール（水溶性）とに分解する．末梢毛細血管に分布する．

ホスホリパーゼ A_2：炎症との関連．

ホスホリパーゼ C：細胞内シグナル伝達（Gq タンパク，PKC 系）．

図 2・6　脂肪酸

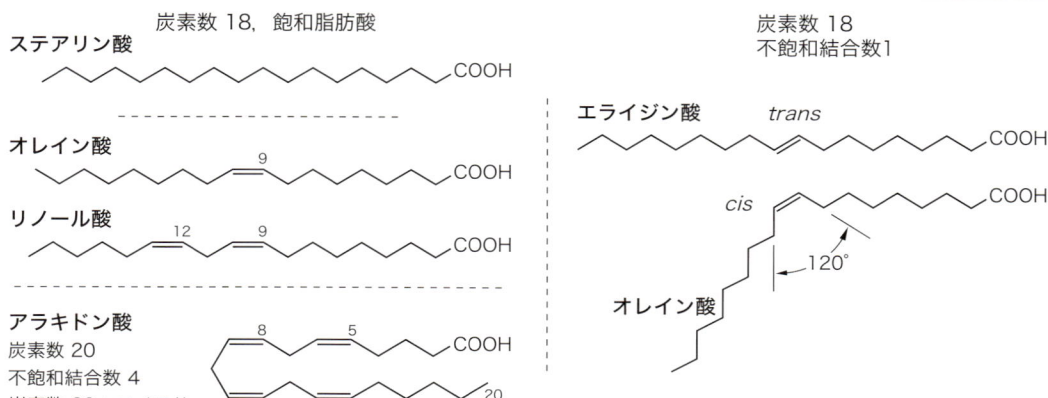

28

図 2·7　脂質の種類と構造および役割

中性脂肪

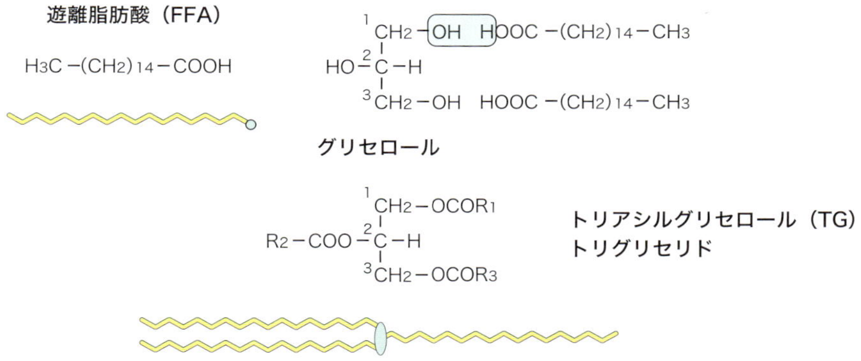

遊離脂肪酸（FFA）

H₃C−(CH₂)₁₄−COOH

エステル結合：酸とアルコールから水が取れて形成される結合

¹CH₂−OH　HOOC−(CH₂)₁₄−CH₃
HO−²C−H
³CH₂−OH　HOOC−(CH₂)₁₄−CH₃

グリセロール

¹CH₂−OCOR₁
R₂−COO−²C−H
³CH₂−OCOR₃

トリアシルグリセロール（TG）
トリグリセリド

リン脂質（PL）

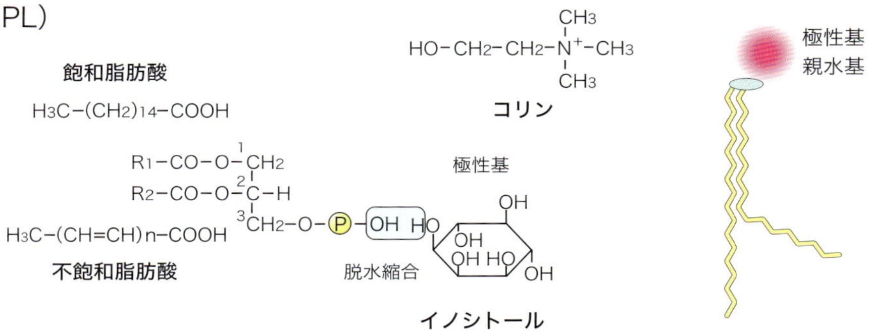

飽和脂肪酸

H₃C−(CH₂)₁₄−COOH

　　　　　　CH₃
HO−CH₂−CH₂−N⁺−CH₃
　　　　　　CH₃

コリン

R₁−CO−O−¹CH₂
R₂−CO−O−²C−H
H₃C−(CH=CH)n−COOH　³CH₂−O−P−OH

不飽和脂肪酸

極性基

脱水縮合

イノシトール

極性基
親水基

参照 p107

ホスファチジン酸にイノシトールが結合し、さらにリン酸化されてホスファチジルイノシトール 4,5-二リン酸が生じる．

コレステロール（C）

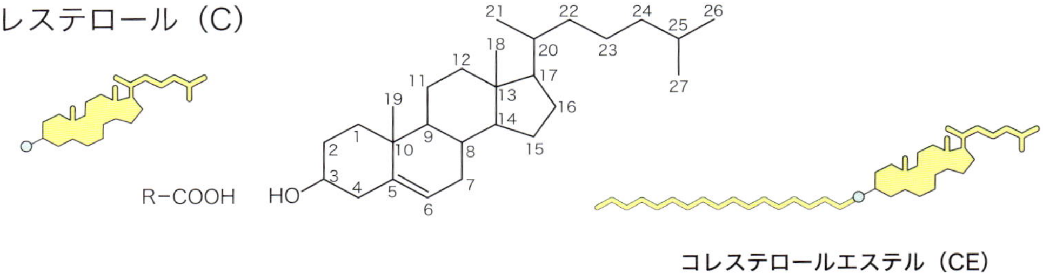

R−COOH　HO−

コレステロールエステル（CE）

脂質の役割

中性脂肪	リン脂質	コレステロール
・エネルギーの貯蔵	・細胞膜構成成分 ・シグナル伝達（IP₃） ・炎症（アラキドン酸カスケード）	・細胞膜構成成分 ・胆汁酸の原料 　（量的に最大−9割ほど） ・ステロイドホルモンの原料 ・活性型ビタミン D₃ の原料

図 2・8　リポタンパク質の模式図

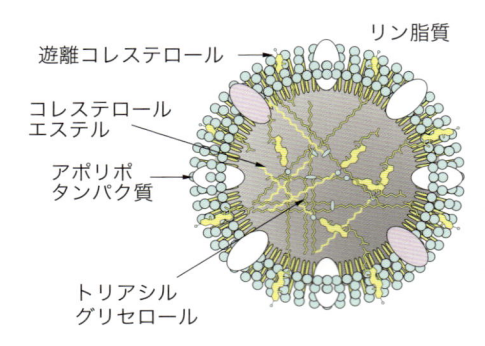

リポタンパク質は，トリグリセリド(TG)やコレステロールエステル（CE）がコレステロール（C）を含むリン脂質（PL）により包み込まれた構造をしており，この状態を維持するためにさまざまなアポリポタンパク質が結合している．

またアポリポタンパク質には，受容体に対するリガンド，さまざまな酵素の活性化因子としての機能が備わっている．

図 2・9　リポタンパク質の種類

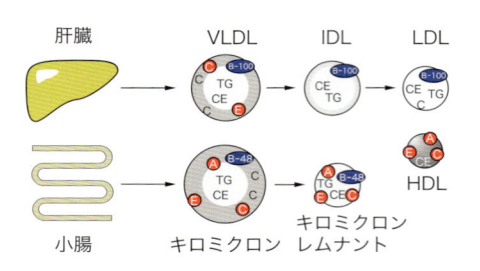

	〈分子量〉	〈産生臓器〉	〈機　能〉
A	28,000	肝臓，小腸	LCAT の活性化
B-100	550,000	肝臓	LDL 受容体のリガンド
B-48	260,000	小腸	キロミクロンの統合
C	8,900	肝臓	LPL の活性化
E	34,000	肝臓	キロミクロン受容体のリガンド

- リポタンパク質に結合しているタンパク質をアポリポタンパク質とよぶ．
- アポ A はキロミクロンおよび HDL に存在し，レシチン-コレステロールアシルトランスフェラーゼ（LCAT）を活性化する．
- アポ B-100 は VLDL，IDL および LDL にみられ，LDL 受容体のリガンドとなる．アポ B-48 はアポ B-100 の C-末端側の約半分が欠落したものであり，キロミクロンの構造維持に必要と考えられている．
- アポ C はリポタンパクリパーゼ（LPL）の活性化因子である．
- アポ E はキロミクロン受容体のリガンドである．

図 2・10　リポタンパク質のレセプター

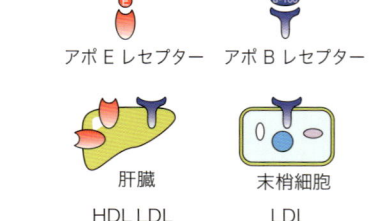

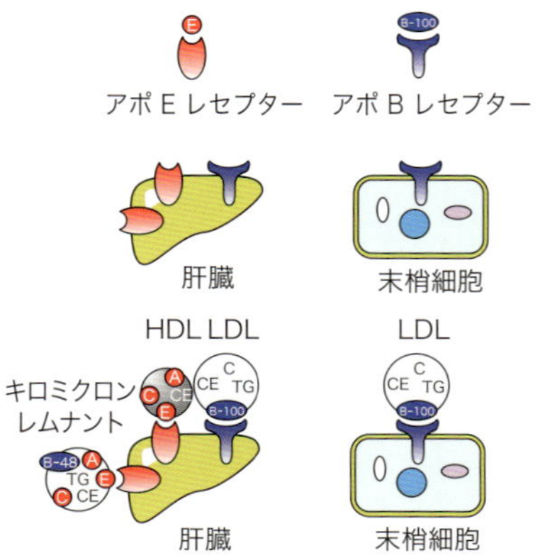

- 肝臓にはアポ E レセプターおよびアポ B レセプターの両者が，また末梢細胞にはアポ B レセプターのみが存在する．
- アポ B-100 は LDL に，またアポ E は HDL およびキロミクロンに存在する．
- 肝臓はキロミクロンレムナント，HDL および LDL を受け取る．
- 末梢細胞では LDL のみを受け取る．

4 核酸の構造と機能

図 2・11　核酸の構造

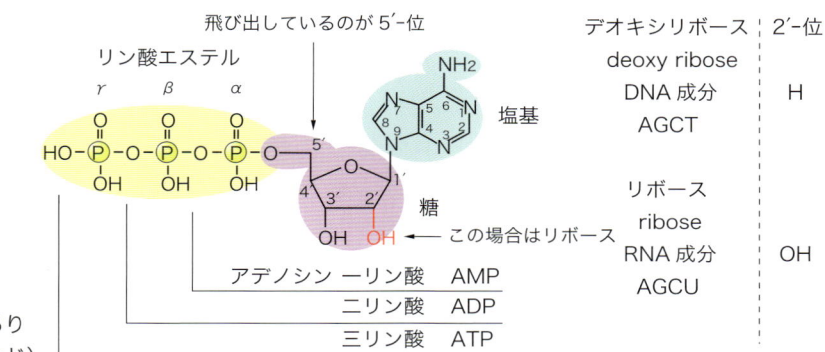

ヌクレオシド nucleoside
と
ヌクレオチド nucleotide
リン酸エステルの有無
エステルなし　エステルあり
（ヌクレオシド）（ヌクレオチド）

リン酸エステル　γ　β　α

飛び出しているのが 5′-位

塩基

この場合はリボース

アデノシン　ーリン酸　AMP
　　　　　　二リン酸　ADP
　　　　　　三リン酸　ATP

	デオキシリボース 2′-位
deoxy ribose DNA 成分 AGCT	H
リボース ribose RNA 成分 AGCU	OH

核酸を構成する糖の 2′-位の水酸基の有無により，DNA 成分か RNA 成分かが決まる．では 3′-位の水酸基が存在せずに水素原子だけの DNA 成分（ジデオキシ誘導体：ddNTP とよぶ）は，相補鎖の伸長に際してどのような挙動を示すのであろうか？

図 2・12　塩基の構造と塩基対形成

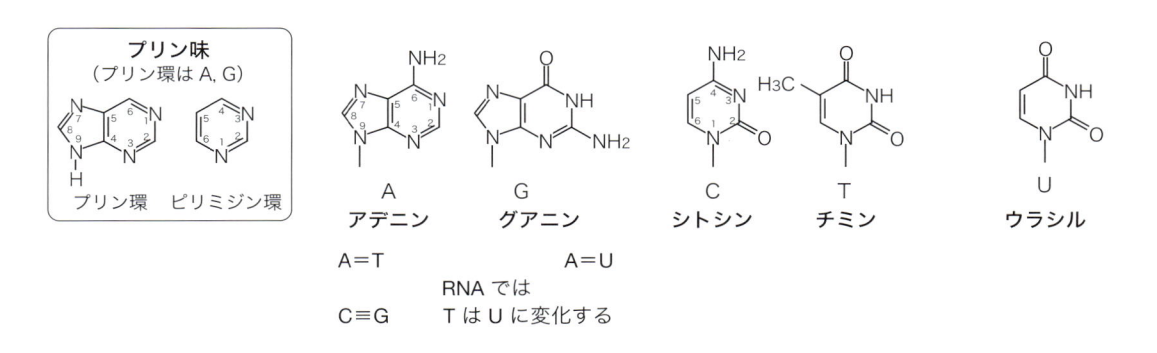

プリン味
（プリン環は A, G）
プリン環　ピリミジン環

A アデニン　　G グアニン　　C シトシン　　T チミン　　U ウラシル

A＝T
C≡G
A＝U
RNA では T は U に変化する

図 2・13　核酸の機能

セントラルドグマ関連	遺伝情報の保持	染色体二本鎖 DNA
	遺伝情報の伝達	mRNA
	タンパク質合成の場の形成	rRNA
	アミノ酸の運搬	tRNA
エネルギー通貨		ATP，GTP
シグナル伝達		cAMP，cGMP

5 生体におけるエネルギー利用

糖質は窒素を含まず，水に溶ける良好なエネルギー源である．一方，脂質も窒素を含まない良好なエネルギー源であるが，水には溶けない．非常におおげさな表現だが，私たちの体は水でできている!! ので，末梢細胞に脂質を運搬する特殊な構造体が必要となる．LDL およびキロミクロンがこれにあたる．

【設問】脂質は水に溶ける良質なエネルギー源である．（Y or N）

1 糖質代謝

1分子のグルコースから → グルコース 6-リン酸，解糖系 → TCA サイクル → 呼吸鎖 → 38分子の ATP

膵臓より分泌される代謝性ホルモン（高分子タンパク質）（図 2・14）

　インスリン：余剰エネルギーの貯蔵により血糖値を低下させる．
　グルカゴン：貯蔵エネルギーの放出により血糖値を上昇させる．

副腎髄質より分泌されるストレス性ホルモン（水溶性低分子）

　アドレナリン：血糖値上昇 → 戦うか逃げるか（fight or frighten）
　　　末梢細胞でのグルコース代謝
　　　→ このドラマはフィクションです !!（図 2・15）

【設問】血糖値の定義と，その正常値を述べなさい．
【設問】血糖値を下げるホルモンはどれか．
　　　選択肢：インスリン，グルカゴン，アドレナリン，コルチゾール，アルドステロン

図 2・14 代謝調節に関与するホルモン

インスリン，グルカゴン
膵臓
タンパク質
代謝性
血糖値により分泌が
コントロールされている

アドレナリン
副腎髄質
カテコールアミン
ストレス性

インスリン	役割	グルカゴン，アドレナリン
余剰エネルギーの貯蔵 血糖値低下		貯蔵エネルギーの放出 血糖値上昇

アドレナリン　チロシン

アドレナリンは，アミノ酸1個から誘導される水溶性低分子である．

図 2・15 糖質代謝

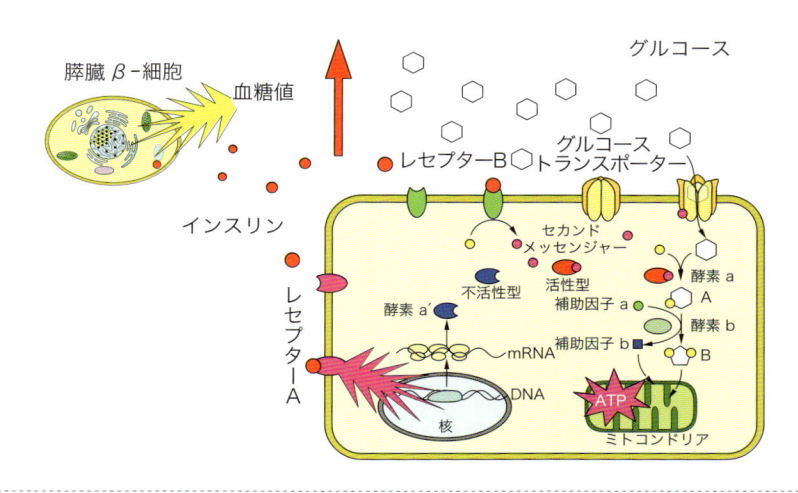

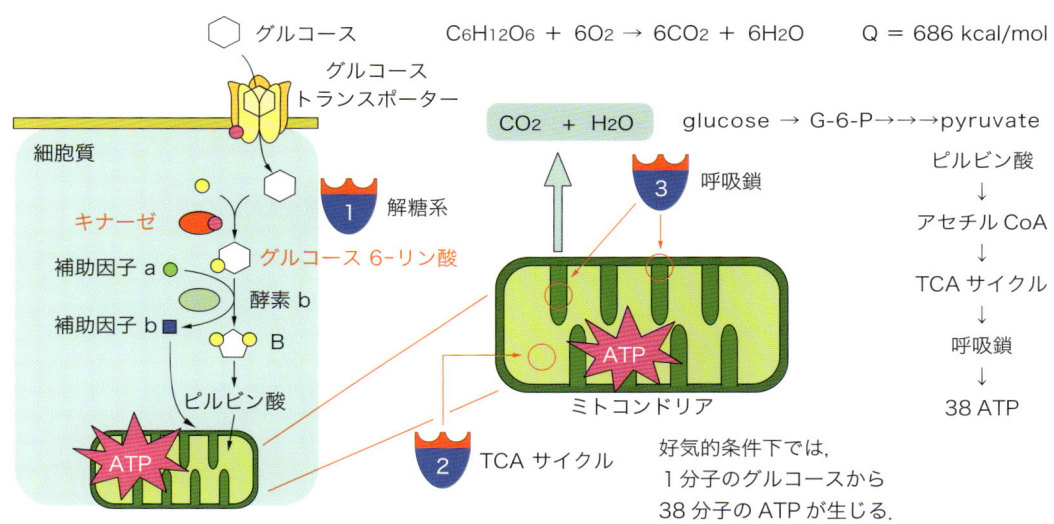

$C_6H_{12}O_6 + 6O_2 \rightarrow 6CO_2 + 6H_2O \qquad Q = 686 \text{ kcal/mol}$

glucose → G-6-P →→→ pyruvate
ピルビン酸
↓
アセチル CoA
↓
TCA サイクル
↓
呼吸鎖
↓
38 ATP

好気的条件下では，1分子のグルコースから38分子のATPが生じる．

　ホルモンがレセプター A に結合することが引き金となり，細胞内で起こる出来事を模式的に示した．ホルモンの刺激により，代謝に関与するタンパク質をコードする遺伝子が活性化され，その結果，酵素 a′ が生合成される．しかし酵素 a′ は不活性型である．この不活性な前駆体は，ホルモンがレセプター B に結合することにより生じる，セカンドメッセンジャーと結合して初めて活性型酵素 a となる．またセカンドメッセンジャーは，細胞表層に存在するグルコーストランスポーターに働きかける．その結果，細胞外のグルコースが取り込まれる．細胞内に移行したグルコースは活性型酵素 a の作用により酸化還元反応を受け，代謝が進行する．酵素反応 b では補助因子 a が必要とされる．代謝産物 B や，補助因子 b はミトコンドリアに移行し，呼吸鎖とよばれる反応に組み込まれ，最終的に ATP が生成される．

　ここで示した末梢細胞でのエネルギー獲得の様子は，解糖系をモデルとしている．したがってこの図面はまったく仮想的なものではあるが，実際の状況もほぼこのような状況と考えて間違いない．そこで，ここでは「このドラマはフィクションです !!」と述べておこう．なお，それぞれは（　）に対応する：ホルモン分泌細胞（膵臓のβ-細胞），ホルモン（インスリン），セカンドメッセンジャー（cAMP），補助因子 a（NAD），そして補助因子 b（NADH）に対応する．

2 脂質代謝

(1) LDL の役割（図 2・16）

脂質は窒素を含まない良好なエネルギー源であるが，水には溶けない．非常におおげさな表現だが，私たちの体は水でできている!! ので，末梢細胞に脂質を運搬する特殊な構造体が必要となる．これがリポタンパク質であり，LDL（内因性脂質の運搬，図 2・16 の径路 3→4）およびキロミクロン（外因性脂質の運搬，径路 1→2）の 2 種が存在する．末梢毛細血管には脂質を分解する酵素であるリポタンパクリパーゼが存在し，LDL 中の中性脂肪を分解し，脂肪酸とグリセロールとを遊離する．脂肪酸は末梢筋肉細胞中に取り込まれ，β-酸化により大量の ATP を生じる．

(2) HDL の役割（図 2・17）

食生活の変化により脂質成分を多量に摂取すると，血中 LDL 濃度が上昇して酸化ストレスを受ける結果，変性 LDL が生じる（したがって LDL は社会的には悪玉コレステロールとみなされている）．マクロファージはこれを貪食し，その結果，泡沫細胞となる．泡沫細胞は心臓の血管中に蓄積されるので，これが動脈硬化の原因となる．一方，HDL は泡沫細胞からコレステロールを取り除くことにより動脈硬化のリスクを低減する(社会的には善玉コレステロールと認識されている)という大切な役割を担っている．

3 タンパク質代謝

タンパク質代謝では，次の 2 点が重要である（図 2・18, 19）．
1　末梢細胞中のタンパク質は，何も仕事を行わなくても常に代謝回転を受けアミノ酸へと分解される．
2　アミノ酸をアミノ酸の形では貯蔵できない．

個々のアミノ酸はそれぞれに特有な分解反応（転移，脱アミノなどを含む）を受け，最終的に対応した α-ケト酸とアンモニアに変化する．α-ケト酸は TCA サイクルへ導入され，あるいはほかのアミノ酸へと変換される．アンモニアはきわめて有害であり，これを血流に乗せて直接肝臓に運ぶことはできないので，個々の細胞でアミノ基転移反応（おもに AST，ALT の作用による）によりグルタミン，アラニンに取り込ませる．これらのアミノ酸は血流に乗り肝臓に運ばれ，尿素サイクルにより尿素に変換されたあと腎臓へ運ばれ排泄される．

【設問】タンパク質代謝により生じるのはどれか．
　　　　選択肢：尿素，尿酸，アラキドン酸，コレステロール，LDL

4 核酸代謝

尿酸生成　→　核酸代謝において，プリン環（A および G）が尿酸となる
　→　痛風　←　コルヒチン．ピリミジンは代謝されて水溶性物質となる（図 2・20）．

【設問】核酸代謝により生じるのはどれか．
　　　　選択肢：尿素，尿酸，アラキドン酸，コレステロール，LDL

図 2·16　LDL 代謝

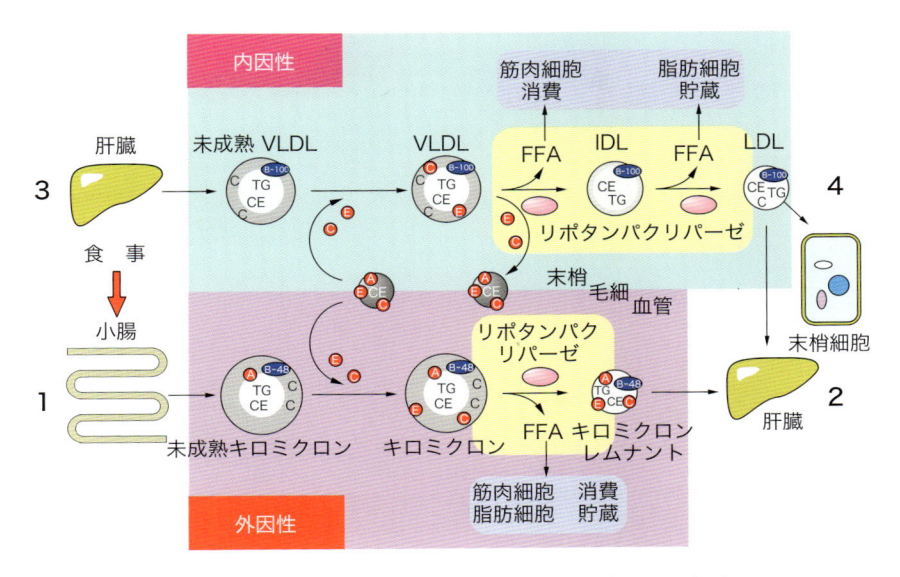

外因性：食事由来の物質が，生体内に貯蔵されることなく代謝される場合．
内因性：生体内に一度貯蔵された物質が，再び代謝される場合．
脂質，タンパク質，核酸それぞれの代謝で，このように分類することが非常に大切である．

図 2·17　HDL 代謝

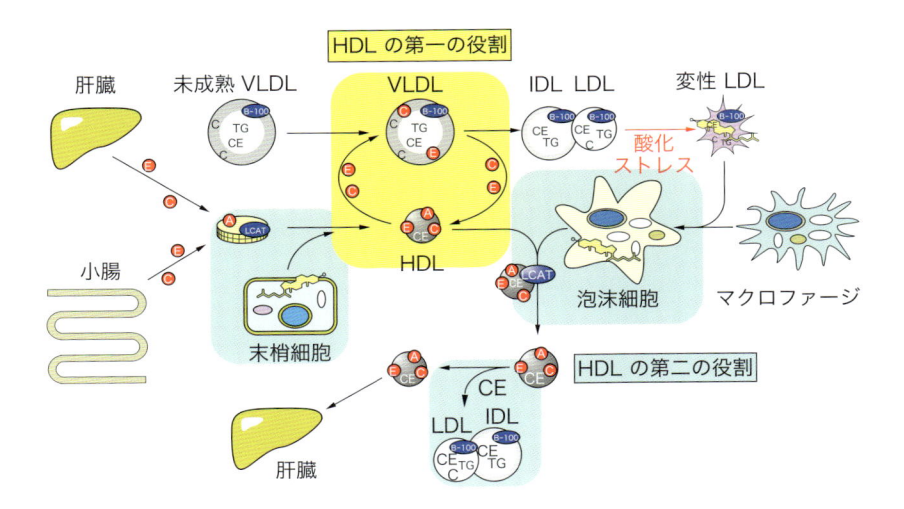

HDL の第一の役割：アポリポタンパク質 E および C の供給．
HDL の第二の役割：コレステロールを多量に含む泡沫細胞よりコレステロールエステルとして回収．

図 2·18　タンパク質代謝の概要

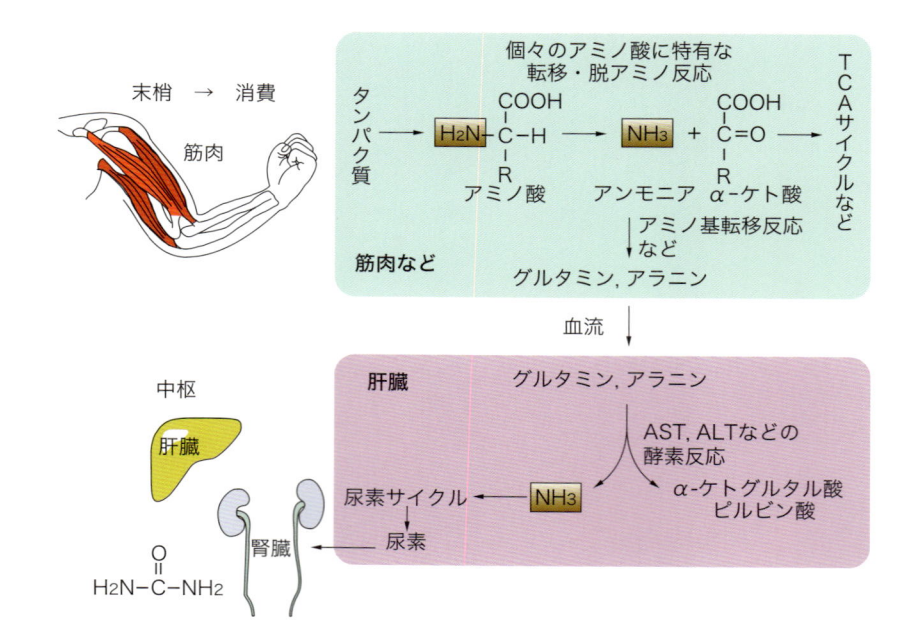

図 2·19　窒素バランス

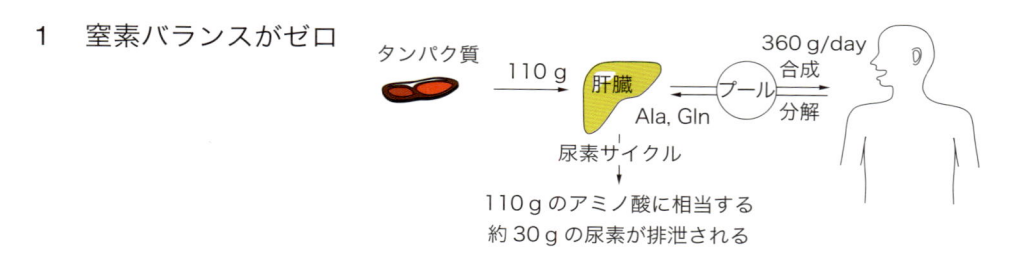

1　窒素バランスがゼロ

何もしない状態でもタンパク質は常に代謝回転を受け，一定量の窒素成分が尿素として排泄される．排泄される尿素量に見合うタンパク質量を摂取する際には，生体内に入る窒素量と生体外に出る窒素量とが等しい．これを窒素バランスがゼロの状態とよぶ．

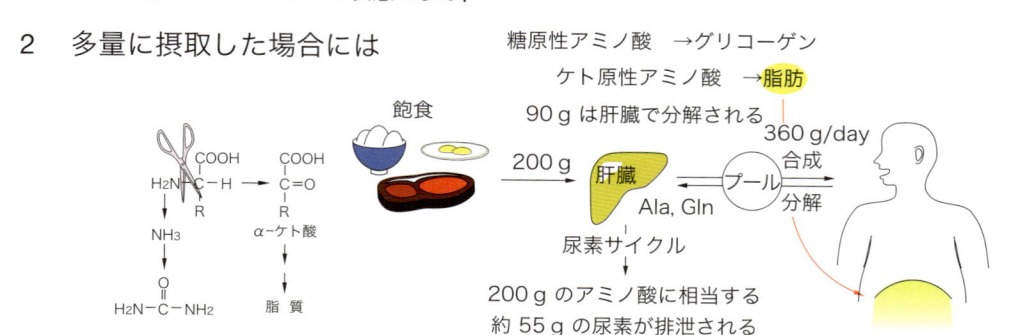

2　多量に摂取した場合には

体格が完成した状態では，過剰に摂取したタンパク質に由来するアミノ酸はアミノ酸のかたちでは貯蔵されない．窒素成分は尿素として排泄され，残ったアミノ酸の骨格部分は，ほとんどが脂質に変換されて体脂肪のかたちで貯蔵される．したがってこの場合も窒素バランスがゼロの状態となる．

図 2·19 つづき

3 発育時などには

必要量 200 g → 肝臓（Ala, Gln）⇄ プール 360 g/day 合成／分解
尿素サイクル
110 g のアミノ酸に相当する約 30 g の尿素が排泄される

過剰に摂取したタンパク質に由来するアミノ酸は，分解されることなくタンパク質に再構成される．この場合には，生体内に入る窒素量のほうが生体外に出る窒素量より多い．これを窒素バランスが正の状態とよぶ．

4 絶食時には

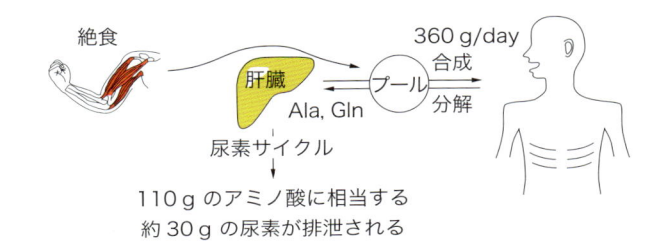

絶食 → 肝臓（Ala, Gln）⇄ プール 360 g/day 合成／分解
尿素サイクル
110 g のアミノ酸に相当する約 30 g の尿素が排泄される

絶食をしていても一定量の窒素成分が尿素として排泄される．このような場合にはタンパク質である筋原線維がアミノ酸に分解され，エネルギー源として代謝され，窒素バランスが負の状態となる．したがって「タンパク質は緊急時のためのエネルギー貯蔵源」と見なすことができる．

図 2·20 核酸代謝の概要

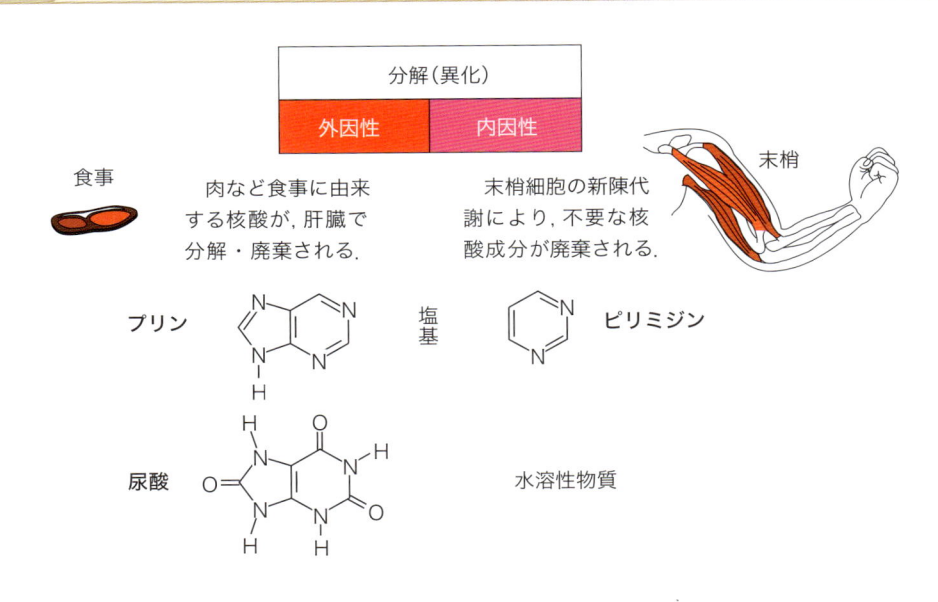

分解（異化）：外因性／内因性

食事：肉など食事に由来する核酸が，肝臓で分解・廃棄される．

末梢：末梢細胞の新陳代謝により，不要な核酸成分が廃棄される．

塩基：プリン／ピリミジン

尿酸　水溶性物質

5 代謝の全体像 —肝臓を中心として—

(1) 食後の満腹時（図2・21）

血糖値は上昇しており，インスリンの作用により余剰エネルギーが貯蔵される．

糖質 → グリコーゲンとして肝臓および筋肉中に貯蔵される（数百グラム）．

脂質 → 中性脂肪として脂肪細胞に貯蔵される（数十キログラム）．

タンパク質 → 私たちの体は，タンパク質の分解物であるアミノ酸をアミノ酸の形で貯蔵することはできない!! アミノ酸を糖質あるいは脂質に変換してグリコーゲン，中性脂肪のかたちで貯蔵する．体脂肪率のことを考えると，ほとんどが脂質に変換されることが理解されよう．

(2) 食前の空腹時（図2・21）

血糖値が下降しており，グルカゴンの作用により貯蔵エネルギーが放出される．

肝臓や筋肉のグリコーゲンがグルコースに分解後，代謝される．

脂肪細胞中の中性脂肪が脂肪酸とグリセロールとに分解され，脂肪酸は:

1. 細胞でβ-酸化を受け多量のATPに変換される．
2. 肝臓でケトン体に変換され末梢細胞に供給される．

　廃物のグリセロールは肝臓にて「糖新生」とよばれる反応によりグルコースに再構成され，末梢筋肉細胞に供給される．

(3) 激しい絶食時

タンパク質である筋原線維がアミノ酸に分解され，エネルギー源として代謝される．したがって「タンパク質は緊急時のためのエネルギー貯蔵源」と見なすことができる．

インスリンは，血糖値を降下させる唯一のホルモンである．食後の余剰エネルギーを糖質や脂質などに変換し，これらを体脂肪，グリコーゲンとして貯蔵する．一般に体脂肪率は体重の15〜20%であり，体重50 kgの成人では10 kgに対応する．これに対しグリコーゲンの貯蔵総量は数百グラムにすぎない．

血糖値が低下している状態ではグルカゴンが分泌され，貯蔵エネルギーを放出する生理作用が導き出される．

【ケトン体】

$H_3C-\overset{O}{\underset{\|}{C}}-CH_3$　　$H_3C-\overset{O}{\underset{\|}{C}}-CH_2-COOH$　　$H_3C-\overset{OH}{\underset{|}{CH}}-CH_2-COOH$

アセトン　　　　　　　アセト酢酸　　　　　　　3-ヒドロキシ酢酸

絶食時や糖尿病患者では，脂肪細胞より供給される遊離の脂肪酸を原料とし，肝臓のミトコンドリアにおいてアセト酢酸，3-ヒドロキシ酢酸が生合成される．アセトンはアセト酢酸の非酵素的分解により生成され，これらをケトン体とよぶ．エネルギー的に重要なのはアセト酢酸と3-ヒドロキシ酢酸である．肝臓にはこれらの化合物を代謝する酵素系が存在せず，「水溶性の脂質」として筋肉や脳に供給され，アセチルCoAに変換されたのちにエネルギー源として利用される．

図 2・21　代謝の全体像

食後の満腹時

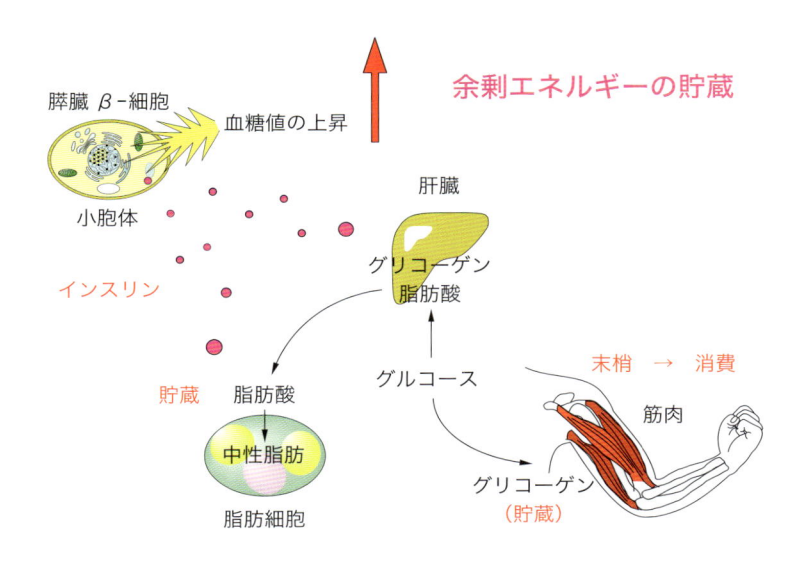

余剰エネルギーの貯蔵

- 膵臓 β-細胞
- 小胞体
- 血糖値の上昇
- インスリン
- 貯蔵
- 脂肪酸
- 中性脂肪
- 脂肪細胞
- 肝臓：グリコーゲン／脂肪酸
- グルコース
- 末梢 → 消費
- 筋肉
- グリコーゲン（貯蔵）

食前の空腹時

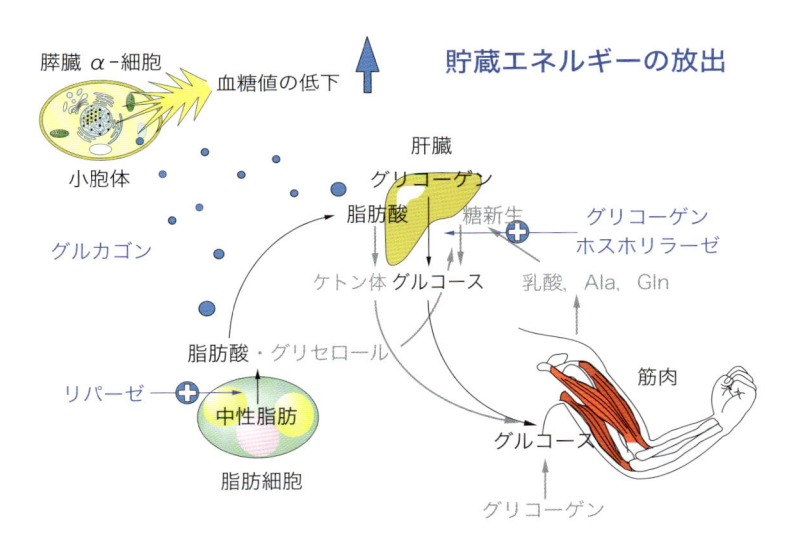

貯蔵エネルギーの放出

- 膵臓 α-細胞
- 小胞体
- 血糖値の低下
- グルカゴン
- リパーゼ ⊕
- 中性脂肪
- 脂肪細胞
- 脂肪酸・グリセロール
- 肝臓：グリコーゲン／脂肪酸
- ケトン体　グルコース
- 糖新生
- グリコーゲンホスホリラーゼ ⊕
- 乳酸, Ala, Gln
- 筋肉
- グルコース
- グリコーゲン

6　酵素の働き

アミラーゼ，プロテアーゼ，ペプチダーゼ，リパーゼ，ヌクレアーゼ．
PKA，PKC，ホスホリパーゼ A_2，シクロオキシゲナーゼ，ホスホリパーゼ C，GTF，FTF，炭酸脱水酵素，DNA ポリメラーゼ，DNA ジャイレース，RNA ポリメラーゼ，逆転写酵素，DNase，RNase．
MMP，TIMP，リゾチーム，γ-GTP，ALT，AST．

▶誘導酵素と構成酵素　inducible enzyme and constitutive enzyme

誘導酵素とは，通常は細胞内に存在していないが，必要な状況になると遺伝子発現により誘導される酵素であり，例として炎症時の Cox-2 があげられる．また構成酵素とは，細胞中に一定レベルの活性が常に存在している酵素であり，炎症とは無関係な Cox-1 がこれに属する．

【設問】アスピリンの作用を3つあげなさい．☞p112，113 参照．

7　代謝異常

最も重要な事柄として，「私たちがもつ遺伝情報は，数十万年前の環境に適合している」ということ．現代と比較して，食料事情が極端に悪い状況では，満腹になることはまれであり，常に空腹だったと考えられる．したがって血糖値を下げるホルモンは1つあれば十分であり，逆に血糖値を上げるホルモンは複数必要であった．現代では人間の社会生活が飛躍的に変化したが，遺伝情報はその変化に追いつくはずもなく数十万年前のままであり，満腹と空腹の状況が反転している．そのような環境下では，血糖値を下げるホルモンが複数必要となるが，実際にはインスリンただ1つである．これが現代病あるいは生活習慣病をもたらす本質的な原因の1つと考えてもおかしくはない．

「私たちが保持する遺伝情報は数十万年前の環境には適している!!」
→　血糖値を下げるホルモンはインスリン1つでよかった．これが現代病をもたらす根本原因と考えることができる．

【設問】血糖値を下げるホルモンはどれか？
　　　　選択肢：インスリン，グルカゴン，アドレナリン，コルチゾール，アルドステロン

【炭酸脱水酵素】

水に炭酸ガスをゴボゴボと通してもなかなか溶けないが，炭酸脱水酵素の存在により容易に炭酸水が形成され，炭酸水はさらに水素イオンと炭酸イオンとに解離する．

$$CO_2 + H_2O \rightarrow H_2CO_3 \rightarrow H^+ + HCO_3^-$$

組織中には CO_2 が多量に存在するので，この方向に反応が進行する．CO_2 量が少ない肺や腎臓の尿細管においては，反応は逆向する．

すなわち，$H^+ + HCO_3^- \rightarrow H_2CO_3 \rightarrow CO_2 + H_2O$ となり，pH は上昇する．
口腔内においても，この方向に反応が進行していると考えられる．

図 2·22　いくらかの転移酵素の反応機構

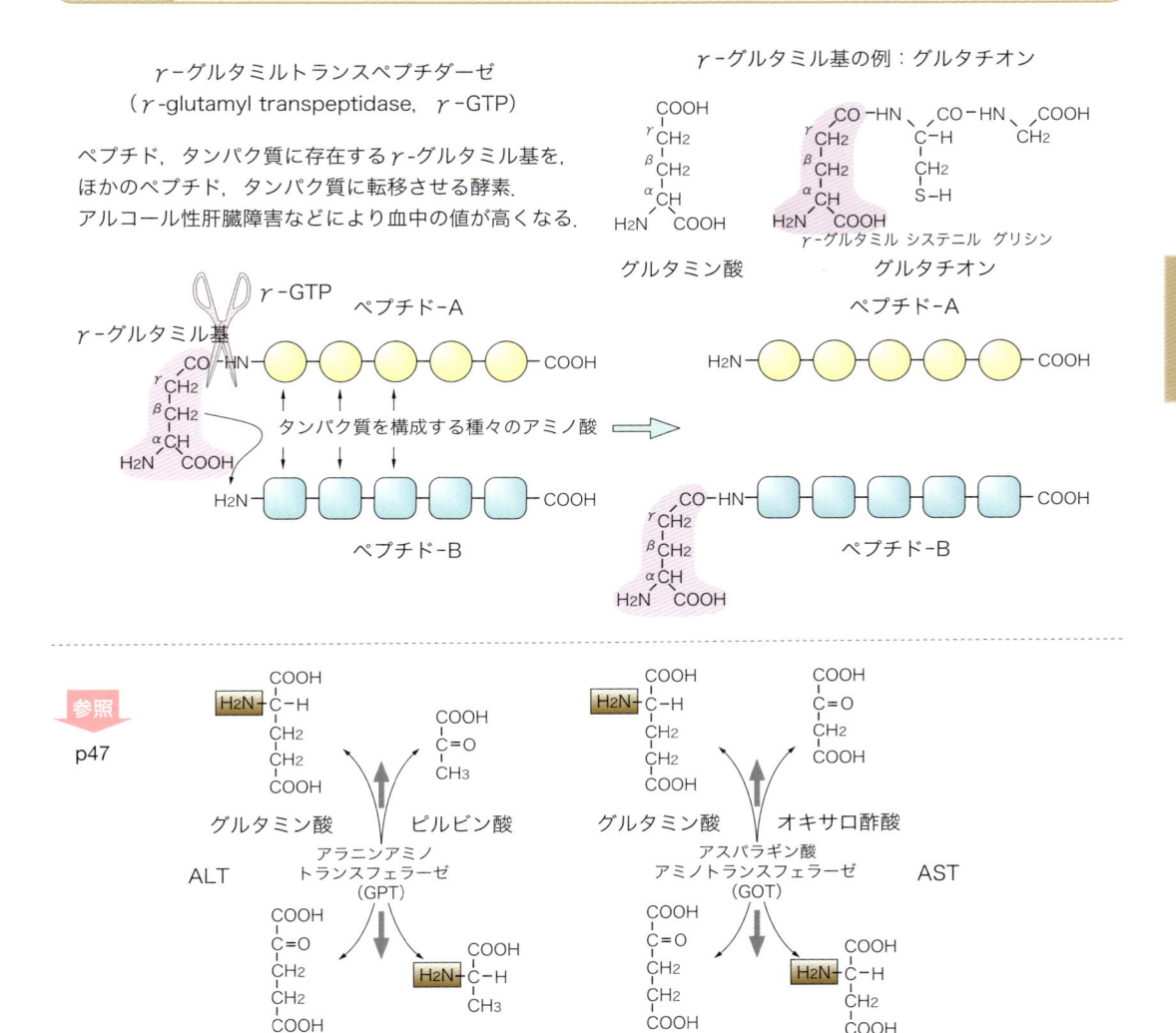

γ-グルタミルトランスペプチダーゼ
（γ-glutamyl transpeptidase，γ-GTP）

ペプチド，タンパク質に存在するγ-グルタミル基を，ほかのペプチド，タンパク質に転移させる酵素．アルコール性肝臓障害などにより血中の値が高くなる．

γ-グルタミル基の例：グルタチオン

グルタミン酸　　グルタチオン
　　　　　　　γ-グルタミル　システニル　グリシン

ペプチド-A　　　　　　　　　　　ペプチド-A

ペプチド-B　　　　　　　　　　　ペプチド-B

タンパク質を構成する種々のアミノ酸

参照 p47

グルタミン酸　ピルビン酸　　　　グルタミン酸　オキサロ酢酸

ALT　　アラニンアミノトランスフェラーゼ（GPT）　　　　　　アスパラギン酸アミノトランスフェラーゼ（GOT）　　AST

α-ケトグルタル酸　アラニン　　　α-ケトグルタル酸　アスパラギン酸

アラニンアミノトランスフェラーゼ alanine aminotransferase（ALT）
　アラニンに存在するアミノ基をα-ケトグルタル酸に渡してグルタミン酸とし，自身はピルビン酸に変化する．また別名グルタミン酸ピルビン酸トランスアミナーゼ glutamate pyruvate transaminase（GPT）ともいう．グルタミン酸に存在するアミノ基をピルビン酸に渡してアラニンとし，自身はα-ケトグルタル酸に変化する．反応はどちらにも進行する．
　通常，血中濃度はきわめて低い．肝臓，胆道疾患に特異的である．

アスパラギン酸アミノトランスフェラーゼ aspartate aminotransferase（AST）
　アスパラギン酸に存在するアミノ基をα-ケトグルタル酸に渡してグルタミン酸とし，自身はオキサロ酢酸に変化する．また別名グルタミン酸オキサロ酢酸トランスアミナーゼ glutamate oxaloacetate transaminase（GOT）ともいう．グルタミン酸に存在するアミノ基をオキサロ酢酸に渡してアスパラギン酸とし，自身はα-ケトグルタル酸に変化する．反応はどちらにも進行する．
　通常，血中濃度はきわめて低い．そのため肝炎，心筋梗塞の診断に用いられる．

図 2·23 1 型糖尿病発生の機序

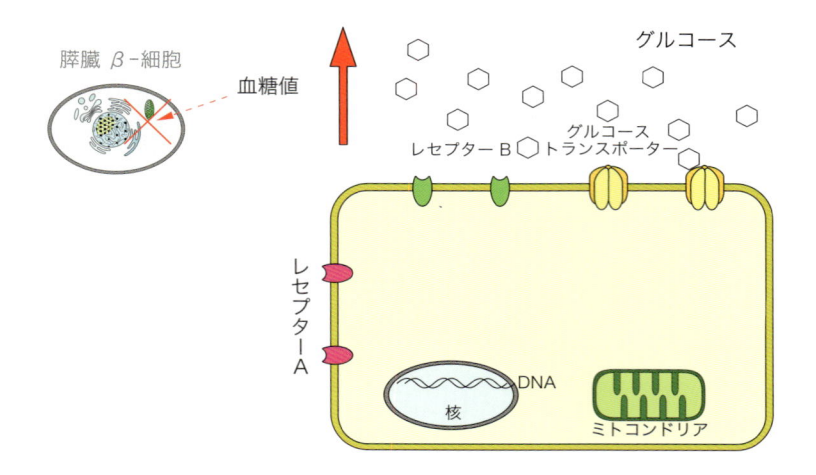

図 2·24 2 型糖尿病発生の機序

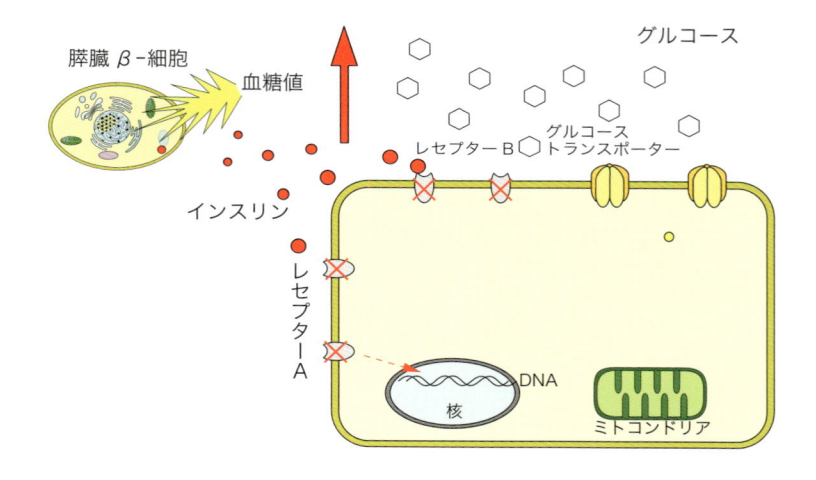

(1) 糖尿病

1 型糖尿病：インスリン依存性糖尿病 insulin-dependent diabetes mellitus (IDDM) ともよばれ，自己免疫疾患あるいはウイルス感染により膵臓 β-細胞が破壊されたことにより，血中へのインスリン分泌不全におちいる（図 2·23, 25）．

【治療】インスリンの自己注射．

2 型糖尿病：非インスリン依存性糖尿病 non insulin-dependent diabetes mellitus (NIDDM) ともよばれ，血中へのインスリン分泌はみられるが，インスリンレセプターあるいはグルコーストランスポーターに異常が生じたため，末梢細胞中に取り込むことができない．これをインスリン抵抗性と表現することもある（図 2·24, 25）．

【治療】食事制限など．

【設問】インスリンの自己注射により改善されるのは何型の糖尿病か．

図 2・25　糖尿病の病態

血流中には十分量のグルコースが存在するにもかかわらず，末梢の細胞はエネルギー源としてグルコースを利用できない．

血糖の上昇　→　血漿浸透圧の上昇　　　→　末梢細胞の脱水　→
尿中への糖質の排泄　→　尿浸透圧の上昇　→　脱水　　　⇒　口渇，昏睡
ほかのエネルギー源としてケトン体を利用する　　　　　ケトアシドーシス
末梢毛細血管の損傷　→　網膜症　→　失明
　　　　　　　　　　→　下肢のしびれ，壊死

IDDM
insulin-dependent diabetes mellitus
インスリン依存性糖尿病
1型糖尿病

NIDDM
non insulin-dependent diabetes mellitus
非インスリン依存性糖尿病
2型糖尿病

自己免疫疾患
ウイルス感染　　膵臓 β-細胞の破壊

インスリンレセプター異常
グルコーストランスポーター異常
血中にはインスリンが存在するが，応答がにぶい．

インスリン分泌不全

⇒ インスリン抵抗性

治療法　　　　1型糖尿病　　　　　　2型糖尿病
　　　　　　　　↓　　　　　　　　　　↓
　　　　　　インスリン自己注射　　　食事療法など

糖尿病検査
　　高血糖が持続すると，血清タンパク質にグルコースが結合する．
　　ヘモグロビンにグルコースが結合したもの　→　HbA$_{1c}$
　　過去1月間の血糖値を反映する．

　　　　　　正常域　　　4〜6％
　　　　　　不　良　　　8％以上

図 2・26 脂肪細胞とは

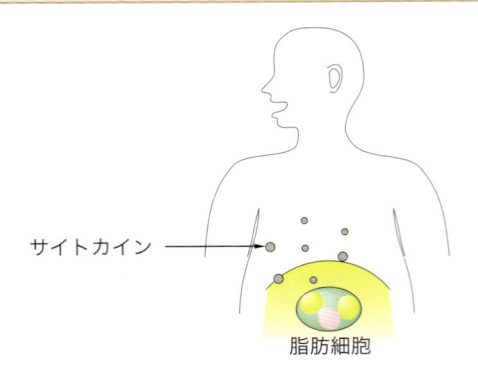

図 2・27 アディポネクチンによるマクロファージ貪食能の抑制（低下）

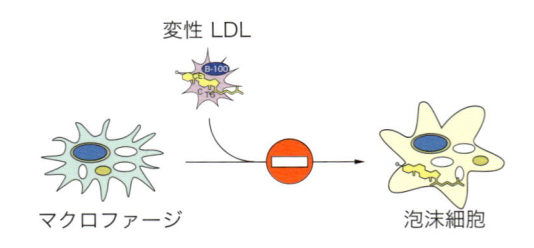

(2) 肥満と生活習慣病　―糖尿病と動脈硬化―

脂肪細胞由来サイトカイン：従来，脂肪細胞は単純なエネルギー貯蔵庫と考えられていたが，「ホルモン様の作用」をもった次のサイトカインを分泌していることが明らかとなった．したがって単にエネルギーを貯蔵するだけでなく，むしろ「ホルモン分泌細胞」と見なすほうが妥当と考えられる（図 2・26）．

TNF-α　tumor necrosis factor α（腫瘍壊死因子α）：腫瘍部位に出血性壊死を誘導する因子として報告されためこの名前がつけられた．炎症をとおした生体防御機構に深くかかわるサイトカインとして理解されるようになった．脂肪細胞が分泌し，糖の取り込みを抑制するインスリン抵抗性の原因物質として注目されている（悪玉サイトカイン）．

アディポネクチン　adiponectin：脂肪組織に特異的な分泌タンパクで，末梢細胞のインスリン感受性を増強し，マクロファージの貪食能を低下させるなどの作用がある（図 2・27）．脂肪細胞に由来する「善玉サイトカイン」として捉えられており，驚くべきことに肥満者ではその血中濃度が低下している．

図 2·28 粥状動脈硬化

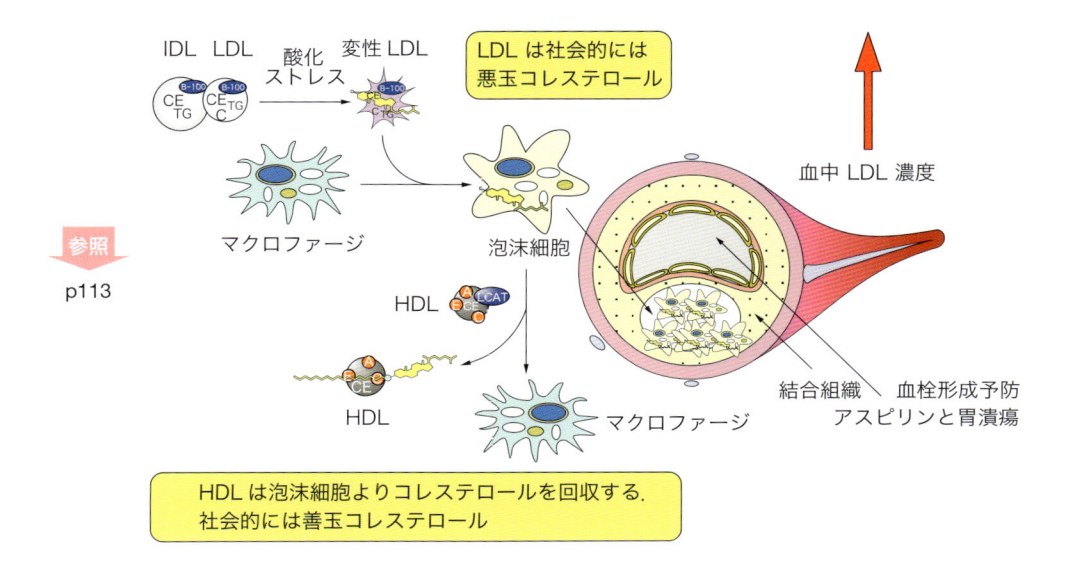

LDL は社会的には悪玉コレステロール

HDL は泡沫細胞よりコレステロールを回収する．社会的には善玉コレステロール

図 2·29 過食，運動不足による肥満

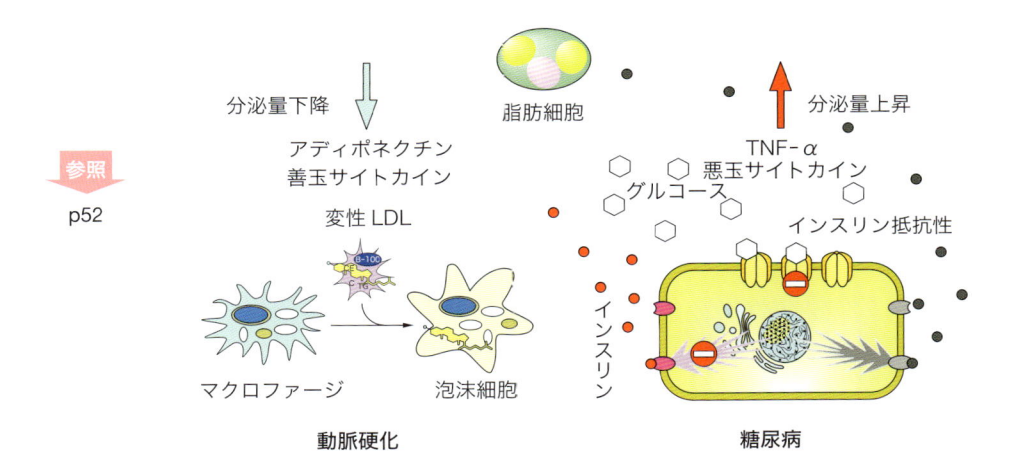

生活習慣病：現代人の生活のなかで，過食および運動不足による肥満はさまざまな疾病を与える原因となり得る．前述したように肥満者ではアディポネクチンの血中濃度が低下している．このことはマクロファージが変性 LDL を活発に貪食し，泡沫細胞化する．その結果，粥状動脈硬化（図 2·28）のリスクを高めることになる．一方，脂肪細胞から分泌される TNF-α は末梢細胞をインスリン抵抗性に導き，糖尿病のリスクを高めることになる．さらに肥満は高血圧をももたらすことが知られていることから，過食および運動不足による肥満（図 2·29）はさまざまな生活習慣病の発症につながることが容易に理解できる．

練習問題

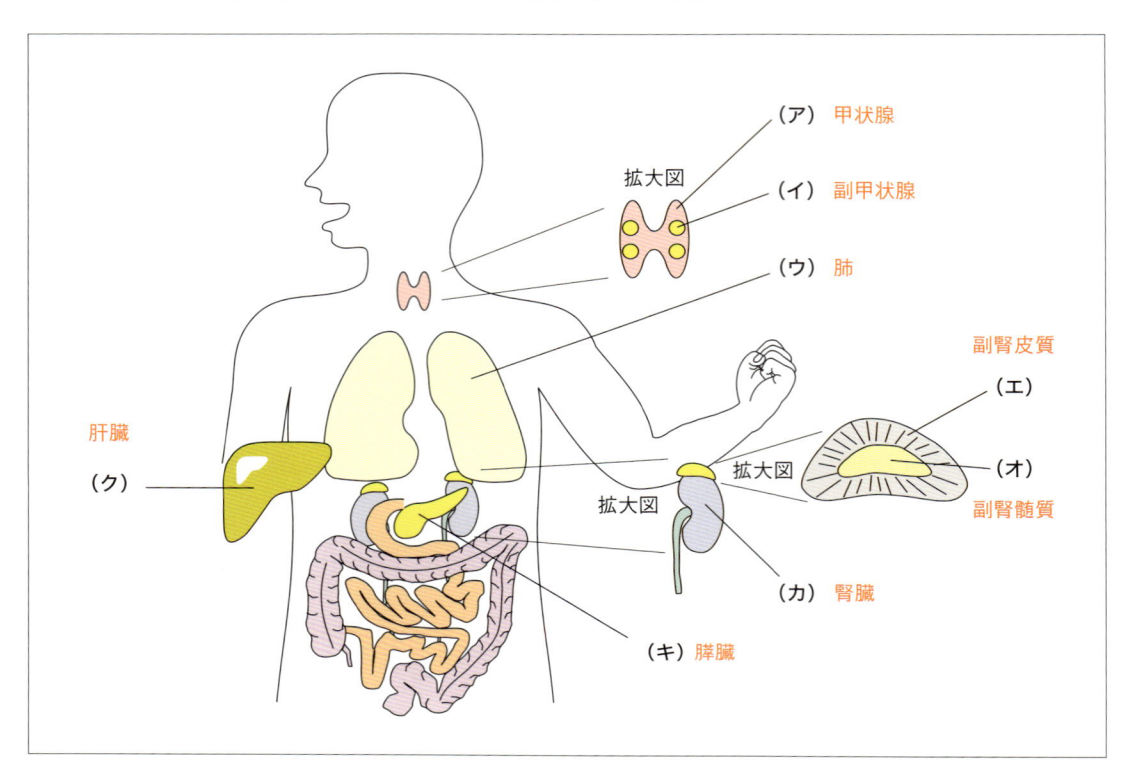

■■■ 2-1 人体を構成する各臓器の模式図を示す．下記の問いに答えなさい．

（ア）甲状腺
（イ）副甲状腺
（ウ）肺
（エ）副腎皮質
（オ）副腎髄質
（カ）腎臓
（キ）膵臓
（ク）肝臓

次のホルモンが分泌されるのはどこか．表を完成させなさい．

		低分子		水溶性高分子
		水溶性	脂溶性	
アミノ酸1個のモノアミン	1 アドレナリン	（オ）		
	2 エピネフリン	（オ）		
	3 副甲状腺ホルモン			（イ）
	4 上皮小体ホルモン			（イ）
	5 PTH			（イ）
	6 パラトルモン			（イ）
すべてタンパク質	7 甲状腺ホルモン		（ア）	
	8 カルシトニン			（ア）
	9 インスリン			（キ）
	10 グルカゴン			（キ）
	11 コルチゾール		（エ）	
	12 アルドステロン		（エ）	

副甲状腺から分泌される．名称が異なるだけの，すべて同一のタンパク質．

脂溶性リガンドであり，T3, T4などともよばれる．遺伝子発現が役割．

代謝性ホルモンに分類される．

脂溶性リガンドなので，遺伝子発現が役割．

■■■ 2-2 人体を構成する各臓器の模式図を示す．下記の問いに答えなさい．

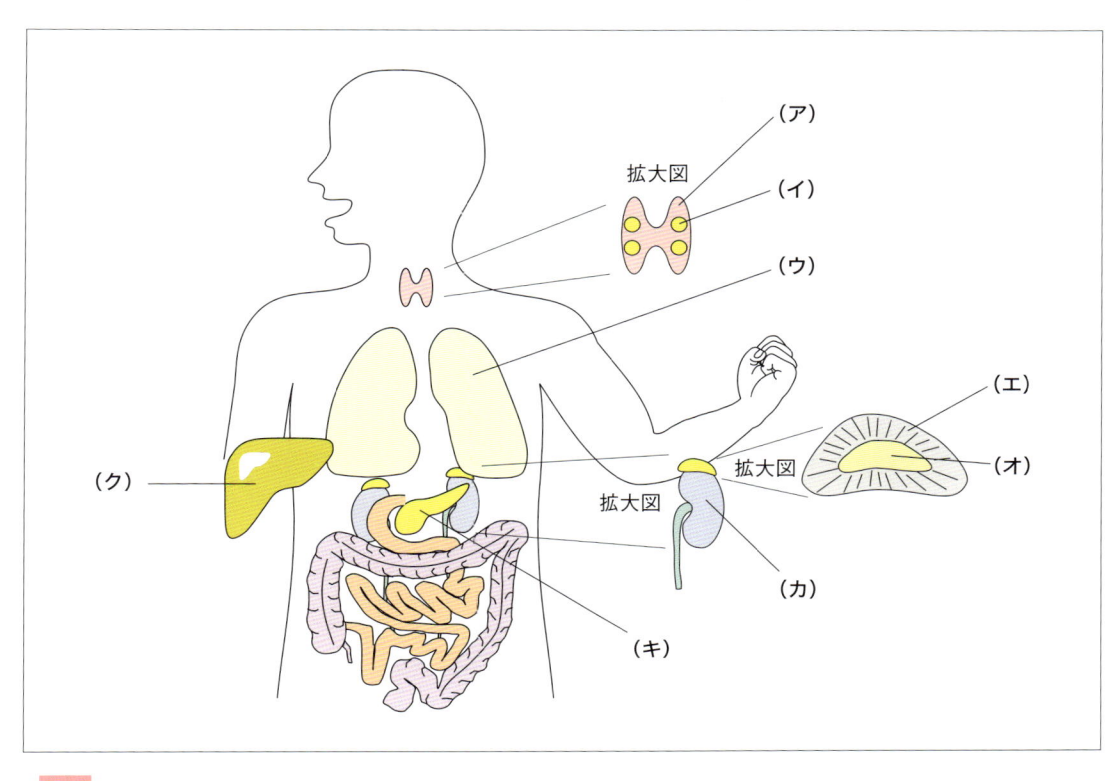

参照
p41

次のタンパク質，酵素が分泌されるのはどこか．

1	アンギオテンシノーゲン	（ク）：肝臓
2	レニン	（カ）：腎臓
3	アンギオテンシン変換酵素（ACE）	（ウ）：肺
4	25-ヒドロキシラーゼ	（ク）：肝臓
5	1α-ヒドロキシラーゼ	（カ）：腎臓	← PTHにより活性化される
6	AST（GOT），ALT（GPT）	（ク）：肝臓	p41参照
7	γ-GTP	（ク）：肝臓

ALT：通常，血中濃度はきわめて低く，肝臓，胆道疾患に特異的である．
AST：通常，血中濃度はきわめて低く，そのため肝炎，心筋梗塞の診断に用いられる．
γ-GTP：アルコール性肝臓障害の指標．

47

■■■ 2-3 アミノ酸の構造を示す．下記の問いに答えなさい．

	(a)	(b)	(c)	(d)	(e)
	COOH	COOH	COOH	COOH	COOH
	H₂N-C-H	H₂N-C-H	H₂N-C-H	H₂N-C-H	H₂N-C-H
	CH₂	H	CH₂	CH₂	CH₂
	CH₂		CH₂	CH₂	(ベンゼン環)-OH
	S		COOH	CH₂	
	CH₃			CH₂	
				NH₂	
	メチオニン	グリシン	グルタミン酸	リシン	チロシン

1 酸性アミノ酸はどれか．　(c)：側鎖にカルボキシル基（−COOH）を有する．
2 塩基性アミノ酸はどれか．　(d)：側鎖にアミノ基（−NH₂）を有する．
3 芳香族アミノ酸はどれか．　(e)：ベンゼン環を有する．
4 不斉炭素原子をもたないアミノ酸はどれか．　(b)：α-位の炭素原子に水素原子が2個存在するため．
5 開始コドンに対応するアミノ酸はどれか．　(a)：メチオニンは開始コドン AUG にコードされる．

■■■ 2-4 細胞内での糖質代謝の概要を化合物 A の分子モデルとともに模式図にまとめた．下記の問いに答えなさい．

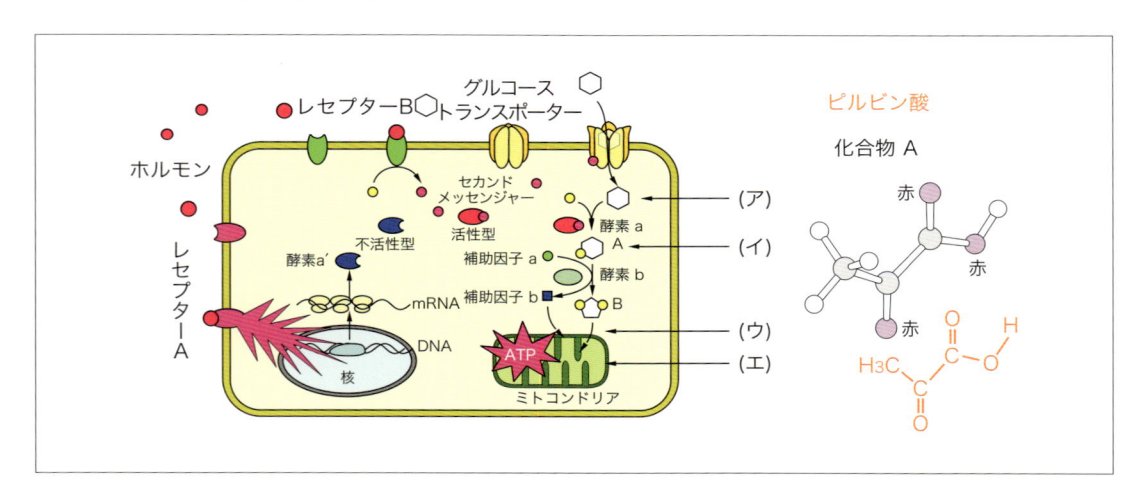

1 化合物 A の名称はどれか．(a) エイコ酸，(b) アラキドン酸，(c) ピルビン酸，(d) DHA
2 化合物 A の存在場所はどれか．上図より選びなさい．(a)（ア），(b)（イ），(c)（ウ），(d)（エ）
3 化合物 A を与える一連の反応名はどれか．(a) 解糖系，(b) TCA サイクル，(c) 呼吸鎖，(d) β-酸化
4 上記3の「一連の反応」の出発物質はどれか．
　(a) リン脂質，(b) コレステロール，(c) グルコース，(d) 不飽和脂肪酸
5 上記4の「出発物質」に作用する酵素はどれか．
　(a) ホスホリパーゼ A₂，(b) ホスホリパーゼ C，(c) ヘキソキナーゼ，(d) プロテインキナーゼ A

Part 2 生命を構成する基本物質

2-5 ミュータンス連鎖球菌 *Streptococcus mutans* の糖質代謝を模式図に示す．下記の問いに答えなさい．

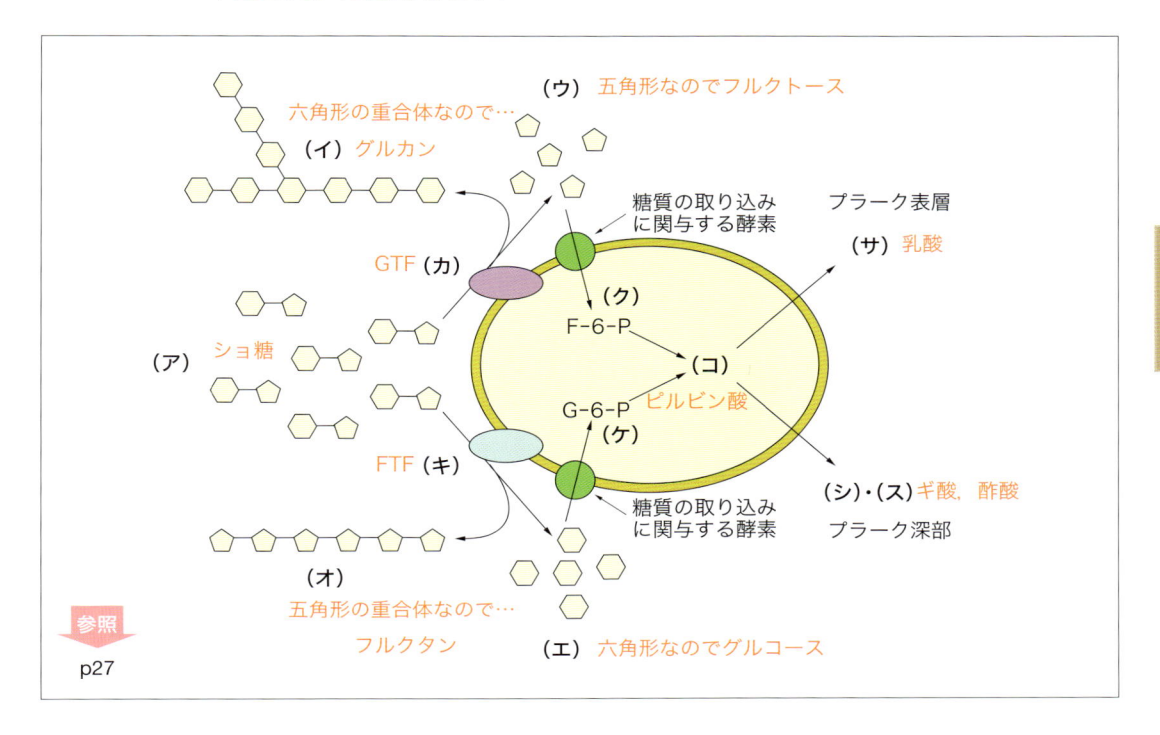

図中の書き込み：
- （イ）グルカン　六角形の重合体なので…
- （ウ）五角形なのでフルクトース
- （ア）ショ糖
- GTF（カ）
- FTF（キ）
- 糖質の取り込みに関与する酵素
- （ク）F-6-P
- （ケ）G-6-P
- （コ）ピルビン酸
- （サ）乳酸　プラーク表層
- （シ）・（ス）ギ酸，酢酸　プラーク深部
- （オ）フルクタン　五角形の重合体なので…
- （エ）六角形なのでグルコース
- 参照 p27

1. 糖質（ア）〜（オ）は何か．
2. 酵素（カ）および（キ）の日本語名は何か．
   （カ）：グルコシルトランスフェラーゼ（GTF）　（キ）：フルクトシルトランスフェラーゼ（FTF）
3. 物質（ク）および（ケ）の日本語名は何か．
   （ク）：フルクトース 6-リン酸　（ケ）：グルコース 6-リン酸　いずれも解糖系のメンバー．
4. 物質（ク）および（ケ）から生じる解糖系の最終産物（コ）は何か．
   ピルビン酸
5. プラーク表層で生じる有機酸（サ）は何か．　乳酸
6. プラーク深部で生じる有機酸（シ）および（ス）は何か．　ギ酸，酢酸
7. ミュータンス連鎖球菌におけるフッ素の作用点はどこか．
   糖質の取り込みに関与する酵素系の阻害にある．

Streptococcus mutans の糖質代謝を表にまとめた．

	酵素	基質	高分子生成物	低分子生成物	
G は F !! 　FTF	酵素（ア）	糖質（イ）	糖質（ウ）	糖質（エ）	六角形はグルコース
F は G !! 　GTF	酵素（カ）	糖質（キ）	糖質（ク）	糖質（ケ）	五角形はフルクトース

基質：ショ糖

8. 酵素（ア）および（カ）は何か．　（ア）：FTF，（カ）：GTF
9. 共通する糖質の組み合わせは何か．
   （ウ）：フルクタン，（ク）：グルカンにより基質のショ糖が共通糖質となる．

■■□ 2-6 下記の問いに答えなさい．

※この図面は，設問に対して直接関係しません．

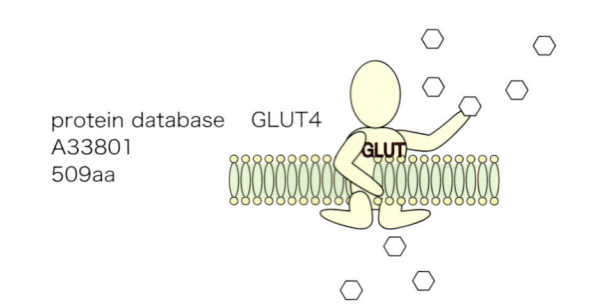

protein database　GLUT4
A33801
509aa

1ナノメートルが 10 cm に対応する分子モデルを導入すると，アミノ酸が数百・数千残基重合したタンパク質は，私たちの体ほどの大きさで表現される．したがって「分子モデルの世界」に入ると，私たち自身はタンパク質，酵素に例えられる．

A さんは「分子モデルの世界」に入ることをイメージし，澱粉の加水分解を担当することになった．そして自らの作用により生じる単糖を分子モデルにより構築した．B さんは A さんと同様「分子モデルの世界」に入ることをイメージし，A さんの働きによって生じた単糖に「黄色のパーツから構成される官能基」を付加した．

1 「分子モデルの世界」では，A さん，B さんは何にたとえられるか．2 つ選びなさい．
   (a) アミノ酸，(b) タンパク質，(c) 糖質，(d) 脂質，(e) 酵素
2 A さんが構築した分子モデルに対応するのはどれか． 澱粉の加水分解なのでグルコースが生じる．
   (a) ブドウ糖，(b) 果糖，(c) ショ糖，(d) グルコース 6-リン酸，(e) フルクトース 6-リン酸
3 A さんが構築した分子モデルの大きさはどれか． グルコースは約 4 cm ほどの大きさになる．
   (a) 手のひらサイズ，(b) 両手サイズ，(c) 1 メートル，(d) A さんの体格ほど，(e) 教室ほど
4 B さんが付加した「黄色のパーツから構成される官能基」はどれか．
   リンは黄色で表現されるので，官能基はリン酸．
   (a) 水酸基，(b) カルボキシル基，(c) アミノ基，(d) リン酸基，(e) アセチル基
5 A さんの役割はどれか．
   (a) 加水分解，(b) 転移，(c) 酸化・還元，(d) リン酸化，(e) 脱リン酸化
6 B さんの役割はどれか．
   (a) 加水分解，(b) 転移，(c) 酸化・還元，(d) リン酸化，(e) 脱リン酸化
7 A さんの機能上の分類はどれか． 糖質の加水分解にはさまざまなアミラーゼが作用する．
   (a) アミラーゼ，(b) キナーゼ，(c) プロテアーゼ，(d) ヌクレアーゼ，(e) ホスホリパーゼ
8 B さんの機能上の分類はどれか． 具体的には，グルコキナーゼ，ヘキソキナーゼに対応する．
   (a) アミラーゼ，(b) キナーゼ，(c) プロテアーゼ，(d) ヌクレアーゼ，(e) ホスホリパーゼ
9 B さんの反応が起こる領域はどれか． 具体的には，解糖系の第 1 段階の反応であり，細胞質で起こる．
   (a) 細胞膜上，(b) 細胞質，(c) 小胞体，(d) ミトコンドリア，(e) 核
10 B さんが関与する反応も含めた，一連の反応の名称はどれか．
   (a) 解糖系，(b) TCA サイクル，(c) クエン酸サイクル，(d) 呼吸鎖，(e) 水素伝達

2-7 解糖系の第一段階での生成物を分子モデルにて示す．下記の問いに答えなさい．

解糖系の第 1 段階の反応は覚えること!!
グルコース 6-リン酸とすぐにわかるように!!

たしかに 6-位の水酸基にリン酸基が結合している．
飛び出しているのが 6-位の炭素原子

赤：酸素
黄：リン
黒：炭素
白：水素

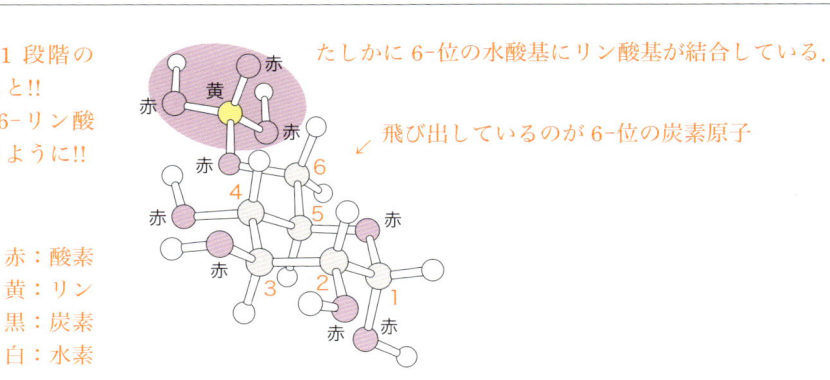

1. 第一段階で導入される官能基の名称はどれか．
   (a) 水酸基，(b) カルボキシル基，(c) アルデヒド基，(d) リン酸基，(e) 塩基
2. 上記 1 の官能基は，糖の何位の水酸基に結合するか．
   (a) 1-位，(b) 2-位，(c) 3-位，(d) 4-位，(e) 6-位
3. この反応が起こる領域は細胞内のどれか．
   (a) 細胞内の全領域，(b) 細胞膜，(c) 細胞質，(d) ミトコンドリア，(e) 核
4. 血糖の細胞内への取り込みに必要なホルモンはどれか．
   (a) アドレナリン，(b) アルドステロン，(c) インスリン，(d) グルカゴン，(e) コルチゾール
5. 上記 4 のホルモンが分泌されていても，細胞内に血糖が取り込まれない原因はどれか．
   (a) β-細胞不全，(b) レセプター不全，(c) 腎不全，(d) 肝不全，(e) 免疫不全
6. 上記 5 の疾病はどれか．
   (a) メタボリックシンドローム，(b) 高血圧，(c) 高脂血症，(d) 1 型糖尿病，(e) 2 型糖尿病
7. 上記 5 の対処法はどれか．
   (a) 減塩，(b) 食事療法，(c) 自己注射，(d) 体重の減量，(e) 飲酒の減量
8. 上記 4 のホルモンが分泌されないため，細胞内に血糖が取り込まれない原因はどれか．
   (a) β-細胞不全，(b) レセプター不全，(c) 腎不全，(d) 肝不全，(e) 免疫不全
9. 上記 8 の疾病はどれか．
   (a) メタボリックシンドローム，(b) 高血圧，(c) 高脂血症，(d) 1 型糖尿病，(e) 2 型糖尿病
10. 上記 8 の対処法はどれか．
    (a) 減塩，(b) 食事療法，(c) 自己注射，(d) 体重の減量，(e) 飲酒の減量

■ 2-8 肥満に起因する生活習慣病の機序を模式図に示す．下記の問いに答えなさい．

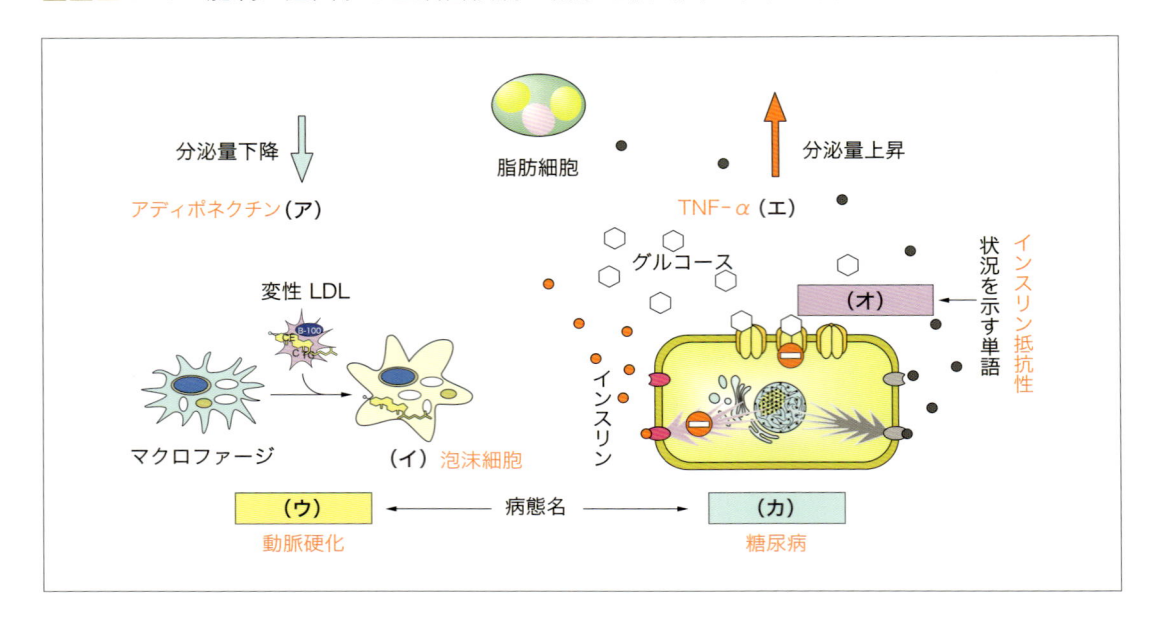

図中ラベル：
- 分泌量下降　アディポネクチン（ア）
- 脂肪細胞
- 分泌量上昇　TNF-α（エ）
- 変性 LDL
- グルコース
- （オ）　インスリン抵抗性　状況を示す単語
- マクロファージ
- （イ）泡沫細胞
- インスリン
- （ウ）動脈硬化　←病態名→　（カ）糖尿病

1　脂肪細胞より分泌され，マクロファージの貪食能を抑制するサイトカイン（ア）は何か．
　　アディポネクチン
2　サイトカイン（ア）のもつもう１つの重要な生理活性は何か．
　　インスリン感受性をもたらす．
3　マクロファージが変性 LDL を貪食することにより生じる細胞種（イ）は何か．
　　泡沫細胞
4　（イ）によりもたらされる病態（ウ）は何か．
　　動脈硬化
5　肥満と病態（ウ）とはどのように関連づけられるか．
　　肥満によりアディポネクチン分泌量が低下する．
　　その結果，泡沫細胞が形成されて動脈硬化になりやすい．
6　脂肪細胞より分泌され，インスリン抵抗性を与えるサイトカイン（エ）は何か．
　　TNF-α
7　サイトカイン（エ）によりもたらされる病態（カ）は何か．
　　糖尿病
8　病態（カ）は何型か．　2 型糖尿病
　　また対処法は何か．　食事療法により対処する．

参照
p44, 45

2-9 正しい組み合わせはどれか.

(a) 1型糖尿病 ……………………インスリン感受性
(b) 2型糖尿病 ……………………インスリン抵抗性
(c) マクロファージ貪食抑制………泡沫細胞形成増加
(d) マクロファージ貪食亢進………泡沫細胞形成減少
(e) マクロファージ貪食亢進………変性LDL形成増加

参照 p44, 45

(a) 1型糖尿病はインスリン感受性ではない.
(b) 正答
(c) マクロファージ貪食抑制 → 泡沫細胞の形成を低下.
(d) マクロファージ貪食亢進 → 泡沫細胞を形成.
(e) マクロファージ貪食亢進 → 変性LDLを貪食.

2-10 上記の正しい組み合わせの根拠となるのはどれか.

(a) TNF-α
(b) アディポネクチン
(c) グルカゴン
(d) アドレナリン
(e) グルココルチコイド

TNF-αはインスリン抵抗性となる2型糖尿病をもたらす.
一方, アディポネクチンはインスリン感受性をもたらす.

Part 3 遺伝子と遺伝

1 セントラルドグマ

セントラルドグマとは，遺伝情報の流れとタンパク質の生合成との関連性を示すものであり，本章では，染色体の複製からタンパク質の生合成と翻訳後修飾，さらにはレトロウイルスなどにみられる逆転写も含めた事象について考察する．

(1) セントラルドグマに関与する酵素

ヘリカーゼ，トポイソメラーゼ，DNA ジャイレース，DNA ポリメラーゼ，RNA ポリメラーゼ，アミノアシル tRNA 合成酵素（tRNA にアミノ酸を結合する酵素），逆転写酵素・・・

(2) 原核生物の DNA ポリメラーゼ

染色体の複製に関与し，相補鎖の伸長には DNA polymerase III（poly III）が関与する．その際プライマーを必要とする．また DNA polymerase I（poly I）は RNA プライマーの除去に関与する．

(3) DNA ジャイレース

二本鎖 DNA の複製では，相補鎖の伸長に先立ち二重らせん構造をほぐす必要がある．複製開始点において，まずヘリカーゼがらせん構造をほぐす．その結果，複製開始点の両脇ではその しわよせ によりらせん構造のピッチが増加した「ひずみ」が生じる．このひずみを解消するのが，真核生物ではトポイソメラーゼであり，原核生物では DNA ジャイレースである．ニューキノロン系抗生物質の作用点は原核生物の DNA ジャイレースであり，これにより原核生物に対する選択毒性が発揮される．

図 3・1　セントラルドグマの一般的な示し方

複製 DNA ⇄（転写／逆転写）RNA →（翻訳）タンパク質（不活性型）→（翻訳後修飾）タンパク質（活性型）

セントラルドグマとは，遺伝情報の流れと，タンパク質の生合成との関連づけを示す概念図のことである．この場合の DNA は二本鎖であり，染色体そのものである．最も左の矢印は DNA から DNA が複製されること，すなわち染色体が 2 倍に増えることを意味し，細胞周期の S 期に対応する．この過程に関与する酵素は DNA ポリメラーゼとなる．染色体 DNA には，タンパク質を生合成する際のアミノ酸配列に関する遺伝情報が存在する．この情報は RNA に転写されるが，その過程では RNA ポリメラーゼが関与する．

図 3·2　セントラルドグマ

遺伝情報の流れとタンパク質の生合成の関係性を示す．染色体の複製からタンパク質の生合成と翻訳後修飾までの事象を考える．スプライシングまでは核の中，それ以降の翻訳などは小胞体や細胞質で起こる．

染色体：遺伝情報を保持
mRNA：遺伝情報を転写
リボソーム：タンパク質生合成の場

クロマチンの活性化
タンパク質の生合成
遺伝暗号表とコドン

DNA RNA
ATG TAA

- mRNA：遺伝情報の転写
- rRNA：リボソームの構成
- tRNA：アミノ酸の運搬

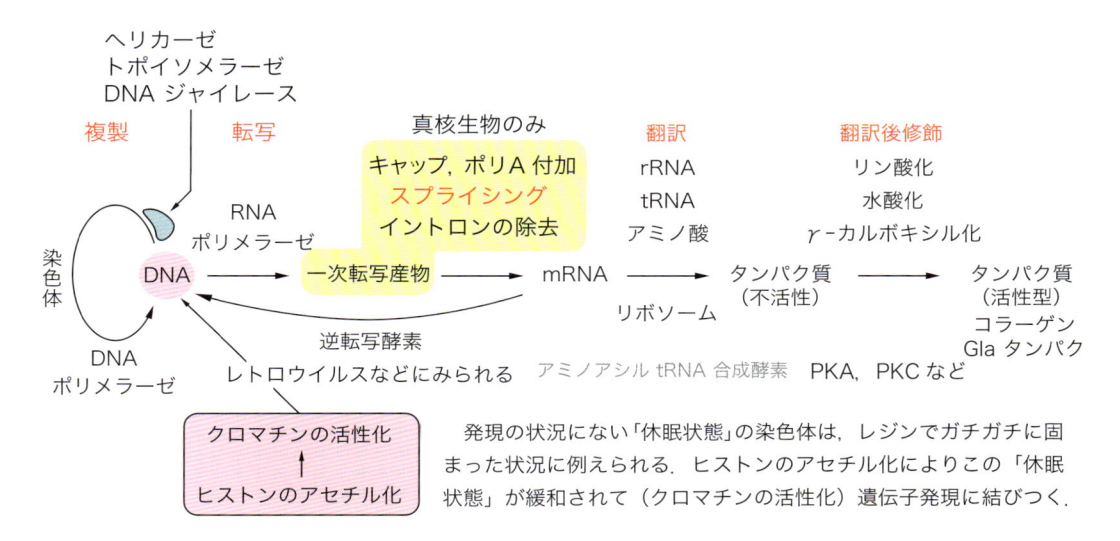

ヘリカーゼ
トポイソメラーゼ
DNA ジャイレース

複製　転写

真核生物のみ
キャップ, ポリA 付加
スプライシング
イントロンの除去

翻訳
rRNA
tRNA
アミノ酸

翻訳後修飾
リン酸化
水酸化
γ-カルボキシル化

染色体
DNA
RNA ポリメラーゼ
一次転写産物 → mRNA → タンパク質（不活性） → タンパク質（活性型）
リボソーム
コラーゲン
Gla タンパク

DNA ポリメラーゼ
逆転写酵素
レトロウイルスなどにみられる

アミノアシル tRNA 合成酵素　PKA, PKC など

クロマチンの活性化
↑
ヒストンのアセチル化

発現の状況にない「休眠状態」の染色体は，レジンでガチガチに固まった状況に例えられる．ヒストンのアセチル化によりこの「休眠状態」が緩和されて（クロマチンの活性化）遺伝子発現に結びつく．

　古くは，遺伝情報の流れは「DNA から RNA」の一方通行であり，「RNA から DNA」には決して進まないと考えられていた．しかしレトロウイルスで逆転写酵素が発見されたため，セントラルドグマが拡張された．「逆転写」ときたら，レトロウイルス → AIDS と連想すること．それと RT-PCR も !!（Part Ⅳ, p86 参照）

タンパク質のリン酸化以外の翻訳後修飾の具体例

コラーゲン　：Gly-X-Y → X にはプロリン
　　　　　　　　　　　 Y にはヒドロキシプロリン　プロリンの水酸化にはビタミン C

Gla タンパク：グルタミン酸の γ-位に，
　　　　　　　さらにカルボキシル基を付加する　活性型ビタミン D_3　ビタミン K
　　　　　　　　　　　　　　　　　　　　　　　　↓
　　　　　　　　　　　　　　　　　　　　　作用機序は遺伝子発現

→ カルシウム結合能を有するタンパク質

→ 骨，止血など，カルシウムが関与するタンパク質である．
　　その発現には活性型ビタミン D_3 が関与する．

図 3・3 真核生物の遺伝子発現

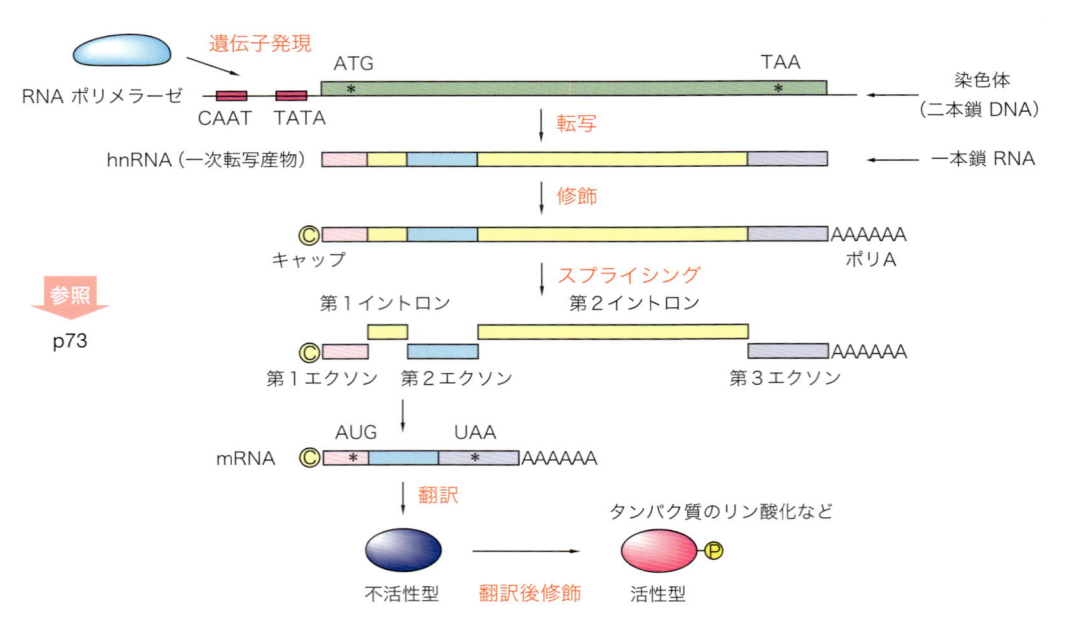

hnRNA（heteronuclear RNA：一次転写産物）

真核生物の一次転写産物では，遺伝情報は，意味のない部分により分断されている．意味のない部分をイントロン，また遺伝情報を保持する部分をエクソンとよぶ．イントロンはスプライシングとよばれる過程で除去され，個々のエクソンが結合することにより，成熟 mRNA が完成される．

イントロン → スプライシング

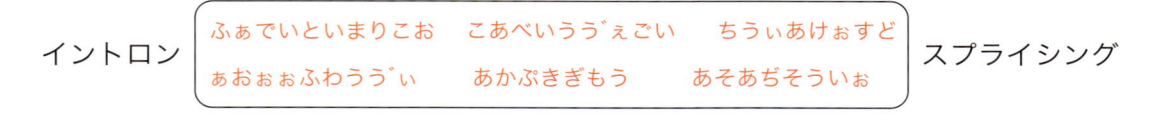

mRNA

真核生物の一次転写産物では，遺伝情報は意味のない部分により分断されている．意味のない部分をイントロン，また遺伝情報を保持する部分をエクソンとよぶ．イントロンはスプライシングとよばれる過程で除去され，個々のエクソンが結合することにより成熟 mRNA が完成される．

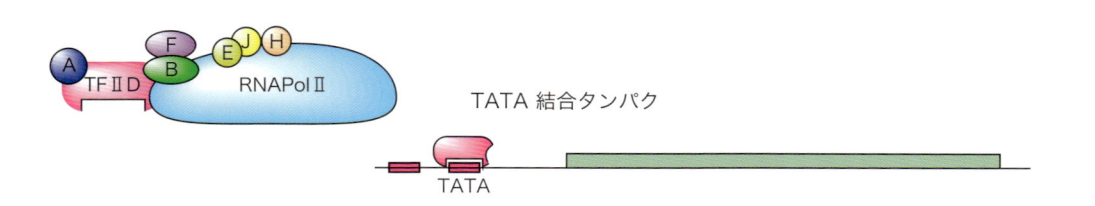

真核生物では，RNA ポリメラーゼだけでは転写レベルは非常に低く，ほかに多くの転写因子とよばれるタンパク質を必要とする transcription factors（TFⅡA, B, D, E, F, H, J）．そのなかで TFⅡD は，TATA 結合タンパクともよばれ，重要な役割をはたす．さらには「エンハンサー」とよばれる特有な塩基配列に結合転写調節因子がある．ステロイドホルモン，活性型ビタミン D_3 などの脂溶性リガンドがそれらにあたる．

図 3·4 これだけでは足りません!!

― ● ― ← エンハンサー配列,あるいはエンハンサーエレメント（特殊な塩基配列）

― ⌒ ― ← 転写調節因子（タンパク質）

エンハンサー配列は，必ずしも TATA の上流に存在するとは限らない．

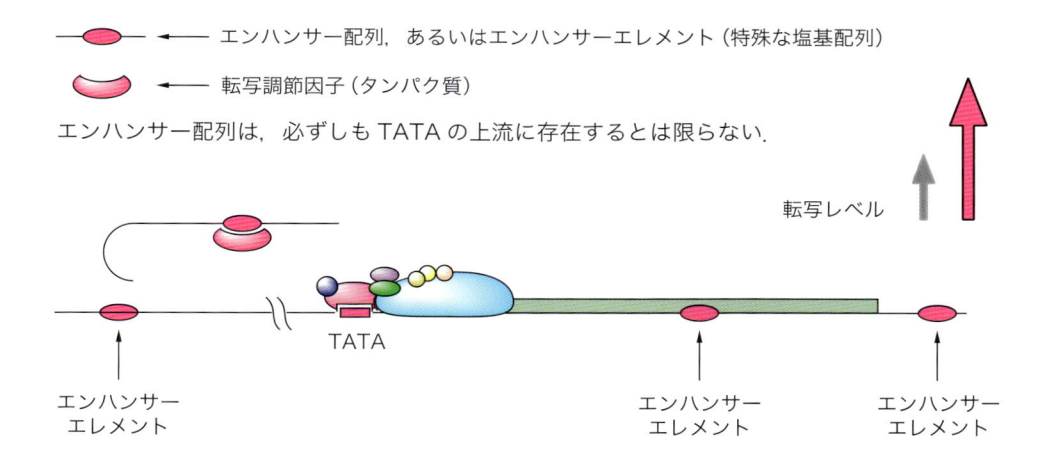

図 3·5 転写因子としての脂溶性リガンド

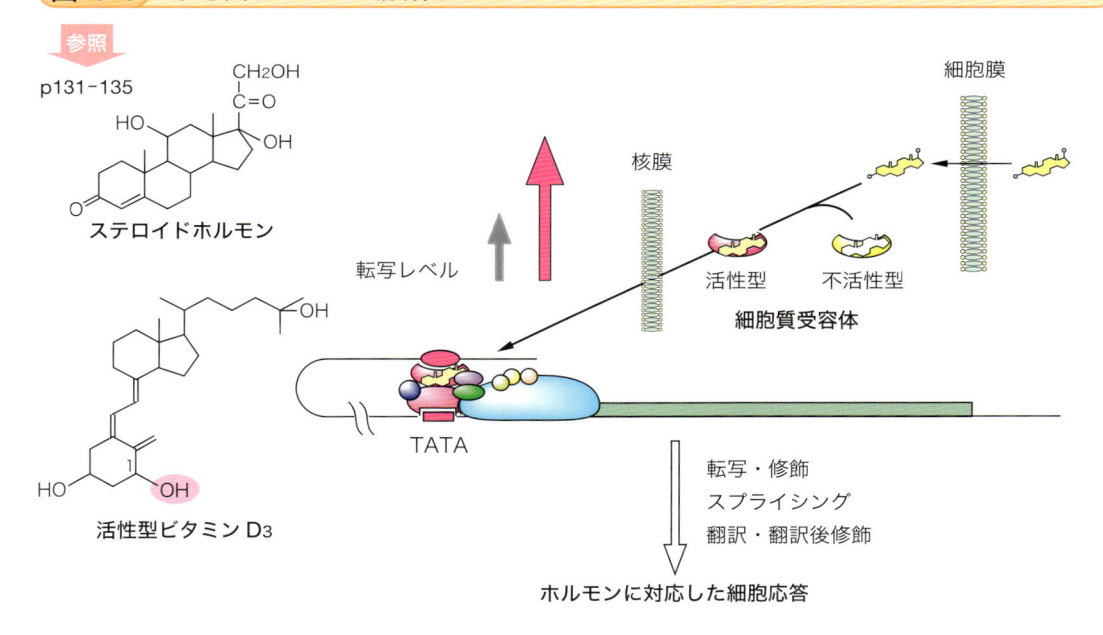

参照 p131-135

ステロイドホルモン

活性型ビタミン D_3

　ステロイドホルモン，活性型ビタミン D_3 などの脂溶性リガンドは，標的細胞の細胞質あるいは核内に存在する受容体と結合する．これにより形成された複合体は，転写調節因子として標的遺伝子の特定領域に結合して遺伝子発現をもたらす．レチノイン酸，甲状腺ホルモン（チロキシン）も同様な機序により生理活性を発揮する．しかし，これらの脂溶性リガンドに対する受容体が細胞質に存在するのか，核内に存在するのかは，意見の分かれるところであり詳細の解明が待たれる．プロスタグランジンなどのエイコサノイドも脂溶性リガンドではあるが，これらの受容体は標的細胞の表層に存在する Gs，あるいは Gi タンパクが相当する．

図 3・6　複製

岡崎令治のすぐれた発見：複製方向とは逆方向のラギング鎖の伸長メカニズムを明らかにした．

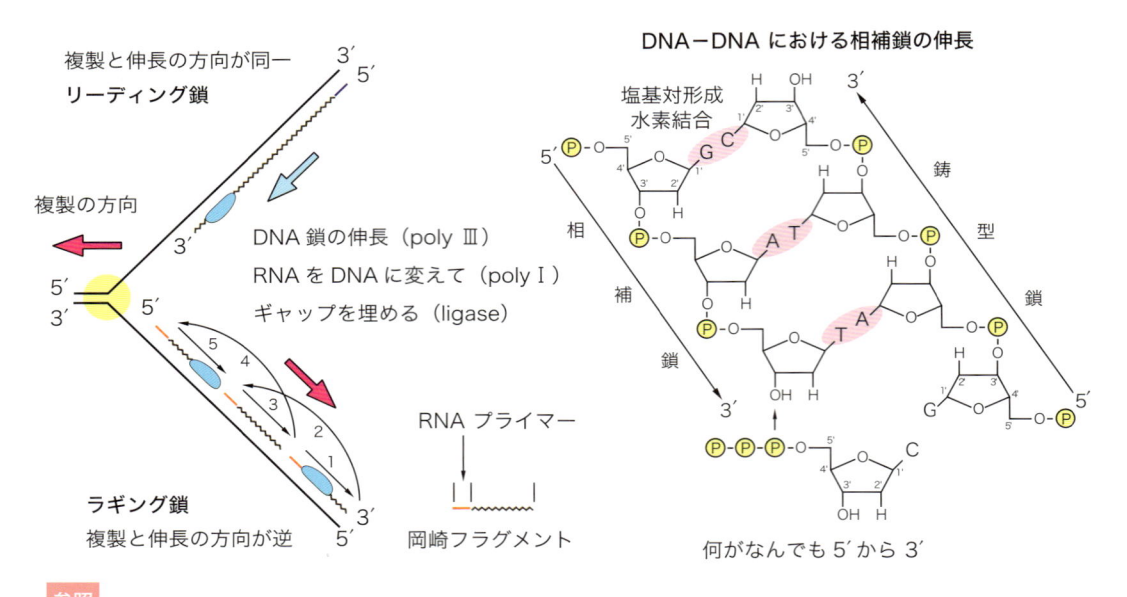

リーディング鎖　複製と伸長の方向が同一

DNA鎖の伸長（poly Ⅲ）
RNAをDNAに変えて（polyⅠ）
ギャップを埋める（ligase）

RNA プライマー
岡崎フラグメント

ラギング鎖　複製と伸長の方向が逆

DNA－DNA における相補鎖の伸長

塩基対形成
水素結合

鋳型鎖
相補鎖

何がなんでも 5′ から 3′

参照 p62-63

【問】3′-位が OH ではなく H の場合，伸長はどのようか？

図 3・7　転写・翻訳

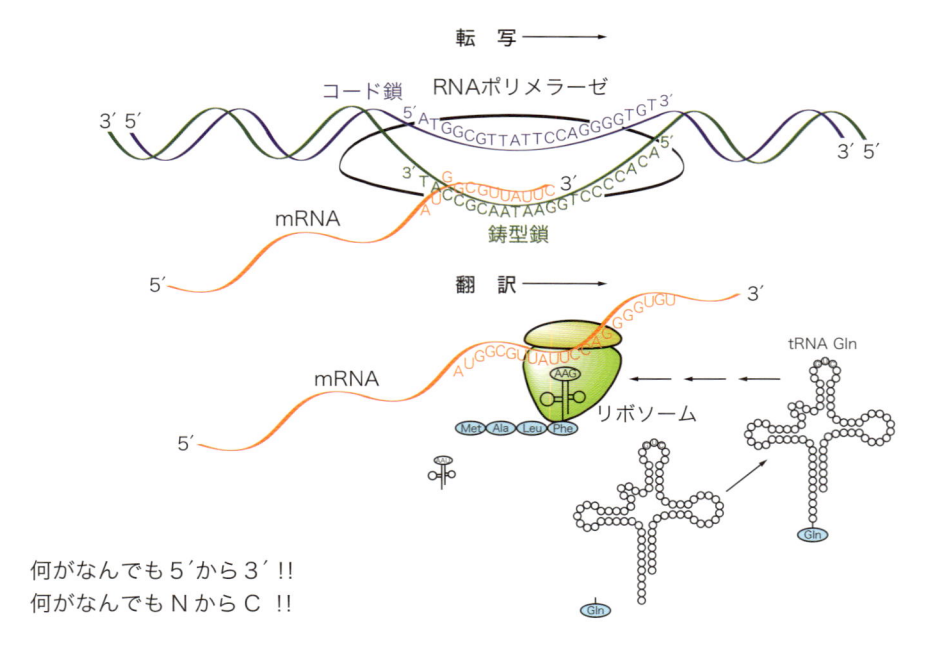

転　写 ──→

コード鎖　RNAポリメラーゼ
3′ 5′ ATGGCGTTATTCCAGGGGTGT 3′
       TACCGCAAUAAGGUCCCCACA
3′ TACCGCAATAAGGTCCCCACA 5′
mRNA
鋳型鎖

翻　訳 ──→

mRNA
リボソーム
tRNA Gln

何がなんでも 5′ から 3′ !!
何がなんでも N から C !!

58

図 3・8 tRNA の構造

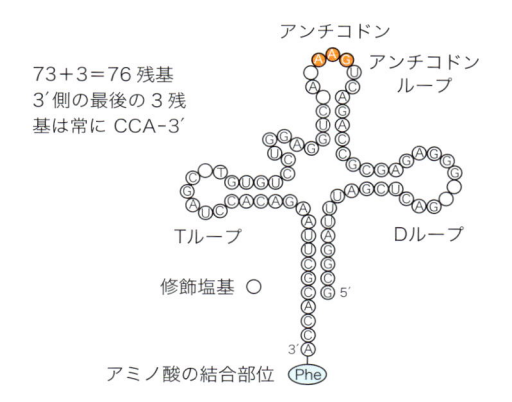

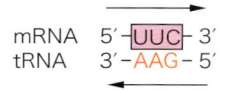

73+3=76 残基
3′側の最後の3残基は常に CCA-3′

アンチコドン
アンチコドンループ
Tループ
Dループ
修飾塩基 ○
アミノ酸の結合部位 Phe

遺伝暗号表のコドン
mRNA 5′-UUC-3′
tRNA 3′-AAG-5′

tRNA-Phe のアンチコドン

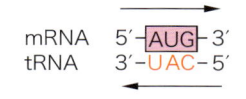

遺伝暗号表のコドン
mRNA 5′-AUG-3′
tRNA 3′-UAC-5′

tRNA-Met のアンチコドン

図 3・9 翻訳

リボソーム
mRNA 5′-AUG GCG UUA UUC CAG GGG UGU UGG UAA-3′

tRNA のコドンとアンチコドンは相補.
アンチコドンに特異的なアミノ酸が tRNA の 3′-末に結合.
即ちコドンに特異的なアミノ酸が tRNA の 3′-末に結合.

コドン
mRNA 5′-AUG GCG UUA UUC CAG GGG UGU UGG UAA-3′
アンチコドン UAC
tRNA

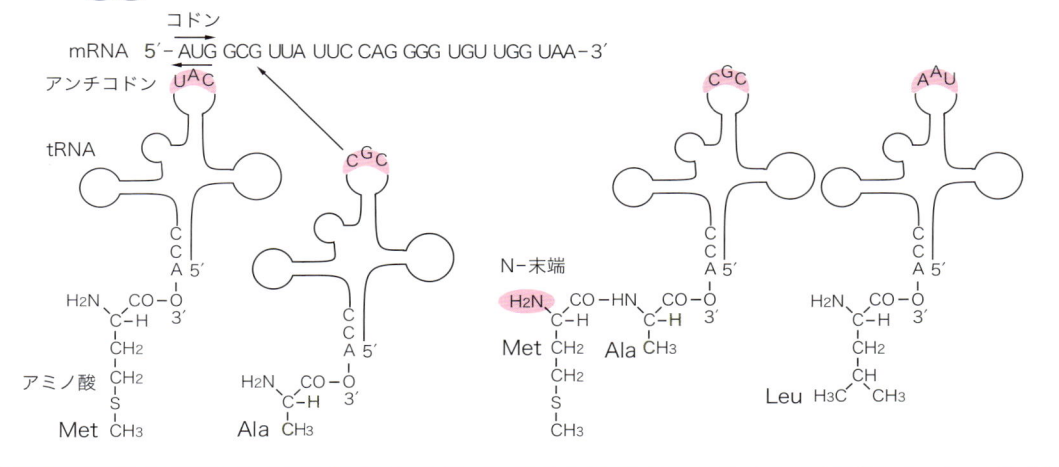

N-末端
Met — Ala — Leu

図 3・10 ペプチド鎖の伸長

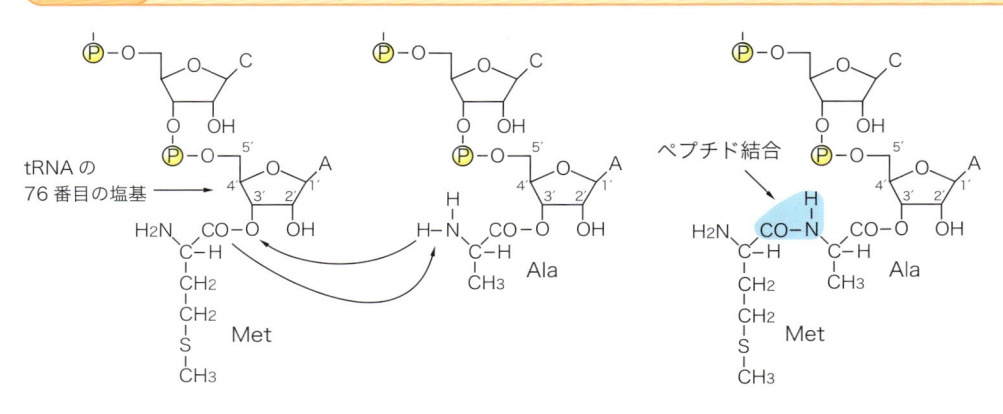

tRNA の76番目の塩基

ペプチド結合

Met — Ala

図 3・11　転写と翻訳のまとめ

複製 DNA ⇌(転写/逆転写) RNA →(翻訳) タンパク質（不活性型）→(翻訳後修飾) タンパク質（活性型）

染色体二本鎖DNA
- コード鎖　5′- ATG GCG TTA TAA -3′
- 鋳型鎖　　3′- TAC CGC AAT ATT -5′

mRNA　5′- AUG GCG UUA UAA -3′

アンチコドン ← UAC

コドン

参照 p66-70

DNA: 5′→ コード鎖 3′／3′← 鋳型鎖 5′
RNA: 5′→ mRNA 3′／3′← 5′ tRNA 5′
アミノ酸

鋳型鎖とコード鎖は相補
鋳型鎖と mRNA は相補
したがってコード鎖と mRNA は T が U になる以外は相同！！

mRNA の 5′-側はタンパク質の N-末端に対応する．
何がなんでも 5 から 3，何がなんでも N から C！！

5′- AUG GCG UUA UUC CAG GGG UGU UGG UAA -3′
　　Met　Ala　Leu　Phe　Gln　Gly　Cys　Trp

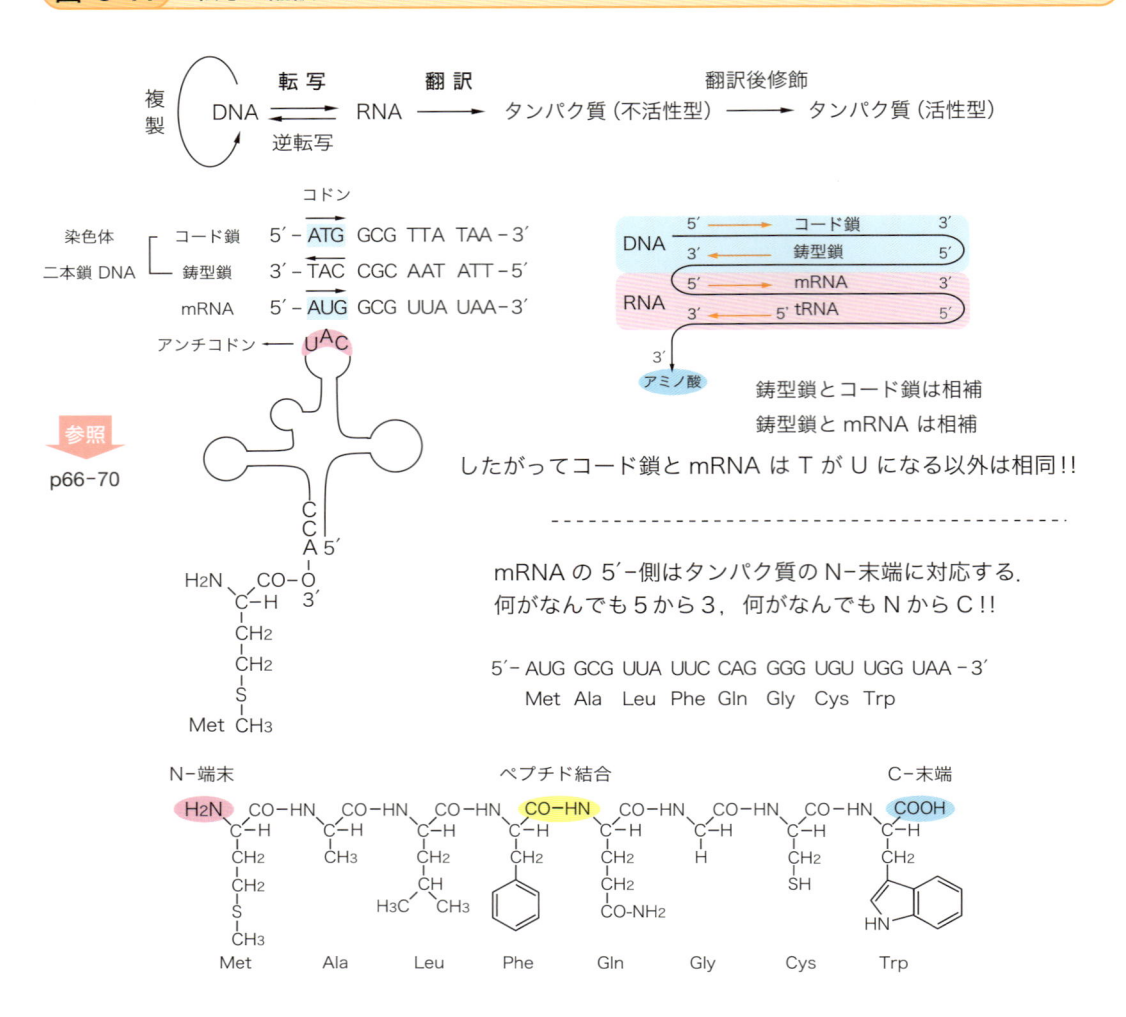

N-末端　H2N-CO-HN-CO-HN-CO-HN-CO-HN-CO-HN-CO-HN-CO-HN-COOH　C-末端
ペプチド結合

Met　Ala　Leu　Phe　Gln　Gly　Cys　Trp

図 3・12　RNA 表示による遺伝暗号表

コドンと，それに対応するアミノ酸をまとめた表であり，アンチコドンとの対応表ではない．ここでは RNA 表示としたが，DNA 表示では U → T となる．

第一塩基	第二塩基 U	第二塩基 C	第二塩基 A	第二塩基 G	第三塩基
U	UUU Phe F / UUC Phe F / UUA Leu L / UUG Leu L	UCU Ser S / UCC Ser S / UCA Ser S / UCG Ser S	UAU Tyr Y / UAC Tyr Y / UAA 終止 / UAG 終止	UGU Cys C / UGC Cys C / UGA 終止 / UGG Trp W	U/C/A/G
C	CUU Leu L / CUC Leu L / CUA Leu L / CUG Leu L	CCU Pro P / CCC Pro P / CCA Pro P / CCG Pro P	CAU His H / CAC His H / CAA Gln Q / CAG Gln Q	CGU Arg R / CGC Arg R / CGA Arg R / CGG Arg R	U/C/A/G
A	AUU Ile I / AUC Ile I / AUA Ile I / AUG Met M	ACU Thr T / ACC Thr T / ACA Thr T / ACG Thr T	AAU Asn N / AAC Asn N / AAA Lys K / AAG Lys K	AGU Ser S / AGC Ser S / AGA Arg R / AGG Arg R	U/C/A/G
G	GUU Val V / GUC Val V / GUA Val V / GUG Val V	GCU Ala A / GCC Ala A / GCA Ala A / GCG Ala A	GAU Asp D / GAC Asp D / GAA Glu E / GAG Glu E	GGU Gly G / GGC Gly G / GGA Gly G / GGG Gly G	U/C/A/G

AUG：開始コドン

図 3・13　翻訳後修飾

　生合成された直後のタンパク質は，多くの場合，生理活性を有さない不活性型として存在する．この不活性型タンパク質を活性化する過程を翻訳後修飾とよぶ．代表例としてコラーゲンと Gla タンパクがあげられる．コラーゲンではプロリンの水酸化によるヒドロキシプロリン（Hyp）の生成が，また Gla タンパクではグルタミン酸の γ-カルボキシル化（Gla）が起こる．これらの反応には，補助因子として特異的なビタミンを必要とする．その結果，通常の 20 種類以外の，遺伝暗号表には存在しないアミノ酸（修飾残基）が生じる．

プロリンの水酸化

　Gly-x-y の y に位置するプロリンを水酸化してヒドロキシプロリン（Hyp）とすることにより（Gly-Pro-Hyp）コラーゲンの熱安定性が獲得される．この反応にはビタミン C を必要とする．ビタミン C が欠乏すると，正常なコラーゲンを生成することはできない．

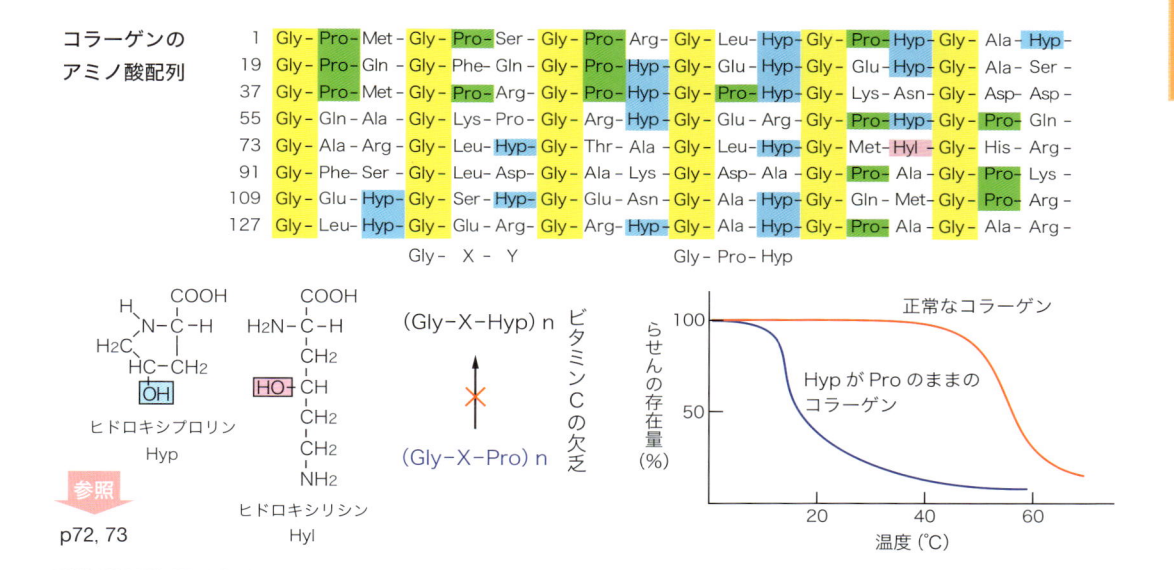

コラーゲンのアミノ酸配列

1	Gly-	Pro-	Met-	Gly-	Pro-	Ser-	Gly-	Pro-	Arg-	Gly-	Leu-	Hyp-	Gly-	Pro-	Hyp-	Gly-	Ala-	Hyp-
19	Gly-	Pro-	Gln-	Gly-	Phe-	Gln-	Gly-	Pro-	Hyp-	Gly-	Glu-	Hyp-	Gly-	Glu-	Hyp-	Gly-	Ala-	Ser-
37	Gly-	Pro-	Met-	Gly-	Pro-	Arg-	Gly-	Pro-	Hyp-	Gly-	Pro-	Hyp-	Gly-	Lys-	Asn-	Gly-	Asp-	Asp-
55	Gly-	Gln-	Ala-	Gly-	Lys-	Pro-	Gly-	Arg-	Hyp-	Gly-	Glu-	Arg-	Gly-	Pro-	Hyp-	Gly-	Pro-	Gln-
73	Gly-	Ala-	Arg-	Gly-	Leu-	Hyp-	Gly-	Thr-	Ala-	Gly-	Leu-	Hyp-	Gly-	Met-	Hyl-	Gly-	His-	Arg-
91	Gly-	Phe-	Ser-	Gly-	Leu-	Asp-	Gly-	Ala-	Lys-	Gly-	Asp-	Ala-	Gly-	Pro-	Ala-	Gly-	Pro-	Lys-
109	Gly-	Glu-	Hyp-	Gly-	Ser-	Hyp-	Gly-	Glu-	Asn-	Gly-	Ala-	Hyp-	Gly-	Gln-	Met-	Gly-	Pro-	Arg-
127	Gly-	Leu-	Hyp-	Gly-	Glu-	Arg-	Gly-	Arg-	Hyp-	Gly-	Ala-	Hyp-	Gly-	Pro-	Ala-	Gly-	Ala-	Arg-

Gly - X - Y　　　　Gly - Pro - Hyp

ヒドロキシプロリン Hyp　　ヒドロキシリシン Hyl

(Gly-X-Hyp)n　↑ビタミン C の欠乏　(Gly-X-Pro)n

参照 p72, 73

正常なコラーゲン／Hyp が Pro のままのコラーゲン
らせんの存在量 (%)　温度 (℃)

γ-カルボキシル化　ヒトオステオカルシン（Gla タンパク）GenBank X53698

1	Met	Arg	Ala	Leu	Thr	Leu	Leu	Ala	Leu	Leu	Ala	Leu	Ala	Ala	Leu	Cys	Ile	Ala	Gly	Gln
21	Ala	Gly	Ala	Lys	Pro	Ser	Gly	Ala	Glu	Ser	Ser	Lys	Gly	Ala	Ala	Phe	Val	Ser	Lys	Gln
41	Glu	Gly	Ser	Glu	Val	Val	Lys	Arg	Pro	Arg	Arg	Tyr	Leu	Tyr	Gln	Trp	Leu	Gly	Ala	Pro
61	Val	Pro	Tyr	Pro	Asp	Pro	Leu	Glu	Pro	Arg	Arg	Glu	Val	Cys	Glu	Leu	Asn	Pro	Asp	Cys
81	Asp	Glu	Leu	Ala	Asp	His	Ile	Gly	Phe	Gln	Glu	Ala	Tyr	Arg	Arg	Phe	Tyr	Gly	Pro	Val

シグナルペプチド／成熟タンパク質

　遺伝子発現には活性型ビタミン D_3 を必要とし，また γ-カルボキシル化にはビタミン K を必要とする．この翻訳後修飾により，カルシウム結合能が付与される．骨や止血に関与するタンパク質にみられる．

グルタミン酸 Glu　→ビタミン K→　γ-カルボキシグルタミン酸 Gla　→カルシウム結合能→　Ca^{2+}

61

◆ 練習問題 ◆

3-1 複製過程の初期状態を模式図に示す．下記の問いに答えなさい．

核酸には方向性があり，糖を構成する炭素原子の位置に対応した番号に由来する．二本鎖の核酸は逆平行となって水素結合を形成する．また相補鎖の伸長は 5′→ 3′ と進行する（何が何でも 5′ から 3′）．したがって領域（ア）に結合したプライマーの伸長方向は複製方向と同一となり，リーディング鎖に対応することが理解される．

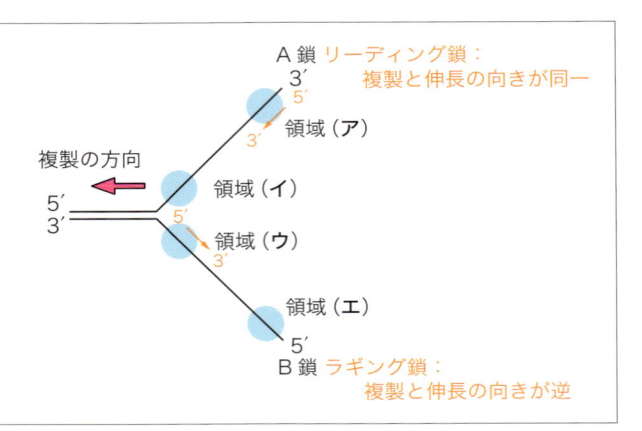

A 鎖 リーディング鎖：複製と伸長の向きが同一
領域（ア）
領域（イ）
領域（ウ）
領域（エ）
B 鎖 ラギング鎖：複製と伸長の向きが逆

1　リーディング鎖はどれか．　　A 鎖
2　ラギング鎖はどれか．　　B 鎖
3　リーディング鎖に対するプライマー結合領域はどれか．　　領域（ア）
4　ラギング鎖に対するプライマー結合領域はどれか．　　領域（ウ）
5　この過程は，セントラルドグマのどの過程に一致するか．
　　染色体の複製過程なので（a）

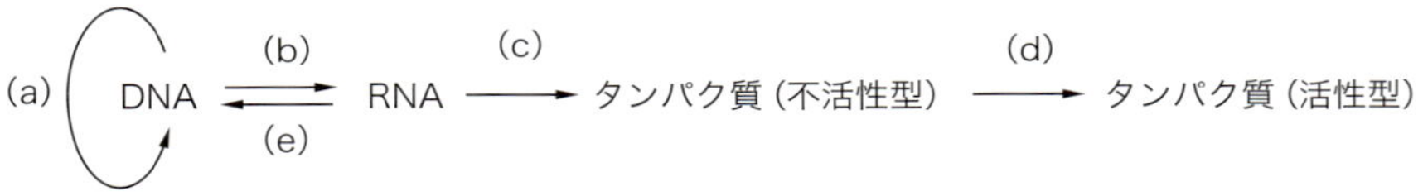

$$(a) \circlearrowleft DNA \underset{(e)}{\overset{(b)}{\rightleftarrows}} RNA \xrightarrow{(c)} タンパク質（不活性型） \xrightarrow{(d)} タンパク質（活性型）$$

6　この過程は細胞周期（A）のどの過程に一致するか．また細胞（B）のどの領域で進行するか．

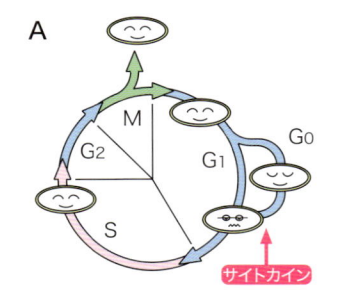

染色体の複製過程なので S 期に一致する．　　染色体の複製なので核内で進行する．

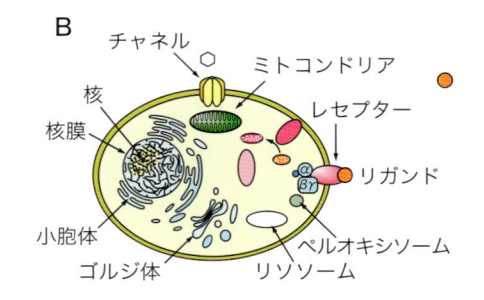

7　この過程が関与するのはどれか．　　染色体の複製過程なので，細胞分裂に関与する．
　　(a) mRNA の生合成，(b) タンパク質の生合成，(c) タンパク質の活性化，(d) 逆転写，
　　(e) 細胞分裂

3-2 DNA鎖の伸張を模式図に示す．下記の問いに答えなさい．

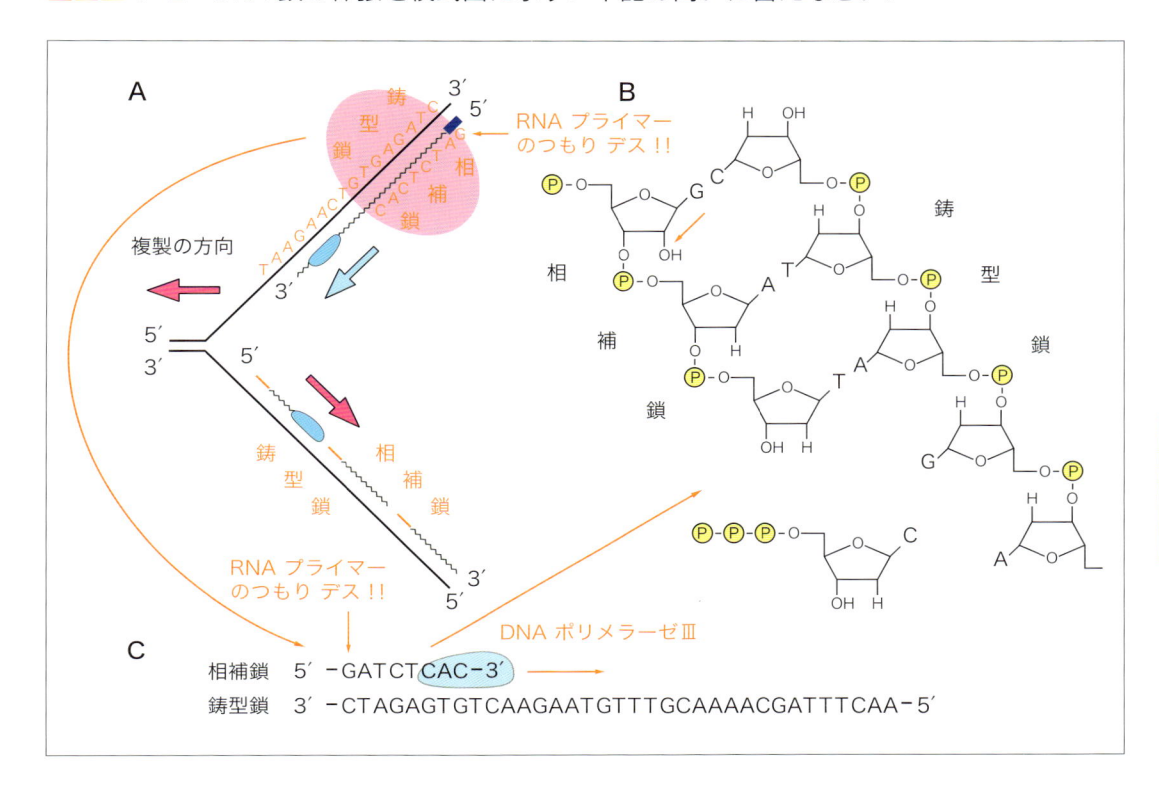

1　図A～Cの大小関係はどのようか．また各図の領域の関連性はどのようか．　　A → C → B
2　リーディング鎖は鋳型鎖である．　Yes or No　　No !!
3　いいえ，ラギング鎖のほうこそ鋳型鎖なのダ!!　Yes or No　　No !!
4　図Bにおいて，相補鎖の第1塩基はRNA成分となっている．その根拠は何か．　　2′-位がOH
5　図Bにおいて，相補鎖の第1塩基がRNA成分となっている理由は何か．

　前述のように，核酸には方向性があり糖を構成する炭素原子の位置に対応した番号に由来する．二本鎖の核酸は逆平行となって水素結合を形成する．相補鎖の伸張は5′→3′と進行する（何が何でも5′から3′）．リーディング鎖およびラギング鎖ともに鋳型鎖と相補鎖とから構成されており，複製と伸長の方向が一致するものが前者に，また逆向きになるものが後者に対応する．

　RNA鎖の伸張とは異なり，DNA鎖の伸張には「手がかり」となるプライマーが必要である．分子生物学におけるPCR実験では，20～30塩基の合成DNAがプライマーとして使用されるが，細胞分裂における複製過程では，10塩基ほどのRNAがプライマーとして機能を発揮する．

　DNA鎖の伸長が完了したあとに，RNAプライマーはDNAに変換される．ラギング鎖では，岡崎フラグメントに由来するギャップをリガーゼが埋めることにより相補鎖の伸長が完了する．

　図A～Cでは，相補鎖の5′-末端のGを，わずか1残基ではあるがRNAプライマーとして見立てた．

■■■ 3-3 相補鎖の伸長を模式図に示す．下記の問いに答えなさい．

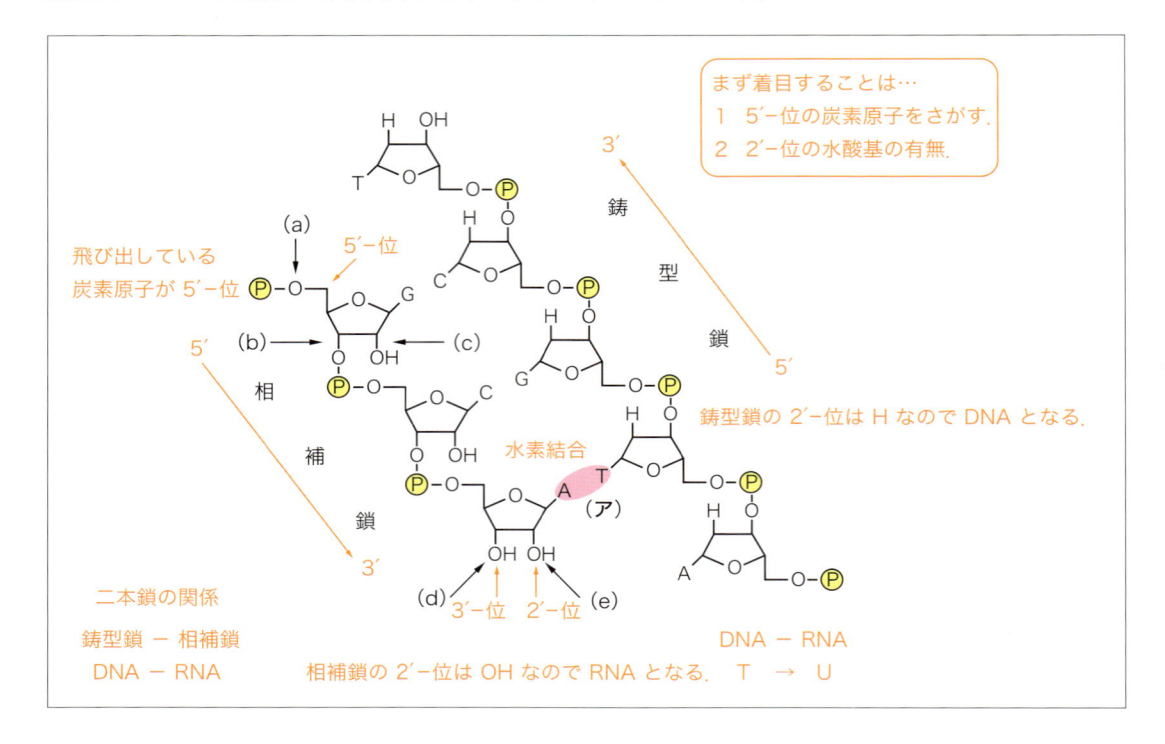

まず着目することは…
1 5′-位の炭素原子をさがす．
2 2′-位の水酸基の有無．

飛び出している炭素原子が 5′-位

鋳型鎖の 2′-位は H なので DNA となる．

相補鎖の 2′-位は OH なので RNA となる．　T → U

二本鎖の関係
鋳型鎖 － 相補鎖
DNA － RNA

DNA － RNA

1 相補鎖の 5′ 末端はどれか．　(a)
2 相補鎖の 3′ 末端はどれか．　(d)
3 次に取り込まれる核酸はどれか．
   相補鎖は RNA なので，A と相補な RNA の UTP が取り込まれる．
   選択肢：dATP，dCTP，dGTP，dTTP，UTP
4 次に取り込まれる核酸はどこに付加するか．　(d)
5 （ア）の結合様式はどれか．　塩基対形成には，水素結合が関与する．
   選択肢：共有結合，配位結合，イオン結合，水素結合，疎水結合
6 この伸長反応に関与する酵素はどれか．　鋳型鎖は DNA，相補鎖は RNA なので，転写となる．
   選択肢：DNA ポリメラーゼ，RNA ポリメラーゼ，DNA ジャイレース，逆転写酵素，ヌクレアーゼ
7 この伸長反応はどの過程に対応するか．下図より選びなさい．
   DNA-RNA の転写過程なので（b）

   (a) ⟲ DNA ⇄(b)(e) RNA ─(c)→ タンパク質 (不活性型) ─(d)→ タンパク質 (活性型)

* 重要：相補鎖の 2′-位が OH ではなく H の場合，上記 1～7 の質問に答えなさい．
   DNA-DNA の複製過程となる．

64

3-4 相補鎖の伸長を模式図に示す．下記の問いに答えなさい．

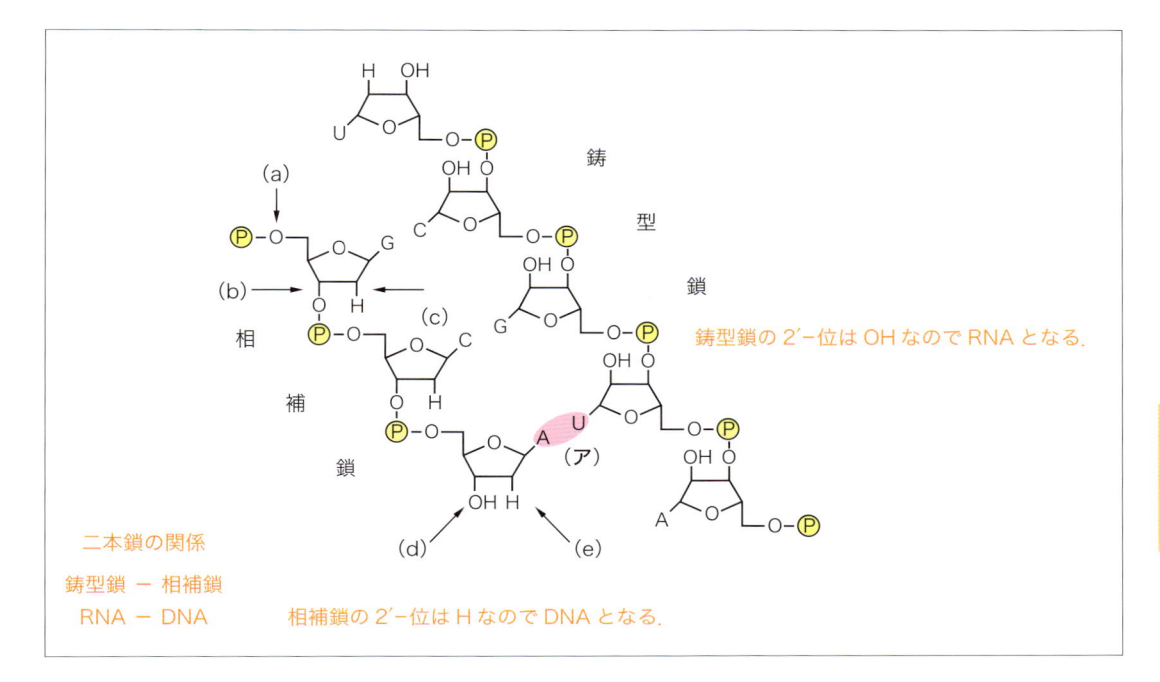

鋳型鎖の2′-位はOHなのでRNAとなる．

二本鎖の関係
鋳型鎖 ― 相補鎖
RNA ― DNA　　相補鎖の2′-位はHなのでDNAとなる．

1. 相補鎖の5′末端はどれか．　　(a)
2. 相補鎖の3′末端はどれか．　　(b)
3. 次に取り込まれる核酸はどれか．
   相補鎖はDNAなので，Aと相補なdTTPが取り込まれる．
   選択肢：dATP，dCTP，dGTP，dTTP，UTP
4. 次に取り込まれる核酸はどこに付加するか．　　(d)
5. （ア）の結合様式はどれか．　塩基対形成には，水素結合が関与する．
   選択肢：共有結合，配位結合，イオン結合，水素結合，疎水結合
6. この伸長反応に関与する酵素はどれか．
   鋳型鎖はRNA，相補鎖はDNAなので，逆転写となる．
   選択肢：DNAポリメラーゼ，RNAポリメラーゼ，DNAジャイレース，逆転写酵素，ヌクレアーゼ
7. この伸長反応はどの過程に対応するか．下図より選びなさい．
   RNA-DNAの逆転写過程なので（e）

   (a) ⟲ DNA ⇌(b)/(e) RNA —(c)→ タンパク質（不活性型） —(d)→ タンパク質（活性型）

   逆転写ときたらHIV → AIDS!!

8. この過程を有するのはどれか．
   (a) 大腸菌，(b) ミュータンス菌，(c) 歯周病菌，(d) ヘルペスウイルス，(e) HIV
9. 上記によりもたらされる疾病はどれか．
   (a) 歯周病，(b) 糖尿病，(c) 生活習慣病，(d) 後天性免疫不全症候群，(e) インフルエンザ

■■■ 3-5 転写・翻訳のまとめを遺伝暗号表とともに模式図に示す．
下記の問いに答えなさい．

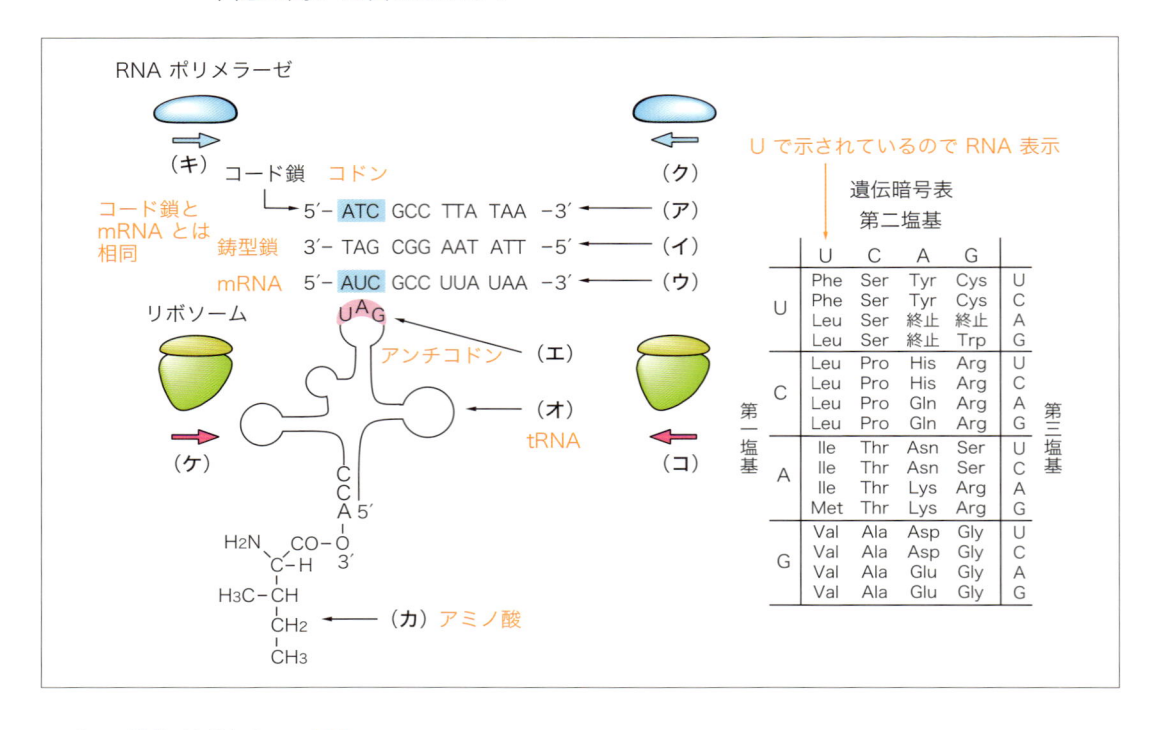

```
             RNA ポリメラーゼ
                （キ）→              ←（ク）         U で示されているので RNA 表示
          コード鎖   コドン                              ↓
           → 5′- ATC GCC TTA TAA -3′ ←（ア）      遺伝暗号表
コード鎖と                                               第二塩基
mRNA とは   鋳型鎖 3′- TAG CGG AAT ATT -5′ ←（イ）
相同
           mRNA 5′- AUC GCC UUA UAA -3′ ←（ウ）
```

	U	C	A	G	
U	Phe Phe Leu Leu	Ser Ser Ser Ser	Tyr Tyr 終止 終止	Cys Cys 終止 Trp	U C A G
C	Leu Leu Leu Leu	Pro Pro Pro Pro	His His Gln Gln	Arg Arg Arg Arg	U C A G
A	Ile Ile Ile Met	Thr Thr Thr Thr	Asn Asn Lys Lys	Ser Ser Arg Arg	U C A G
G	Val Val Val Val	Ala Ala Ala Ala	Asp Asp Glu Glu	Gly Gly Gly Gly	U C A G

第一塩基（縦）／第三塩基（縦）

リボソーム — アンチコドン（エ）— tRNA（オ）
（ケ）→   ←（コ）
アミノ酸（カ）

1　mRNA はどれか．　（ウ）
2　tRNA はどれか．　（オ）
3　RNA ポリメラーゼが認識するのはどれか．　（イ）鋳型鎖
4　リボソームが認識するのはどれか．　（ウ）mRNA
5　タンパク質を構成するのはどれか．　（カ）アミノ酸
6　mRNA と同一の遺伝情報を保持するのはどれか．
　　（ア）コード鎖
7　RNA ポリメラーゼはどちらに進行するか．　（キ）
8　リボソームはどちらに進行するか．　（ケ）
9　現在表示されているアミノ酸は何か．
　　コドンが AUC なので Ile
10　次にコードされるアミノ酸は何か．
　　コドンが GCC なので Ala
11　それらのアミノ酸が重合する際の結合様式は何か．
　　ペプチド結合

以下はとても重要デス!!（上図に関係なく考えて下さい）

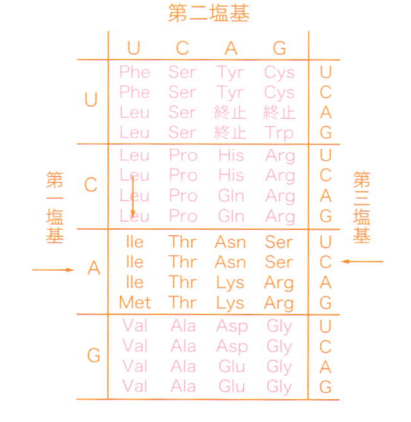

　　　　　　　　5′-UUA-3′ →Leu　　　　　　　3′-UUA-5′ →Ile
12　アンチコドン 3′-AAU-5′に対応するアミノ酸は何か．また 5′-AAU-3′ではどうか．すべて異なる!!
13　ではコドン 3′-AAU-5′に対応するアミノ酸は何か．また 5′-AAU-3′ではどうか．
　　　　　　終止コドン　　　　　　　　　　　　　Asn

アンチコドンでは，まず相補な塩基を示し，逆平行として 5′-側からコドンを読む．
コドンでは，5′-側からそのまま読む．

3-6 転写・翻訳のまとめを遺伝暗号表とともに模式図に示す．下記の問いに答えなさい．

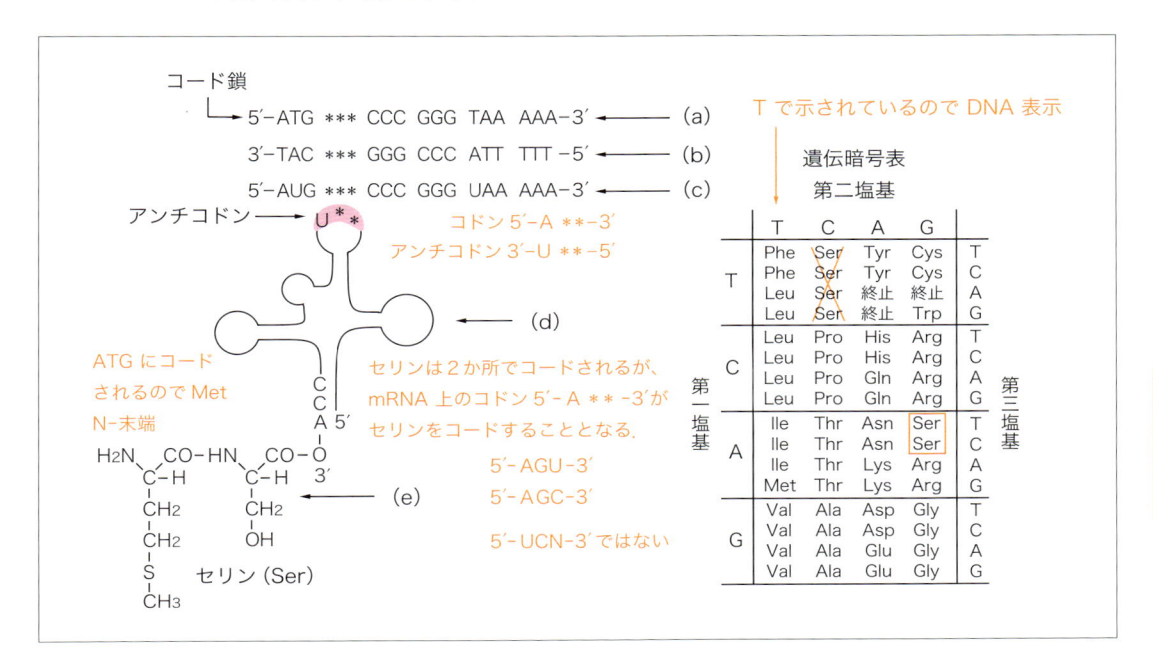

```
            コード鎖
            └─→ 5'-ATG *** CCC GGG TAA AAA-3' ←── (a)
                3'-TAC *** GGG CCC ATT TTT-5' ←── (b)
                5'-AUG *** CCC GGG UAA AAA-3' ←── (c)
アンチコドン ──→ U**
```

Tで示されているのでDNA表示

遺伝暗号表 第二塩基

コドン 5'-A**-3'
アンチコドン 3'-U**-5'

ATGにコードされるのでMet N-末端

セリンは2か所でコードされるが，mRNA上のコドン 5'-A**-3' がセリンをコードすることとなる．

5'-AGU-3'
5'-AGC-3'
5'-UCN-3' ではない

セリン (Ser)

	T	C	A	G	
T	Phe	Ser	Tyr	Cys	T
	Phe	Ser	Tyr	Cys	C
	Leu	Ser	終止	終止	A
	Leu	Ser	終止	Trp	G
C	Leu	Pro	His	Arg	T
	Leu	Pro	His	Arg	C
	Leu	Pro	Gln	Arg	A
	Leu	Pro	Gln	Arg	G
A	Ile	Thr	Asn	Ser	T
	Ile	Thr	Asn	Ser	C
	Ile	Thr	Lys	Arg	A
	Met	Thr	Lys	Arg	G
G	Val	Ala	Asp	Gly	T
	Val	Ala	Asp	Gly	C
	Val	Ala	Glu	Gly	A
	Val	Ala	Glu	Gly	G

Aさんは，「現在標示されているジペプチドの第2番目のアミノ酸はセリン（Ser）であるが，一部の遺伝情報は不明」との条件で，転写・翻訳の過程を図面にまとめた．

1 遺伝暗号である「コドン」が表示されているのはどれか．上図から2つ選びなさい．
   コード鎖と mRNA
   (a), (b), (c), (d), (e)

2 不明な遺伝情報で，mRNA上の第2塩基はどれか．(a) A, (b) C, (c) G, (d) T, (e) U

3 不明な遺伝情報で，mRNA上の第3塩基はどれか．正しいものをすべて選びなさい．
   (a) A, (b) C, (c) G, (d) T, (e) U

4 現在標示されているジペプチドのN-末端のアミノ酸はどれか．
   ATGにコードされるのでMet
   (a) Gly, (b) Val, (c) Ile, (d) Lys, (e) Met

5 現在表示されている遺伝情報からコードされるアミノ酸の総数はどれか．
   (a) 3, (b) 4, (c) 5, (d) 6, (e) 7
   終止コドンTAAの後のAAAは翻訳されないので，合計4個

6 最後にコードされるアミノ酸はどれか．
   (a) Gly, (b) Val, (c) Ile, (d) Lys, (e) 終止コドン

■■■ 3-7 下記の問いに答えなさい.

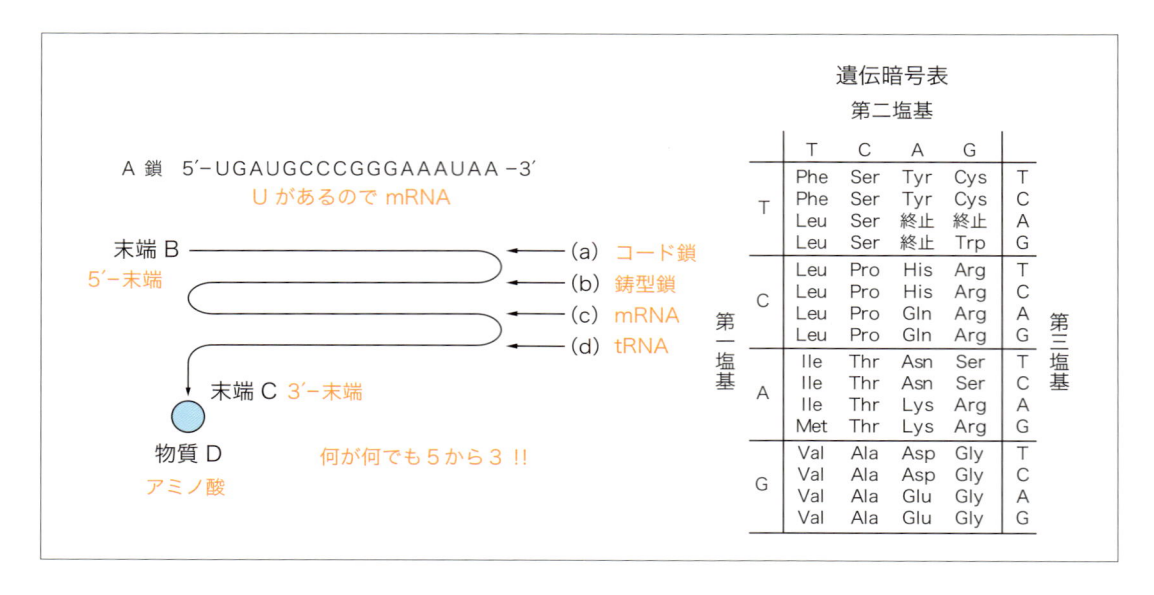

A 鎖　5′-UGAUGCCCGGGAAAUAA -3′
　　　　U があるので mRNA

末端 B ─────────────── (a) コード鎖
5′-末端
　　　　　　　　　　　　　　　(b) 鋳型鎖
　　　　　　　　　　　　　　　(c) mRNA
　　　　　　　　　　　　　　　(d) tRNA
　　　末端 C　3′-末端
　　物質 D
　　アミノ酸　　　何が何でも 5 から 3 !!

遺伝暗号表
第二塩基

	T	C	A	G	
T	Phe Phe Leu Leu	Ser Ser Ser Ser	Tyr Tyr 終止 終止	Cys Cys 終止 Trp	T C A G
C	Leu Leu Leu Leu	Pro Pro Pro Pro	His His Gln Gln	Arg Arg Arg Arg	T C A G
A	Ile Ile Ile Met	Thr Thr Thr Thr	Asn Asn Lys Lys	Ser Ser Arg Arg	T C A G
G	Val Val Val Val	Ala Ala Ala Ala	Asp Asp Glu Glu	Gly Gly Gly Gly	T C A G

第一塩基 / 第三塩基

B さんは，遺伝情報を保持する A 鎖がどのようにして生じるのかを理解するため，転写・翻訳を「一筆書き」にまとめた．

1. 一筆書きの末端 B はどれか．
　(a) アミノ末端，(b) カルボキシ末端，(c) N-末端，(d) C-末端，(e) 5′-末端，(f) 3′-末端
2. 一筆書きの末端 C はどれか．
　(a) アミノ末端，(b) カルボキシ末端，(c) N-末端，(d) C-末端，(e) 5′-末端，(f) 3′-末端
3. 一筆書きの物質 D は何か．記述しなさい．
　　アミノ酸
4. 鋳型鎖はどれか．上図より選びなさい．(a), (b), (c), (d)
5. 一筆書きの (d) に対応するのは何か．記述しなさい．
　　tRNA
6. 一筆書き (c) と (d) とのあいだで形成される塩基対数はいくつか．
　　mRNA と tRNA の関係なので 3 塩基対
7. 遺伝暗号を保持する A 鎖に対応する一筆書きはどれか．上図より選びなさい．(a), (b), (c), (d)
8. 上記 7 と同一の遺伝暗号を保持する一筆書きはどれか．上図より選びなさい．(a), (b), (c), (d)
9. A 鎖によりコードされるアミノ酸の総数はいくつか．記述しなさい．
　　4 個　　開始コドン AUG から始まり，終止コドン UAA の前の AAA までの合計 4 個
10. 最初にコードされるのはどれか．
　　(a) Asp, (b) 開始コドン, (c) Ala, (d) Pro, (e) Gly, (f) Lys, (g) 終止コドン
11. 最後にコードされるアミノ酸はどれか．
　　(a) Asp, (b) 開始コドン, (c) Ala, (d) Pro, (e) Gly, (f) Lys, (g) 終止コドン
　　最後にコードされる「アミノ酸」なので，終止コドンではない．

3-8 「最初の 3 文字はアンチコドン以外は不明」との条件で，転写・翻訳過程を図面にまとめた．下記の問いに答えなさい．

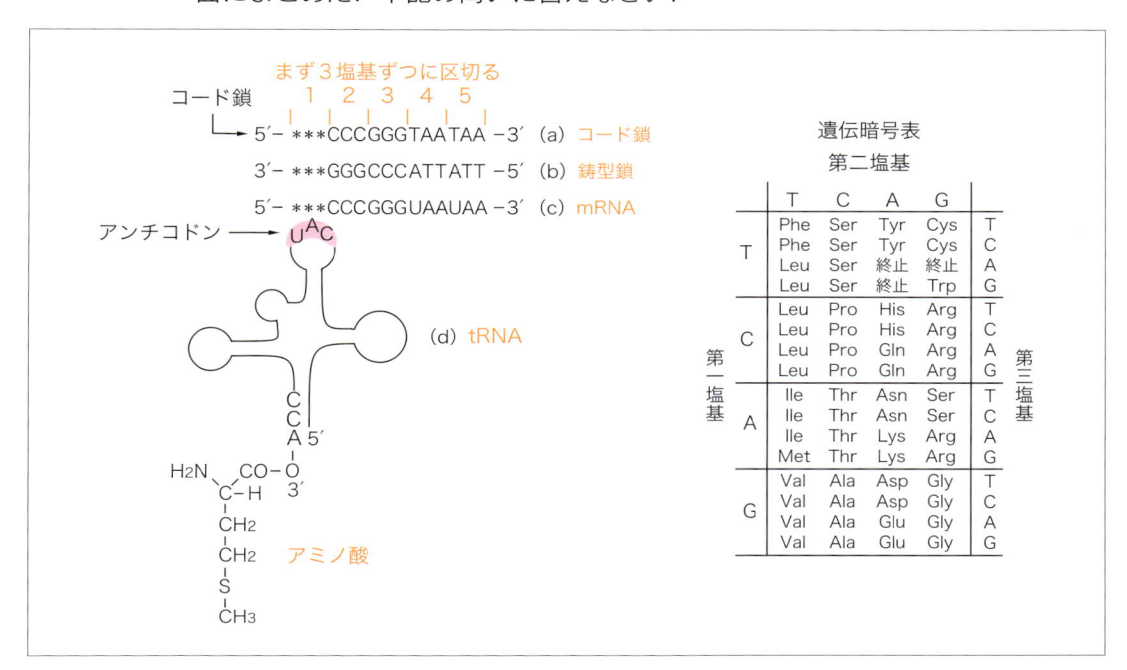

```
コード鎖    まず3塩基ずつに区切る
           1 2 3 4 5
        5'-***CCCGGGTAATAA-3' (a) コード鎖
        3'-***GGGCCCATTATT-5' (b) 鋳型鎖
        5'-***CCCGGGUAAUAA-3' (c) mRNA
アンチコドン → UAC
                              (d) tRNA
```

アミノ酸（Met の構造式）

遺伝暗号表

第一塩基	第二塩基 T	C	A	G	第三塩基
T	Phe / Phe / Leu / Leu	Ser / Ser / Ser / Ser	Tyr / Tyr / 終止 / 終止	Cys / Cys / 終止 / Trp	T/C/A/G
C	Leu / Leu / Leu / Leu	Pro / Pro / Pro / Pro	His / His / Gln / Gln	Arg / Arg / Arg / Arg	T/C/A/G
A	Ile / Ile / Ile / Met	Thr / Thr / Thr / Thr	Asn / Asn / Lys / Lys	Ser / Ser / Arg / Arg	T/C/A/G
G	Val / Val / Val / Val	Ala / Ala / Ala / Ala	Asp / Asp / Glu / Glu	Gly / Gly / Gly / Gly	T/C/A/G

1　mRNA はどれか． (c)
2　RNA ポリメラーゼが認識するのはどれか． (c)
3　mRNA と同一の遺伝情報を保持するのはどれか． (a)
4　アンチコドン 3'-UAC-5' に対応してコードされるのはどれか．
　　5'-AUG-3' により，コドン表では Met となる．
　　3'-UAC-5'
　　(a) Tyr, (b) His, (c) Val, (d) 終止コドン, (e) 開始コドン
　　選択肢には Met がないが，これは開始コドンである．
5　現在表示されているアミノ酸の次にコードされるアミノ酸は何か．　5'-CCC-3' → Pro
6　最後にコードされるアミノ酸は何か．
　　5 番目，4 番目のコドンは終止であり，3 番目の GGG → Gly となる．
7　現在表示されている遺伝情報からコードされるアミノ酸の総数はいくつか．
　　5 個のコドンの中で最後の 2 個は終止コドンなので，
　　コードされるアミノ酸の総数は 3 個となる．
8　転写・翻訳は右図のどこで起こる事象か．
　　転写は核，翻訳は細胞質や小胞体などで起こる．

では，ややむずかしい UCC は？　　UCC コーヒー !?

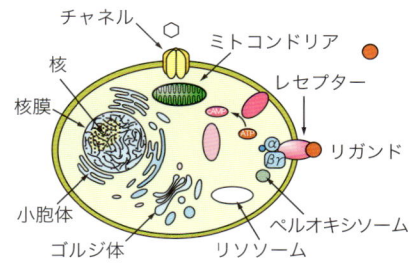

■■■ 3-9 相補鎖の伸長と転写・翻訳のまとめを模式図に示す．下記の問いに答えなさい．

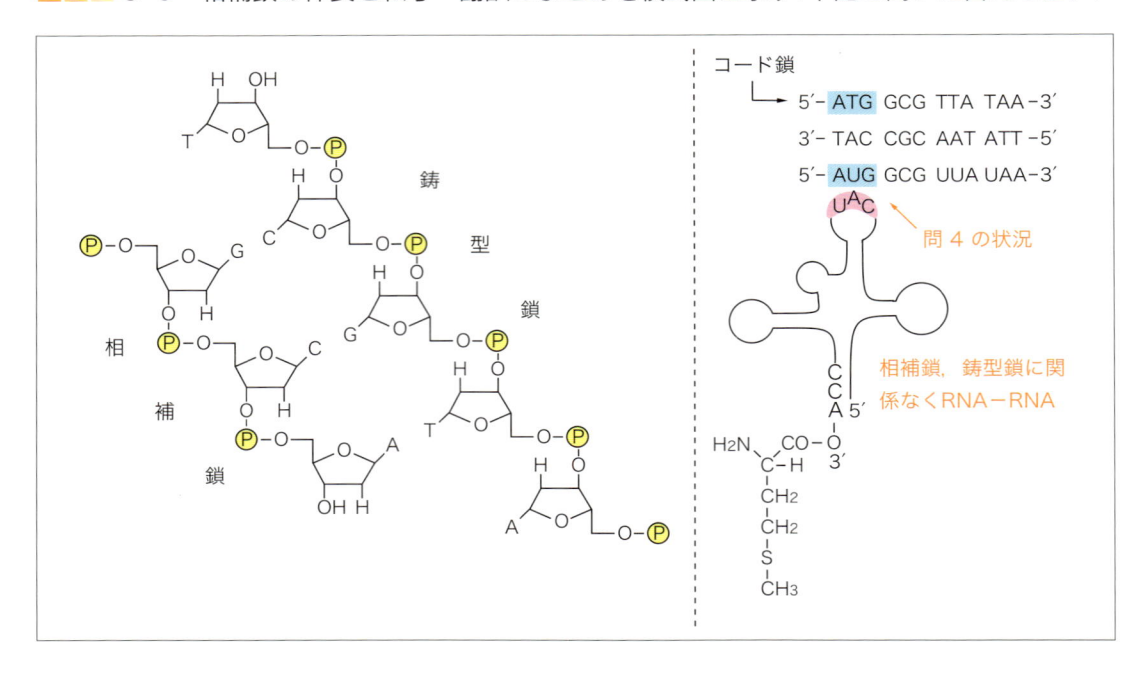

二本鎖の2′-位が下表に示す関係にあるとき，相補鎖の伸長図面を参考として，問1～4は，転写・翻訳のまとめ，およびセントラルドグマのどの部分に対応するかを述べなさい．

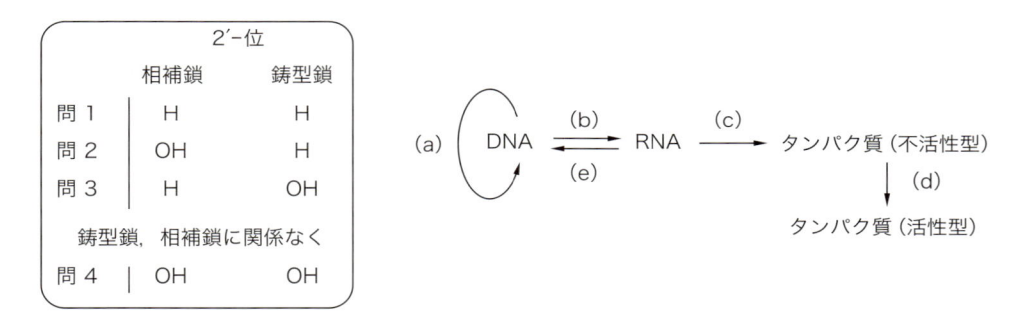

	2′-位	
	相補鎖	鋳型鎖
問1	H	H
問2	OH	H
問3	H	OH
鋳型鎖，相補鎖に関係なく		
問4	OH	OH

2′-位がHの場合はDNA成分，またOHの場合はRNA成分である．
二本鎖の2′-位が表に示す関係にある場合：

問1
相補鎖－鋳型鎖
DNA－DNA
複製過程（a）

問2
相補鎖－鋳型鎖
RNA－DNA
転写過程（b）

問3
相補鎖－鋳型鎖
DNA－RNA
逆転写（e）

問4
相補鎖・鋳型鎖に関係なく
RNA－RNA
翻訳過程（c）

問4は，相補鎖・鋳型鎖に関係なくRNA－RNAなので，mRNAとtRNAの関係が考えられる．
→　翻訳過程

3-10 セントラルドグマに関与する核酸の役割で，正しい組み合わせはどれか．

コード鎖	RNA ポリメラーゼの鋳型となる
鋳型鎖	アミノ酸の運搬を担っている
mRNA	タンパク質生合成の場を提供している
rRNA	遺伝情報が転写されている
tRNA	遺伝情報が表現されている

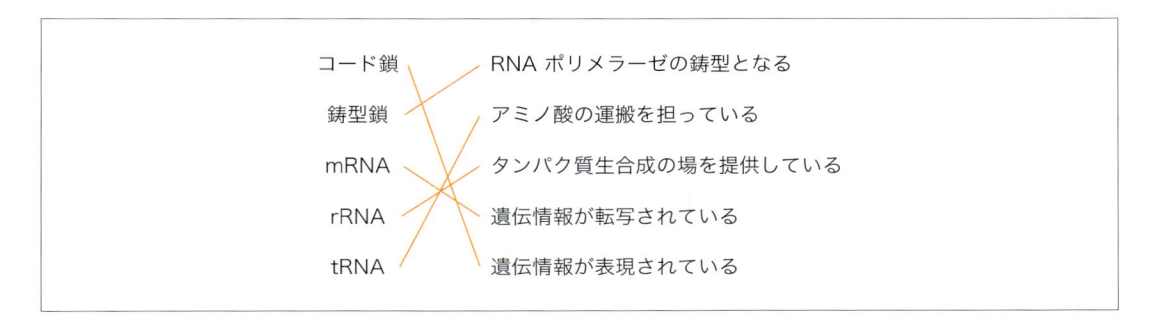

3-11 セントラルドグマを，官能基およびビタミンなどとともに示す．下記の問いに答えなさい．

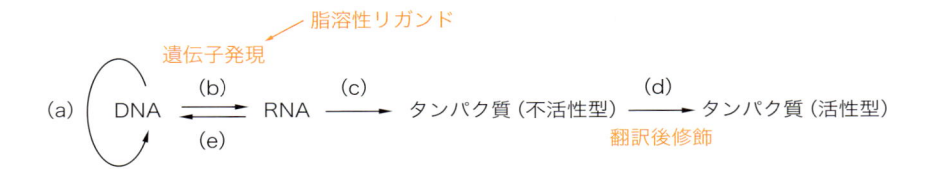

```
              遺伝子発現    脂溶性リガンド
                 (b)         (c)                    (d)
         (a) ⟲ DNA ⇄ RNA ─── タンパク質（不活性型） ─── タンパク質（活性型）
                    (e)                                  翻訳後修飾
```

官能基 ： $-OH$, $-NH_2$, $-CO-NH_2$, $-COOH$, $-H_2PO_4$
ビタミン：A，B，C，D，K
性質 ：遺伝子発現，熱安定性，カルシウム結合能，リン酸化，脱リン酸化

1 コラーゲンの生合成で正しい組み合わせはどれか．

 コラーゲンときたら翻訳後修飾．特徴的なアミノ酸配列は，Gly-X-Y．ビタミンCの存在下でYに位置するプロリンが翻訳後修飾で水酸化されて，らせん構造の熱安定性が獲得される——まで一挙に覚えよう．
 正しい組み合わせ　セントラルドグマ：翻訳後修飾（d），官能基：$-OH$，ビタミン：C，
　　　　　　　　　　　　性質：熱安定性

2 Gla タンパクの生合成で正しい組み合わせはどれか．

 Gla タンパクときたら，こちらも翻訳後修飾．この場合には，ビタミンとよばれる因子が2個必要になる．Gla タンパクにおける翻訳後修飾は，カルシウム結合能の獲得にある．つまりカルシウム代謝に関連するので，このようなタンパク質をコードする遺伝子の発現には必ず活性型ビタミンD_3が関与する．
 正しい組み合わせ　セントラルドグマ：遺伝子発現（b）にはビタミンD
　　　　　　　　　セントラルドグマ：翻訳後修飾（d），官能基：$-COOH$，ビタミンK，
　　　　　　　　　　　　性質：カルシウム結合能

■■■ 3-12 タンパク質のアミノ酸配列の一部を，官能基とともに示す．
下記の問いに答えなさい．

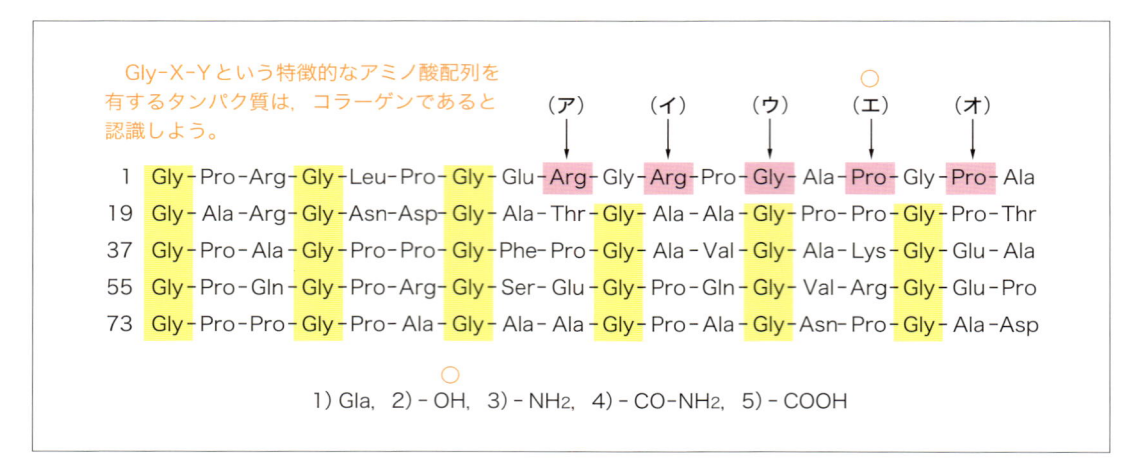

Gly-X-Y という特徴的なアミノ酸配列を
有するタンパク質は，コラーゲンであると
認識しよう．

　　　　　　　　　　　　　　　　　　　　(ア)　　(イ)　　(ウ)　○(エ)　(オ)
　　　　　　　　　　　　　　　　　　　　 ↓　　 ↓　　 ↓　　 ↓　　 ↓
 1 Gly-Pro-Arg-Gly-Leu-Pro-Gly-Glu-Arg-Gly-Arg-Pro-Gly-Ala-Pro-Gly-Pro-Ala
19 Gly-Ala-Arg-Gly-Asn-Asp-Gly-Ala-Thr-Gly-Ala-Ala-Gly-Pro-Pro-Gly-Pro-Thr
37 Gly-Pro-Ala-Gly-Pro-Pro-Gly-Phe-Pro-Gly-Ala-Val-Gly-Ala-Lys-Gly-Glu-Ala
55 Gly-Pro-Gln-Gly-Pro-Arg-Gly-Ser-Glu-Gly-Pro-Gln-Gly-Val-Arg-Gly-Glu-Pro
73 Gly-Pro-Pro-Gly-Pro-Ala-Gly-Ala-Ala-Gly-Pro-Ala-Gly-Asn-Pro-Gly-Ala-Asp

　　　　　　　　　　　　　　　○
1) Gla,　2) -OH,　3) -NH₂,　4) -CO-NH₂,　5) -COOH

1　このタンパク質に生化学的機能を付加させる過程はどれか．下図より選びなさい．

(a) ⟲ DNA (b)⇌(e) RNA (c)→ タンパク質（不活性型） (d)→ タンパク質（活性型）

　　　　　　　　　　　　　　　　　　　　　　　　　　　コラーゲンときたら翻訳後修飾!!

Gly-X-Y において，Y の位置に存在するプロリンが水酸化される．

2　その過程の標的になるのはどの残基か．上図より選びなさい．
　Gly-X-Y において，(ア)は Y が Arg で ×，(オ)は X が Pro で ×，(エ)は Y が Pro なので ○
3　その残基に取り込まれる官能基はどれか．
　コラーゲンときたら水酸化　→　2) -OH
4　その反応に必要な補助因子は何か．
　コラーゲンときたらビタミン C
5　このタンパク質の代謝回転が最も早いのはどれか．
　選択肢：エナメル質，象牙質，歯槽骨，セメント質，歯根膜
　コラーゲンの生物学的半減期は，歯槽骨：6日，歯根膜：1日

―タイプを変えた設問―
2′　このタンパク質が受ける修飾残基と，導入される官能基とで正しい組み合わせはどれか．
　組み合わせを問う別のタイプの問題形式である．
　修飾残基は (エ)，導入される官能基は 2) -OH となる．

参照
p61

3-13 Glaタンパクの生合成過程を模式図に示す．下記の問いに答えなさい．

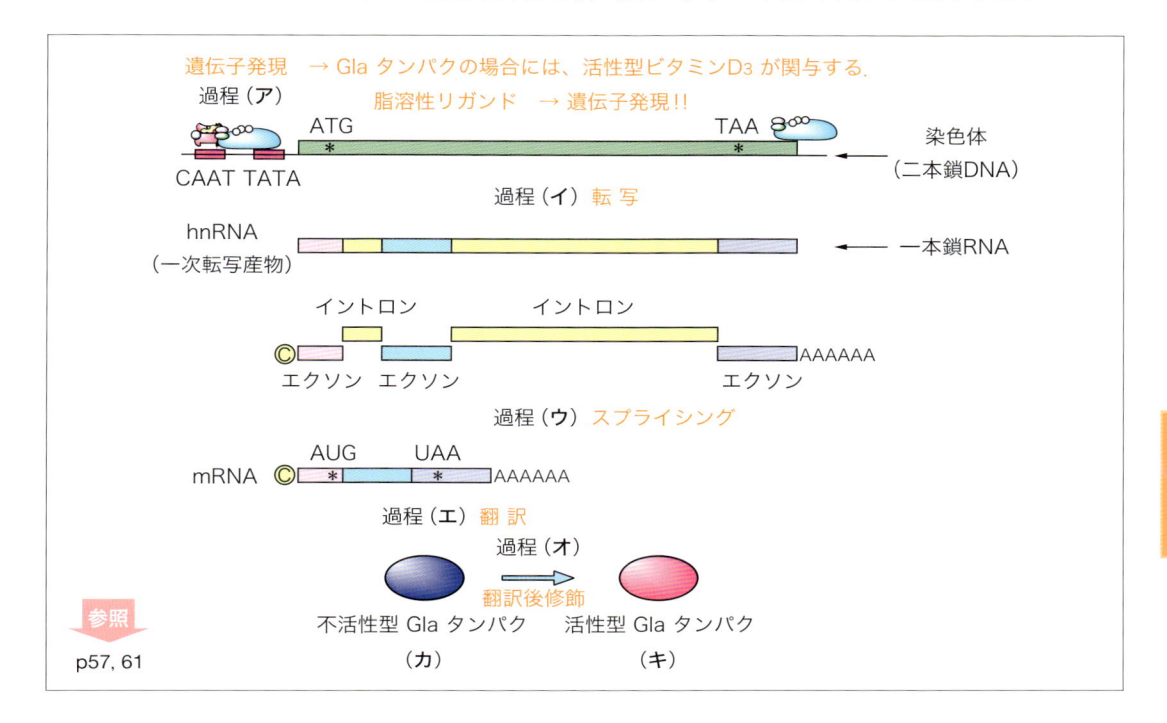

図中の注釈：
- 過程（ア）遺伝子発現 → Glaタンパクの場合には、活性型ビタミンD₃が関与する．
- 脂溶性リガンド → 遺伝子発現!!
- ATG ～ TAA，CAAT TATA，染色体（二本鎖DNA）
- 過程（イ）転写
- hnRNA（一次転写産物），一本鎖RNA
- イントロン，エクソン，AAAAAA
- 過程（ウ）スプライシング
- mRNA，AUG，UAA，AAAAAA
- 過程（エ）翻訳
- 過程（オ）翻訳後修飾
- （カ）不活性型Glaタンパク → （キ）活性型Glaタンパク
- 参照 p57, 61

1. 過程（ア）〜（オ）は何か．
2. 活性型ビタミンD₃の作用点はどれか．
   カルシウム代謝に関与するタンパク質をコードする遺伝子発現には，活性型ビタミンD₃が関与する．
3. ビタミンKの作用点はどれか．　Glaタンパクの翻訳後修飾にはビタミンKが関与する．
4. 過程（オ）で起こる反応は何か．　Glaタンパクの翻訳後修飾ではγカルボキシル化が起こる．
5. 活性型Glaタンパク（キ）が発揮する機能は何か．
   活性型Glaタンパクの翻訳後修飾により，カルシウム結合能が生じる．
6. 活性型Glaタンパク（キ）が発揮する機能は，どのような生理作用に必要か．
   活性型Glaタンパクを必要とする代表的な機能には，止血があげられる．

―タイプを変えた設問―

2′　過程（ア）に必要な補助因子は何か．　活性型ビタミンD₃
3′　過程（オ）に必要な補助因子は何か．　ビタミンK
4′　過程（オ）で導入される残基はどれか．　-COOH　カルボキシル基
　　Gla, -OH, -NH₂, -CO-NH₂, -COOH or アミノ基，水酸基，カルボキシル基…
4′　過程（オ）は下記のどの過程に対応するか．　翻訳後修飾なので，(d)

$$(a)\ \circlearrowleft DNA \underset{(e)}{\overset{(b)}{\rightleftarrows}} RNA \xrightarrow{(c)} タンパク質（不活性型） \xrightarrow{(d)} タンパク質（活性型）$$

Part 4 遺伝子組み換え実験

図 4・1　遺伝子組み換え実験の概要

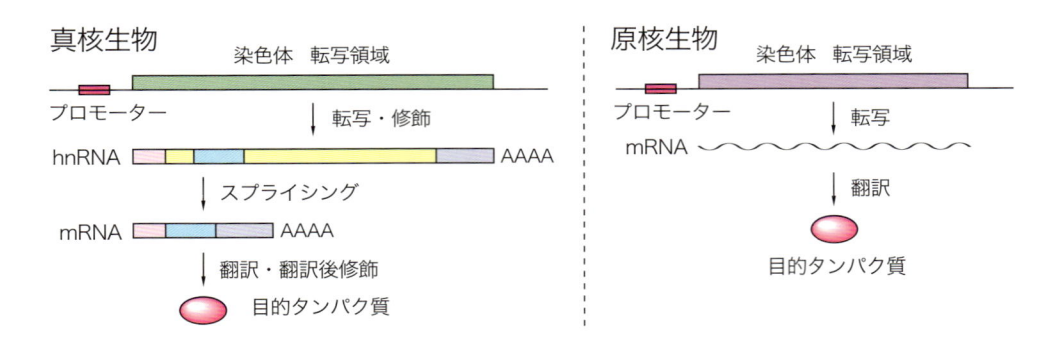

真核生物
染色体　転写領域
プロモーター　↓転写・修飾
hnRNA　AAAA
↓スプライシング
mRNA　AAAA
↓翻訳・翻訳後修飾
目的タンパク質

原核生物
染色体　転写領域
プロモーター　↓転写
mRNA
↓翻訳
目的タンパク質

　注目している生物を実験動物に投与すると，不思議とその動物は太らないという実験結果を得た．その原因は注目している生物が産生するタンパク質にあるらしい．ところがその生物の培養はなかなかむずかしく，そのタンパク質をコードする遺伝子の塩基配列もわからない．そこで目的タンパク質をコードする遺伝子を大腸菌を宿主としてクローニングし，迅速で大量かつ安価に産生することを試みることにした．次にその手順を示す．

① 注目生物に由来するタンパク質をゲルろ過，イオン交換などのカラムにより分離し，目的タンパク質のもつ生物活性などを指標として単離・精製する．
② 精製タンパク質を抗原とし，陽性クローンの同定（スクリーニング）のための一次抗体を作製する．
③ クローンバンクの作製
　→ イントロンの有無により，注目生物が原核と真核とでは手法が異なる．
　　原核生物の場合：染色体を抽出後，制限酵素による部分消化を行い，ベクターに導入する．
　　真核生物の場合：mRNA を抽出後，cDNA を調製してベクターに導入する．
④ 陽性クローンのスクリーニング：目的タンパク質を認識する一次抗体を使用する．
⑤ クローン化した遺伝子の単離と塩基配列の決定，データベースとの比較．
⑥ 陽性クローンの大量培養，目的タンパク質の大量生産．

　今日では遺伝情報に関するデータベースが発達しており，多くの遺伝子の塩基配列がすでに知られている．そのような条件下でのクローニングには，原核生物では PCR が，また真核生物では RT-PCR が威力を発揮する．これらの手法により得た cDNA をベクターに導入することにより，クローンバンクの作製を行うことなく目的遺伝子のクローン化が可能である．

遺伝子組み換え実験に汎用される基本的な手法

汎用される酵素	制限酵素，リガーゼ，キナーゼ，耐熱性 DNA ポリメラーゼ
タンパク質，核酸の電気泳動	タンパク質 → 分子量の決定 → ウエスタンブロッティング 核酸 → 塩基配列の決定 → サザンブロッティング，ノーザンブロッティング
核酸の変性と ハイブリダイゼーション	二本鎖核酸での水素結合の解離と特異的会合 DNA-DNA → サザンブロッティング DNA-RNA → ノーザンブロッティング
PCR，RT-PCR，塩基配列の決定	
抗原・抗体反応を利用した分析	一次抗体の調製とウエスタンブロッティング，陽性タンパク質の同定

1　汎用される酵素

(1) 制限酵素（図 4・2）

　微生物が産生する，二本鎖 DNA の特定の塩基配列を認識し，3′-，5′-間のリン酸エステル結合を切断する酵素．リン酸エステルは 5′-側に残る．遺伝子組み換え技術

図 4・2　制限酵素による二本鎖 DNA の切断

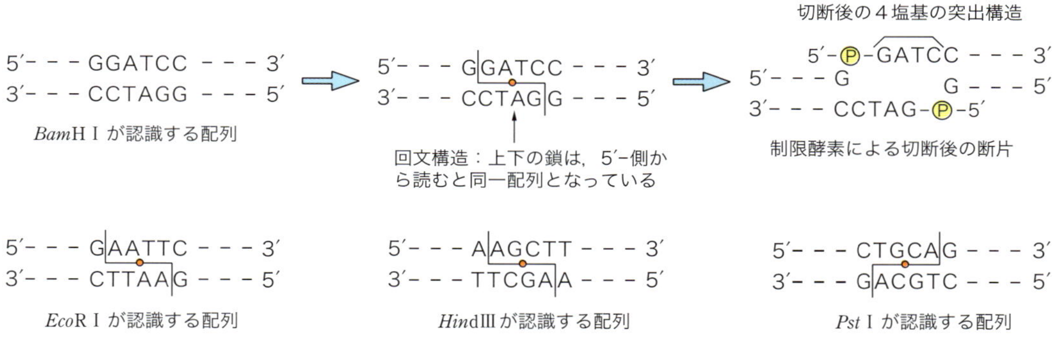

```
5′ - - - GGATCC - - - 3′          5′ - - - G GATCC - - - 3′          5′ - - - ⓟ-GATCC - - - 3′
3′ - - - CCTAGG - - - 5′          3′ - - - CCTAG G - - - 5′          5′ - - - G       G - - - 5′
                                                                      3′ - - - CCTAG-ⓟ -5′
```

BamHⅠが認識する配列　　回文構造：上下の鎖は，5′-側から読むと同一配列となっている　　制限酵素による切断後の断片

切断後の4塩基の突出構造

```
5′ - - - G AATTC - - - 3′     5′ - - - A AGCTT - - - 3′     5′ - - - CTGCA G - - - 3′
3′ - - - CTTAA G - - - 5′     3′ - - - TTCGA A - - - 5′     3′ - - - G ACGTC - - - 5′
```

EcoRⅠが認識する配列　　　　HindⅢが認識する配列　　　　PstⅠが認識する配列

図 4・3　リガーゼによる二本鎖 DNA の結合

切断後の4塩基の突出構造

```
          5′-ⓟ-GATCC - - - 3′                    5′-ⓟ-AATCC - - - 3′
5′ - - - G        G - - - 5′         5′ - - - A         G - - - 5′
3′ - - - CCTAG-ⓟ -5′                  3′ - - - TTCGA-ⓟ -5′
```

BamHⅠによる断片　　　　　　　　　　　HindⅢによる断片
リガーゼ反応 可能　　　　　　　　　　　リガーゼ反応 ほぼ不可

EcoRⅠによる断片

では，染色体を切断するハサミに例えられる．本来の役割は，微生物に感染するファージなどの異種 DNA を切断し，自身の身を守ることにある．そのため自身の DNA は，メチル化酵素などによる修飾を行い，制限酵素の切断を受けないように守られている．

【例】BamHⅠ（*Bacillus amyloliquefacience* H 株より得た制限酵素），EcoRⅠ，HindⅢなど．

認識される塩基配列の特徴は，回文構造（点対称）となっていることである．上流，下流のどちらから見ても同一配列となる．多くの場合，切断後は 5′-末端が数塩基飛び出した構造となり，5′-末端にはリン酸エステルが存在する．この突出部分が次に述べるリガーゼ反応時の「糊しろ」となる．

(2) リガーゼ，キナーゼ（図 4・3）

切断された DNA 断片のリン酸エステルを結合する酵素．遺伝子組み換え技術では糊に例えられる．同一制限酵素の切断により生じた突出構造は「糊しろ」となる．この部分の塩基配列が相補でないと結合しづらい．合成 DNA では，5′-末端にリン酸エステルが存在しないので，あらかじめキナーゼによりリン酸化を行う必要がある．

(3) 耐熱性 DNA ポリメラーゼ

温泉などの高温熱水中でも生息可能な微生物からは至適温度がきわめて高い酵素が得られる．PCR による相補鎖の伸長では，熱変性により二本鎖 DNA を一本鎖とする過程が存在するので，この性質を利用した耐熱性の *Taq* ポリメラーゼ（好熱性細菌 *Thermus aquaticus* より得た DNA ポリメラーゼ：タックポリメラーゼ）が使用される．

図 4・4　編目構造を有する支持体による物質の分離・精製

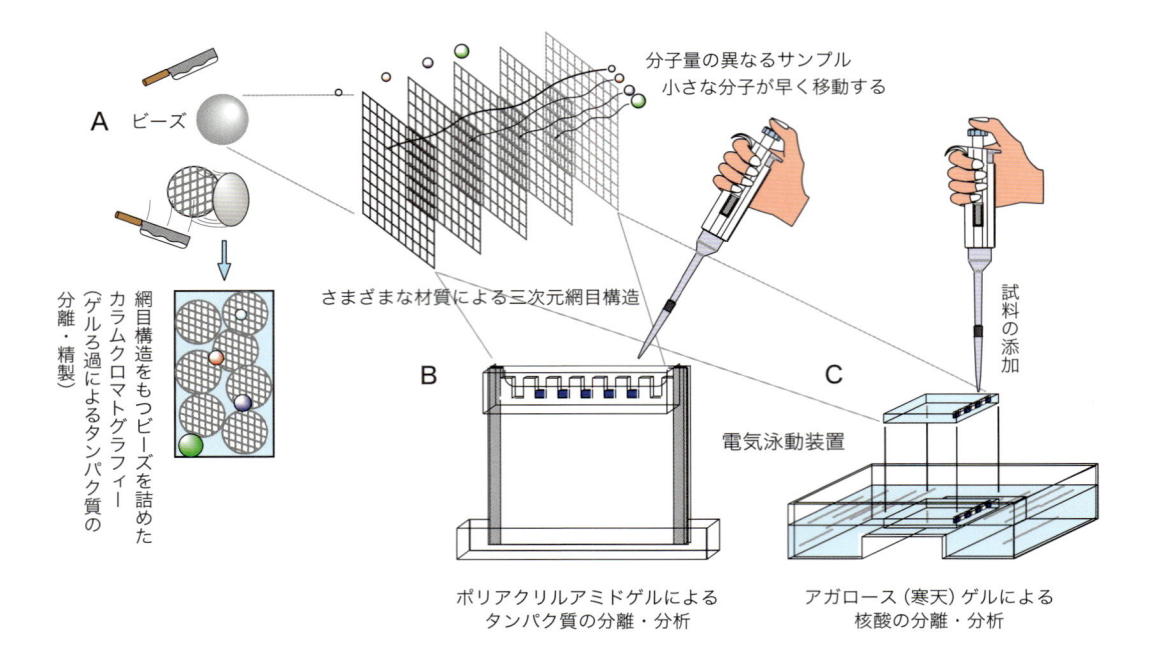

ポリアクリルアミドゲルによる
タンパク質の分離・分析

アガロース（寒天）ゲルによる
核酸の分離・分析

2　網目構造を有する支持体による物質の分離・精製

　タンパク質，核酸の分離・精製には，カラムクロマトグラフィーや電気泳動が使用される．これらの手法の特徴は，網目構造を有する支持体を使用する点にある．次にいくらかの例をあげる．

　セファロースなどを支持体とする網目構造を有する微細なビーズを，ガラス管に詰めたゲルろ過カラム．おもにタンパク質の分離・分析に使用する．この場合，低分子物質は網目構造の中に入り込み，一方，高分子はビーズの間をすり抜けていくので，高分子物質ほど先に溶出される（**A**）．アクリルアミドを重合させた網目構造を有するポリアクリルアミドゲル電気泳動装置．おもにタンパク質の分離・分析に使用される（**B**）．アガロース（寒天）を支持体として使用するアガロースゲル電気泳動装置．おもに核酸の分離・分析に使用される（**C**）．

▶真核生物からの mRNA の精製

　注目している生物種から核酸成分を得，RNA 分解酵素（RNase）で処理すると DNA が，また DNA 分解酵素（DNase）で処理すると RNA が得られる．真核生物の mRNA にはポリ A が付加しているので，全 RNA を抽出後，dT の付加したカラムを通すことにより，1％ほどしか存在しない mRNA だけを精製することが可能である．

図 4・5　一次抗体の調製

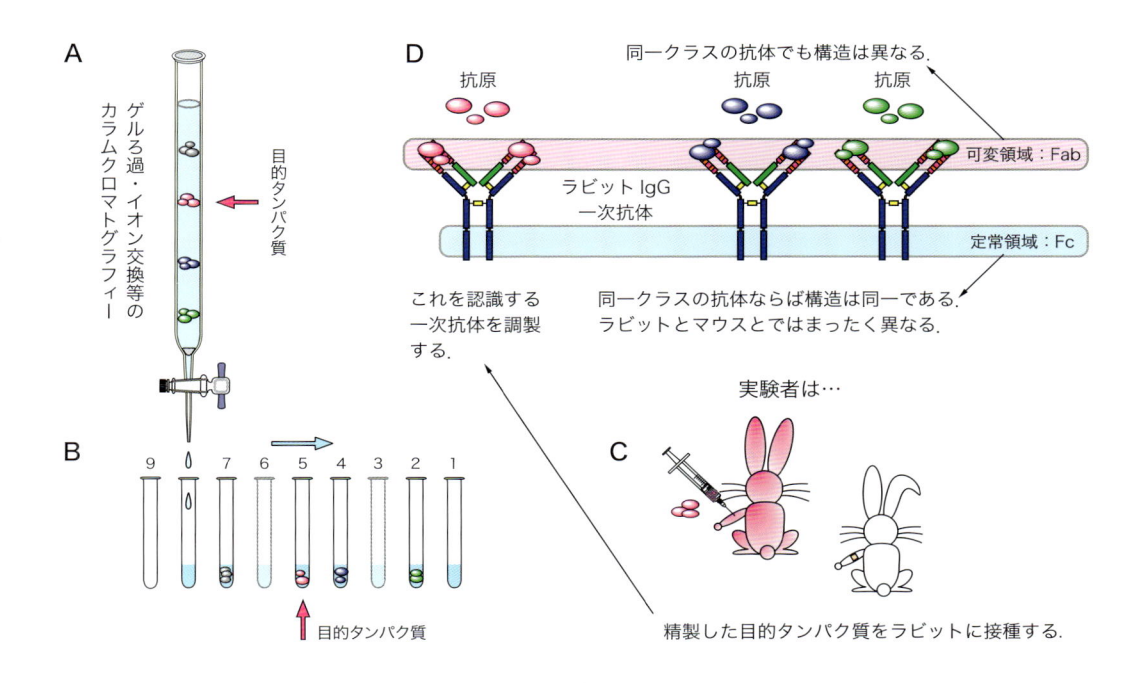

A　ゲルろ過・イオン交換等のカラムクロマトグラフィー　目的タンパク質

B　目的タンパク質

C　精製した目的タンパク質をラビットに接種する．

実験者は…

D　抗原　同一クラスの抗体でも構造は異なる．

ラビットIgG 一次抗体

可変領域：Fab

定常領域：Fc

これを認識する一次抗体を調製する．

同一クラスの抗体ならば構造は同一である．ラビットとマウスとではまったく異なる．

図 4・6　二次抗体の調製

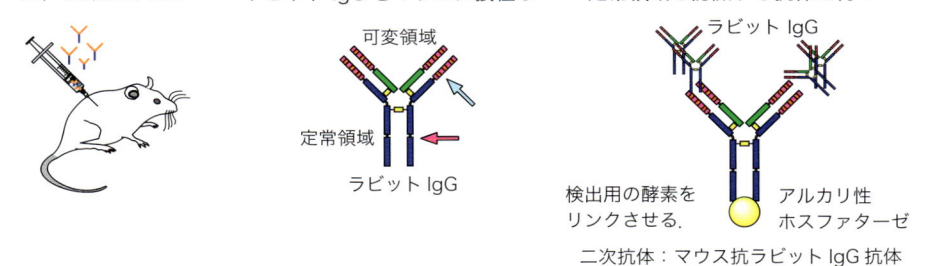

一方，試薬屋さんは…　ラビットIgGをマウスに接種し…　定常領域を認識する抗体を得て…

可変領域
定常領域
ラビットIgG

検出用の酵素をリンクさせる．
アルカリ性ホスファターゼ

二次抗体：マウス抗ラビットIgG抗体

3　一次抗体と二次抗体の調製

　遺伝子組み換え実験において，目的タンパク質を産生する陽性クローンを同定するためにはいくらかの手法があるが，抗原-抗体反応を利用することが一般的である．そのための第1歩は，目的タンパク質を認識する一次抗体をラビットを用いて調製することであり，これは実験者自身が行う．

　培養した注目生物を超音波などで破壊し，さまざまなタンパク質が混在する粗抽出液をゲルろ過・イオン交換カラムなどに通して分離を行う（**A**）．分離した個々のタンパク質の生物活性を指標として目的タンパク質を精製する（**B**）．これをラビットに接種し（**C**），一次抗体を調製する（**D**）．一方，試薬屋さんはラビットの抗体を認識するマウスの抗体を調製し，さらにこれに検出用の酵素であるアルカリ性ホスファターゼなどをリンクさせた二次抗体を販売している．

図 4・7　陽性タンパク質の同定

A　タンパク質の固定

B　ブロッキング　　C　一次抗体　　D　二次抗体　　E　発色

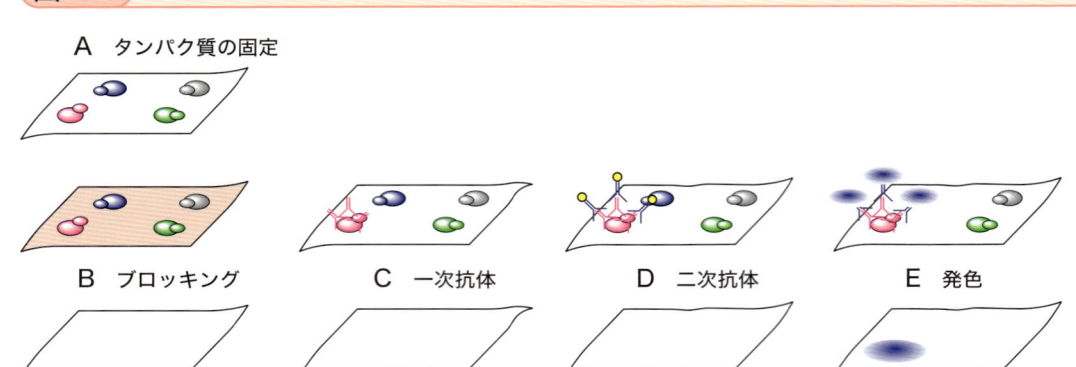

4　陽性タンパク質の同定

今日では，表面にタンパク質や核酸を固定することが可能なナイロン膜やプラスチック材が開発されており，それらを支持体としてさまざまな分析法が確立されている．ここではナイロン膜を使用例として陽性タンパク質の同定法について述べる．この膜の色調は真っ白であり，過程 A から D までにはまったく色調の変化はない．最後の過程 E で初めて青色のスポットが検出される（下段参照）．

ナイロン膜に，目的タンパク質とともにさまざまなタンパク質を固定する（ブロッティングともよぶ）(**A**)．タンパク質を固定させた以外の領域に，一次抗体などが吸着しないようにウシ血清アルブミン（BSA）などを吸着させる（ブロッキングともよぶ）．膜を十分に洗浄する（**B**）．目的タンパク質だけを認識する一次抗体を作用させる．膜を十分に洗浄する（**C**）．一次抗体を認識する二次抗体を作用させる．膜を十分に洗浄する（**D**）．アルカリ性ホスファターゼの発色基質を作用させて陽性タンパク質を同定する（**E**）．

図 4・8 ウエスタンブロッティング

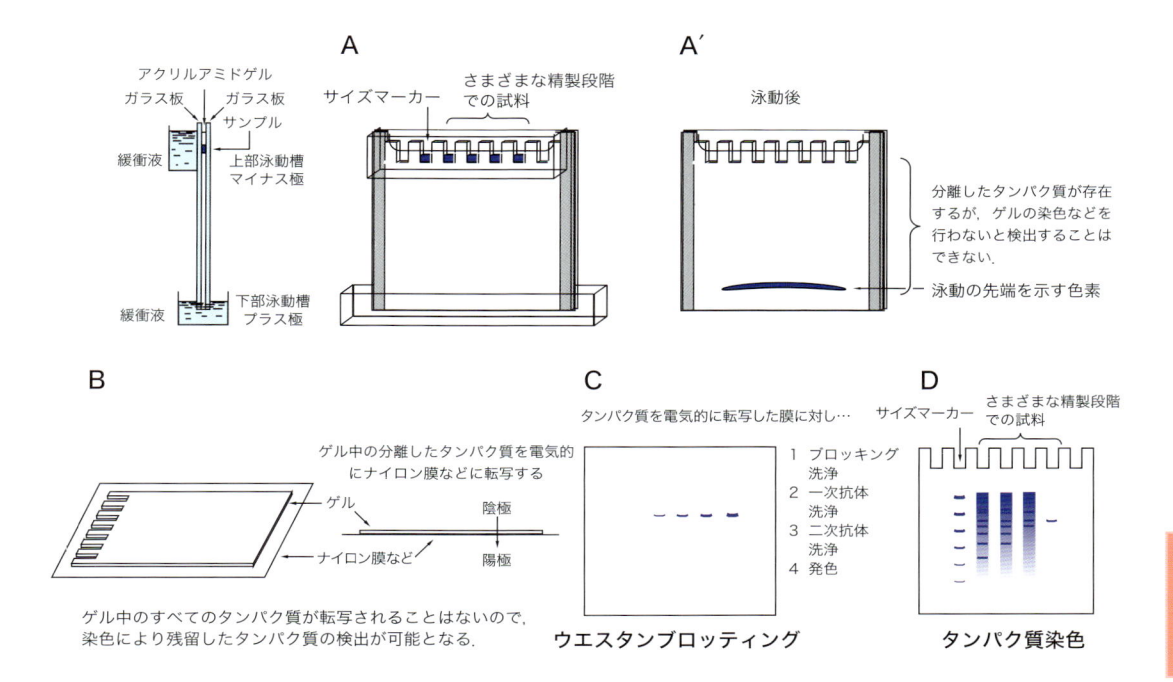

5　ウエスタンブロッティング

　抗原-抗体反応を利用した目的タンパク質の検出法の 1 つ．ポリアクリルアミドゲルによるタンパク質の分離を行い，分離したゲル中のタンパク質をナイロン膜などに電気的に転写する（エレクトロブロッティング）．転写した膜に対し，注目タンパク質を認識する一次抗体を作用させ，以降，二次抗体，発色操作を行う．したがって目的タンパク質を認識する一次抗体を自身で調製する，あるいは市販品を購入するなどし，手元に存在することが前提となる．応用例としては，抗体を作製するための抗原タンパク質の精製過程の純度チェックなどがあげられる．

　カラム操作などによるさまざまな精製段階での試料の一部をサイズマーカーとともに電気泳動により分離する（**A**）．泳動終了後，ゲルをガラス板からはずし，ナイロン膜などと重ねる．分離したゲル中のタンパク質を電気的に膜に転写する（エレクトロブロッティング）（**B**）．転写した膜に対し，目的タンパク質を認識する一次抗体を作用させ，以降，二次抗体，発色操作を行い，目的タンパク質を検出する（ウエスタンブロッティング）（**C**）．ゲル中に存在する分離タンパク質の全量が転写されることはないので，タンパク質染色によりゲル中に残留したタンパク質を検出する（**D**）．

　抗体を用いて検出されたウエスタンブロッティングのパターンと，ゲル中のタンパク質染色のパターンとを比較することにより，精製の各段階における試料の純度を調べることが可能となる．不純物としての共存タンパク質が徐々に排除され，最終段階での抗体で認識されるタンパク質のバンドと染色されるタンパク質のバンドとが完全に一致すれば，不純物をまったく含まない精製標品であることを示す．

6 サザンブロッティング

　貴重な生物から得た，実験動物に投与すると不思議と太らないタンパク質をコードする遺伝子が手元にある．ほかの近縁生物種 A あるいは B でも同様な遺伝子が保持されているかどうかを調べるため，この貴重な遺伝子を用いてサザンブロッティング（DNA-DNA）を行うことにした．

　近縁種から染色体を抽出し，適当な制限酵素により消化する．これをアガロースゲル電気泳動にて分離し（**A**），ゲルを染色後，紫外線照射により生じるパターンを CCD カメラを通して感熱紙などに印刷する（**B**）．つづいてゲルをアルカリ変性してゲル中に存在する二本鎖 DNA を一本鎖とし，ナイロン膜に転写する（**C, D**）．貴重な遺伝子を鋳型とし，蛍光ラベルされたプライマーあるいは dNTP を用いて PCR によりプローブを作製する（**E**）．熱変性により一本鎖とした蛍光プローブをハイブリダイズさせ，紫外線照射を行う．相同領域が存在することにより蛍光ラベルしたプローブが結合し，注目断片だけが蛍光により検出可能となる．相同領域をもたない断片は検出されない．これにより近縁種での類似遺伝子の存在などを知ることが可能となる（**F**）．

　分析試料として，ここで述べた染色体断片ではなく，細胞より得た RNA を泳動後に膜に転写し，特定遺伝子の断片をプローブとして DNA-RNA 間での分析を行う手法がある．この方法をノーザンブロッティングとよび，試料中に含まれる mRNA に特定遺伝子のプローブが結合するので，細胞中の特定遺伝子の発現量を調べることが可能である（図 4・9）．

　DNA-DNA の解析手法には開発者である Southern の名前があてられ，DNA-RNA に対しては，これをもじった名称がつけられた．タンパク質間での分析では，さらにもじった「西さん」が用いられている．

図 4・9 サザンブロッティング

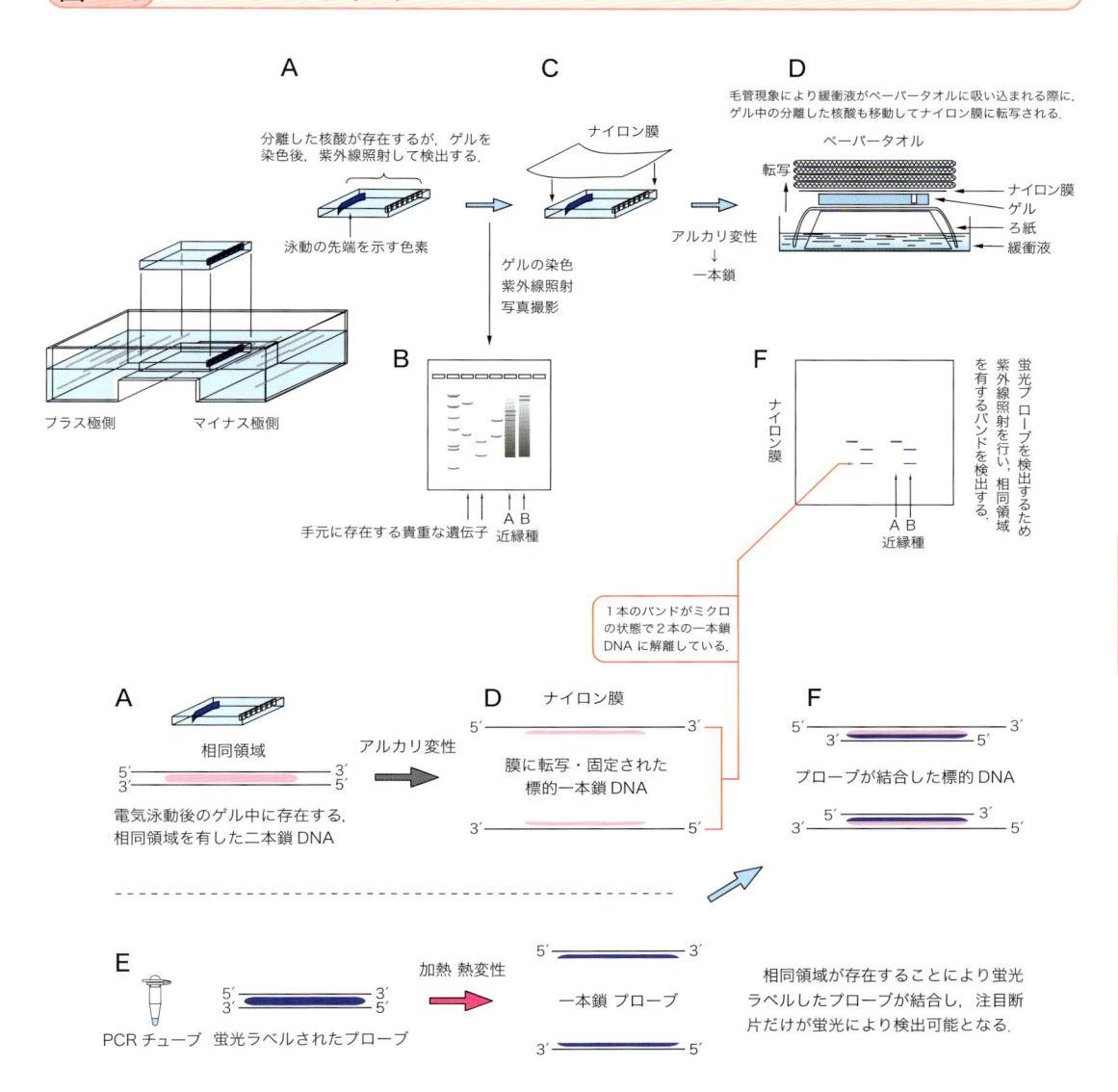

図 4・10　陽性クローンのスクリーニング

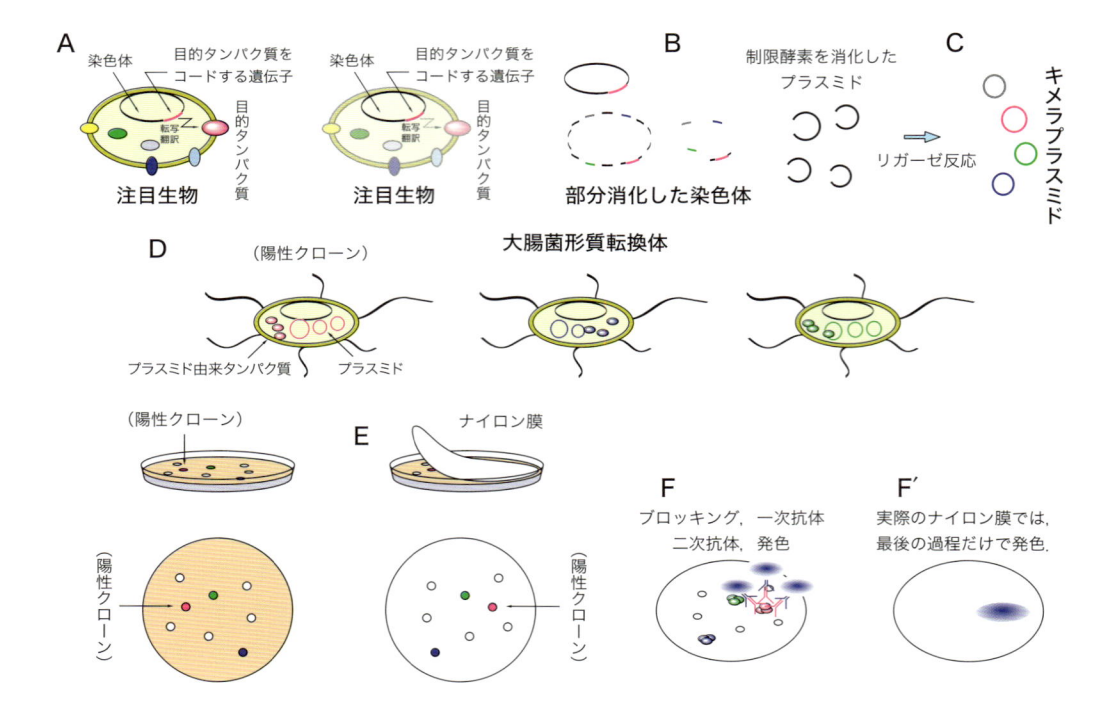

7　陽性クローンのスクリーニング

　スクリーニングのための一次抗体の準備が整ったら，目的遺伝子のクローニングを行う（**図 4・10**）．注目生物が原核生物の場合には，染色体を抽出して制限酵素による部分消化を行う．なぜ部分消化なのかというと，完全消化では目的遺伝子をも切断してしまう可能性を否定することができないからである．染色体断片の数は非常に多いが，ここでは 4 種だけと仮定しよう（**A, B**）．この制限酵素断片をプラスミドなどのベクターに導入する．プラスミドとは，大腸菌の菌体内で自立的に複製することのできる小さな染色体に例えることができる（**C**）．プラスミドに制限酵素断片が組み込まれたキメラプラスミドを大腸菌に導入し，ここでは 3 種の形質転換体が得られたとする．幸いなことに 1 匹の大腸菌には 1 種類のプラスミドしか保持されない（これをプラスミドの和合性とよぶ）ので，導入遺伝子が発現してもただ 1 種の組み換えタンパク質が産生される．通常 1 枚のプレートには数百のコロニーが出現し，これをクローンバンクとよぶ（**D**）．このなかから陽性クローンを探し出すために，プレート表面をナイロン膜で 5 分ほど覆う．これで大腸菌により産生されたタンパク質が転写される（実際には数段の実験手順を必要とするが，ここでは省略する）（**E**）．このナイロン膜をブロッキング，一次抗体，二次抗体，発色という一連の過程で処理して（**F**），陽性クローンを同定する（**F′**）．

　同定された大腸菌を大量培養し，プラスミドを抽出したのちにクローン化した遺伝子の塩基配列を決定し，データベースとの比較によりコードされるタンパク質の機能を推察する——などの作業を行う．

注目生物が真核生物の場合には，全 RNA から mRANA を精製し，RT-PCR により cDNA を得，これをプラスミドに導入してクローンバンクを作製する．その後は前述と同様の過程を経て陽性クローンを同定する．

図 4・11　ELISA 法…遺伝子組み換え実験の応用例

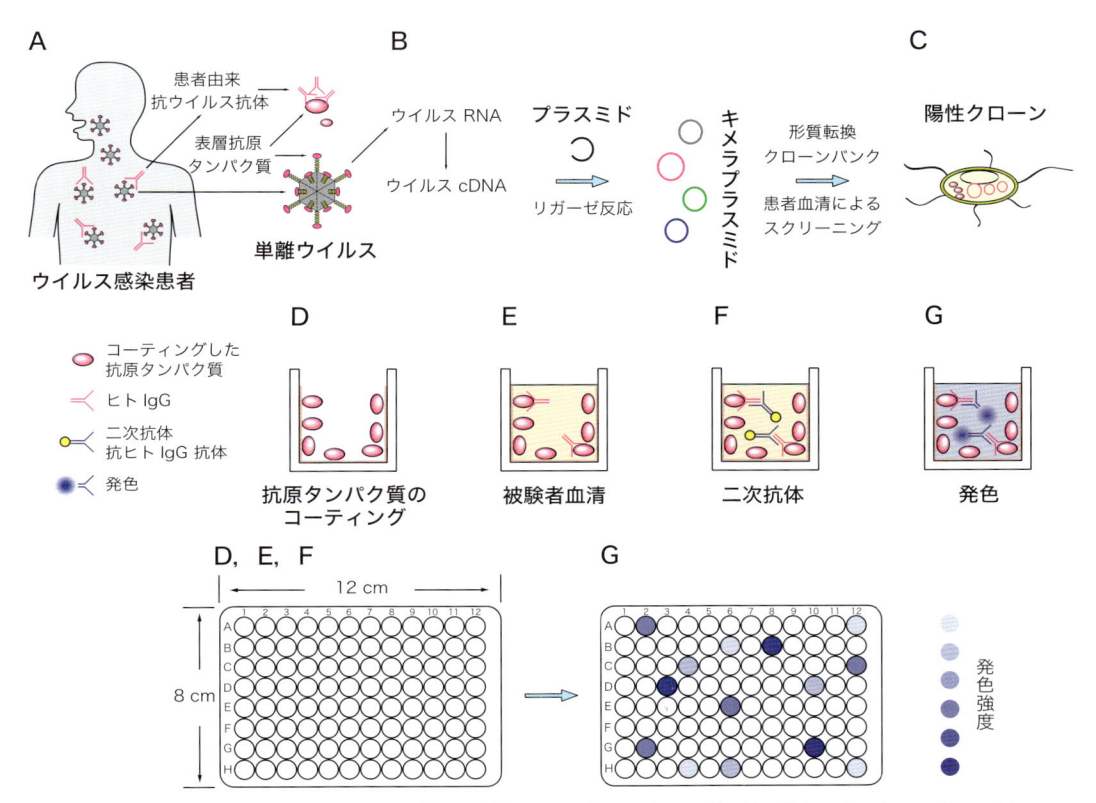

マイクロタイターウェル：タンパク質を吸着させることのできる，特殊なプラスチックでできている．

応用　8　ELISA 法（enzyme-linked immunosorbent assay）

ウイルスに感染した患者は，ウイルスの表層などに存在するタンパク質に対する抗体をもっている（**A**）．患者よりウイルスを単離し，さまざまな過程を経てウイルス由来の遺伝子をプラスミドに導入する（**B**）．患者はウイルスの抗原性タンパク質に対する抗体をもっているので，作製したクローンバンクに対し，患者血清を一次抗体，抗ヒト IgG 抗体を二次抗体として形質転換体をスクリーニングする（**C**）．抗原性タンパク質を発現する陽性クローンよりウイルスの抗原性タンパク質を大量に精製し，これをマイクロタイターウェル（ELISA プレートともよぶ）にコーティングする（**D**）．

〈ウイルス感染の有無を調べるスクリーニングの手順〉

複数の被験者より少量の血液を採取し，血清を得る．100 μl 程度の個々の血清を独立にマイクロタイターウェルに入れる．陽性被験者の血清にはコーティングしたウイルスの抗原性タンパク質に対する抗体が存在するので，ヒト IgG 抗体が結合する（**E**）．

一定時間放置後ウェルを十分に洗浄し，つづいて二次抗体として抗ヒト IgG 抗体を加える（**F**）．同様に一定時間放置後ウェルを十分に洗浄し，最後に発色試薬を加える（**G**）．発色強度の定量値が被験者の抗体価であり，ウイルス感染の有無，強弱が推定される．

9　PCR

（1）DNA 鎖の伸長

DNA 鎖の伸長には，鋳型鎖，DNA ポリメラーゼ，dNTP，そしてプライマーの 4 つの要素が必要である．dNTP とは，DNA ポリメラーゼの基質である dATP，dCTP，dGTP および dTTP を一括して表現した混合物である．プライマーとは，DNA 鎖の合成を開始させるための十数塩基からなる「手がかり・足場」であり，DNA ポリメラーゼの作用により，鋳型鎖と相補な核酸がプライマーの 3′-側に付加される．実際の細胞中では低重合度の RNA がプライマーとして機能を発揮する．

（2）PCR（polymerase chain reaction）（図 4・12）

PCR とは，DNA あるいは RNA の特定領域を増幅する技術である．
何のために PCR を行うのか？

今日では分子生物学を基盤とした分析法が，塩基配列の決定による個人の同定などに応用されている．その際，試料核酸の絶対量が非常に少ない場合には塩基配列の決定は不可能である．そこで微量の試料をもとにして注目している領域を増幅し，その後の分析試料に供する，という方法をとる．これが PCR を行う理由である．PCR を行うには，注目している領域に特異的な十数塩基からなるプライマーを化学合成する必要がある．つまりその部分だけは「塩基配列既知」の必要があるが，今日ではデータベースが充実しているので，とくに問題にはならない．

二本鎖 DNA double-stranded DNA（dsDNA）を加熱（**B**）あるいはアルカリ処理を行うと水素結合が解離し，2 本の一本鎖 DNA single-stranded DNA（ssDNA）に分離させることが可能である（熱変成あるいはアルカリ変性）．逆に相補な 2 本の一本鎖 DNA をゆっくりと冷却することにより再び水素結合が形成され，元の二本鎖 DNA に戻すことが可能である（アニーリング：焼戻し）．その際，大過剰の化学合成したプライマーが共存すると，それらは一本鎖 DNA の相補な領域に特異的に結合する（**C**）．dNTP の存在下で，耐熱性の DNA ポリメラーゼ（温泉などに生息する好熱性細菌より得る *Taq* ポリメラーゼ）を作用させることにより，相補鎖が伸長する（**D**）．A～D の過程（1 サイクル）で，1 本の二本鎖 DNA が 2 本の二本鎖 DNA となる．この熱変成，アニーリング，伸長のサイクルを n 回繰り返すと，1 本の二本鎖 DNA は 2^n 本の二本鎖 DNA に増幅される（**E, F**）．実際の実験では，20～30 サイクル繰り返すことにより PCR 産物の分子数が 10^6～10^9 ほどに増幅され，分子生物学を基盤とした分析，あるいは塩基配列既知の遺伝子をクローニングすることなどが可能となる．
※補足説明：$2^{10} = 1024 ≒ 10^3$ なので，$2^{20} ≒ 10^6$，$2^{30} ≒ 10^9$ となる．

PCR を行う際，通常の dNTP とともに蛍光ラベルしたプライマーあるいは dNTP を共存させて反応を行うことにより，蛍光ラベルされた PCR 断片が得られる．このような方法によりサザンブロッティング，あるいはノーザンブロッティングを行う際の蛍光プローブを調製することが可能である．

図 4·12　PCR

DNA鎖の伸長には，鋳型鎖，DNAポリメラーゼ，dNTP，プライマーの4つの要素が必要である．

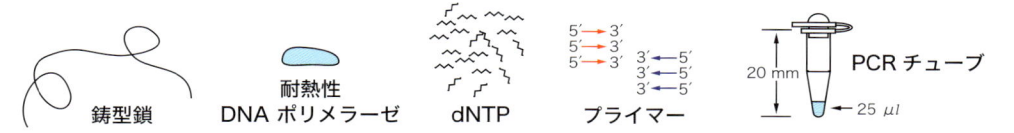

鋳型鎖　　耐熱性DNAポリメラーゼ　　dNTP　　プライマー　　PCRチューブ（20 mm，25 μl）

二本鎖DNAを加熱することにより，2本の一本鎖DNAに分離することが可能である（熱変性）．これをゆっくりと冷却することにより，元の二本鎖DNAに戻すことが可能である．また二本鎖DNAはアルカリによっても変性され，2本の一本鎖DNAを与える．この手法はサザンブロッティングに用いられる．

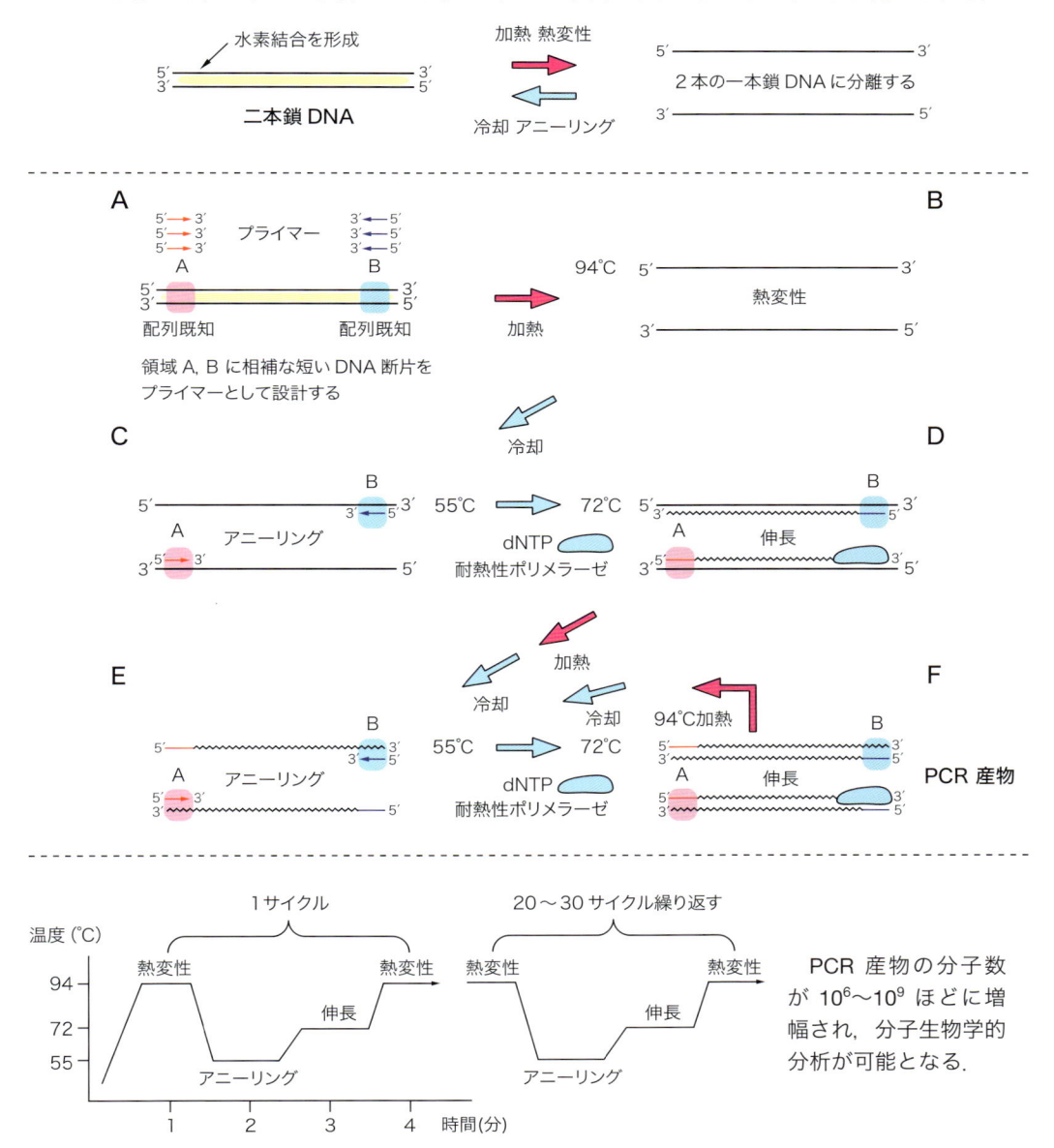

水素結合を形成／二本鎖DNA　加熱 熱変性／冷却 アニーリング　2本の一本鎖DNAに分離する

A　プライマー　配列既知　配列既知　領域A, Bに相補な短いDNA断片をプライマーとして設計する

B　94℃　熱変性　加熱

C　アニーリング　55℃　dNTP 耐熱性ポリメラーゼ

D　72℃　伸長

E　アニーリング　55℃　dNTP 耐熱性ポリメラーゼ

F　94℃加熱　伸長　PCR産物

1サイクル：熱変性→アニーリング→伸長→熱変性
20〜30サイクル繰り返す

温度（℃）：94／72／55　時間（分）

PCR産物の分子数が10^6〜10^9ほどに増幅され，分子生物学的分析が可能となる．

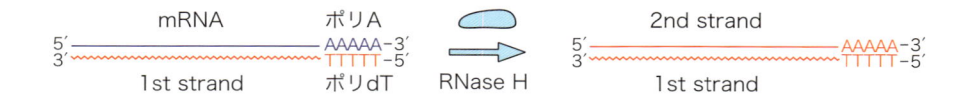

10 RT-PCR（reverse transcription PCR）

(1) 発現遺伝子の定量（図4・14）

RT-PCR の手法を用いることにより，細胞内の特定の mRNA の発現量などを調べることが可能となる．基本となる事実は次の2点である．

1. 真核生物の mRNA の 3′-末端にはポリ A が付加しており，
2. レトロウイルス（HIV など）は，RNA 鎖を鋳型として DNA 鎖を合成する逆転写酵素 reverse transcriptase（RT）を保持している．

この技術を応用することにより，健常者および歯周病患者の歯肉上皮細胞で，発現量に差異がみられるタンパク質の同定などが可能となる．

健常者および歯周病患者の歯肉上皮細胞からすべての RNA を抽出する（**A**）．図4・14 では mRNA₁，mRNA₂ の2種しか示していないが，数千種以上の mRNA（mRNAn）が存在している．ここでポリ dT をプライマーとし，dNTP および逆転写酵素（RT）を作用させると（**B, C**），mRNA に相補な一本鎖 DNA が合成される．これを cDNA（complementary DNA：cDNA）とよぶ（**D**）．したがってすべての mRNA に対し，このヘテロ mRNA-cDNA 二本鎖が形成される．データベースが充実している今日では，注目しているタンパク質の全塩基配列は既知なので，調べたい個々のタンパク質に特異的なプライマーを設計し（**E**），ヘテロ二本鎖を鋳型として PCR を行う（**F**）．PCR 断片の量は試料を採取した細胞内の mRNA の発現量に比例するので，PCR 産物を電気泳動にて解析することにより，注目しているタンパク質の健常者と患者とのあいだでの発現量の差異を知ることができる（**G**）．

ここで健常者と患者からの歯肉上皮細胞由来の全 RNA の回収量がほぼ等しいことをチェックするため，細胞が生存に必須としている酵素に注目する．グリセルアルデヒド 3-リン酸脱水素酵素 glyceraldehyde 3-phosphate dehydrogenase（G-3-P DH）などがこれにあたる．その遺伝子は house keeping gene とよばれ，細胞内で常に一定量の発現が保たれている．そこで両試料からの G-3-P DH をコントロール（**C**）として，すべての RNA の回収量を知るために使用する．

(2) 塩基配列未知の遺伝子のクローニング

真核生物からの塩基配列未知の遺伝子をクローニングする際は，調べたい個々のタンパク質に特異的なプライマーを設計することが不可能なので，上述の方法は取れない．そこで最初の一本鎖 cDNA を合成したあとに（これを first strand：ファーストストランド，1st strand とよぶことがある），RNA 鎖を DNA 鎖に変換する RNase H を作用させて二本鎖 cDNA を完成させ（second strand：2nd strand の合成），これを適当なベクターに導入してクローンバンクを作製する．

図4・13 二本鎖 cDNA の調製

図 4・14　RT-PCR

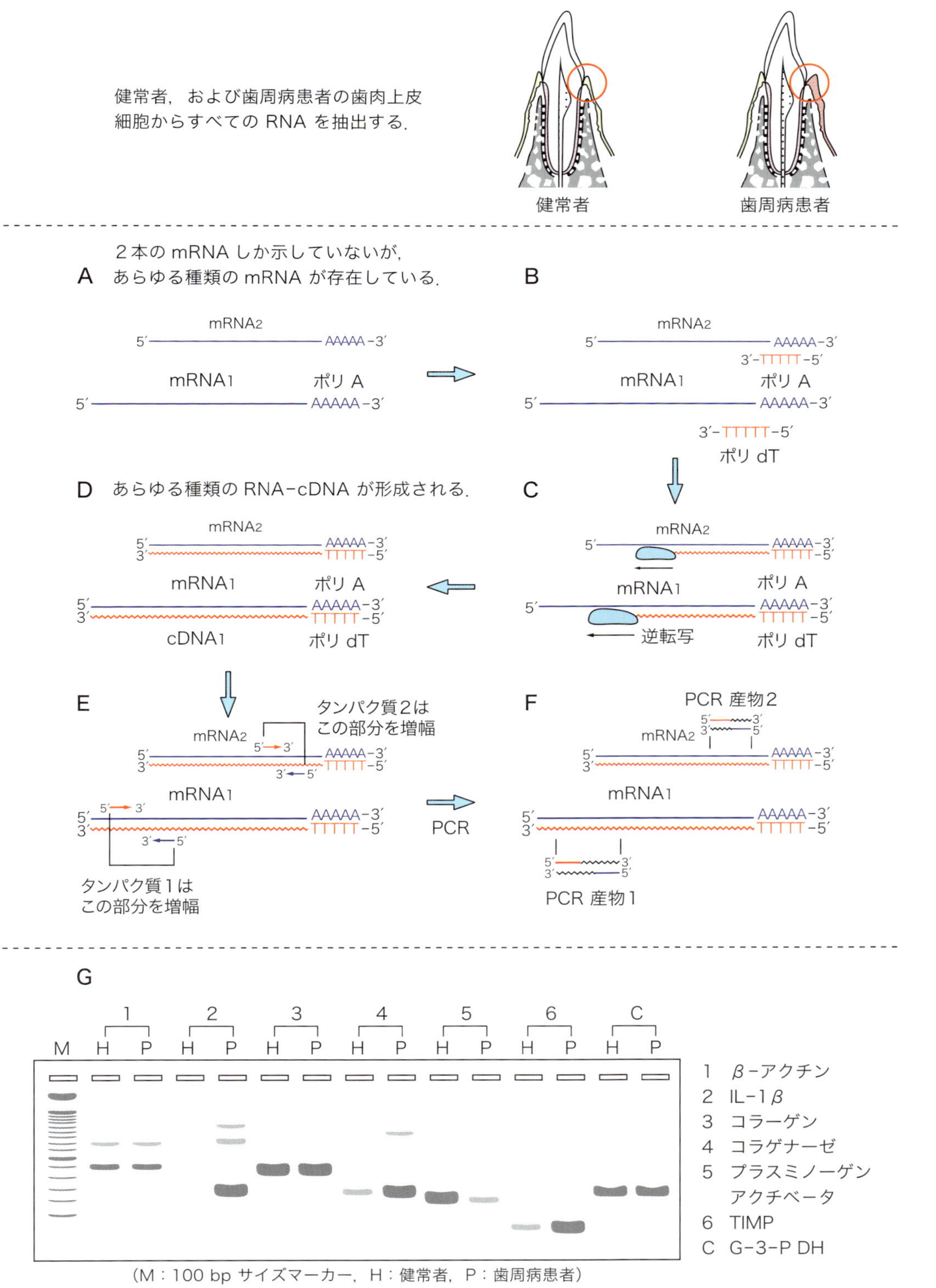

健常者，および歯周病患者の歯肉上皮細胞からすべての RNA を抽出する．

健常者　　　歯周病患者

A　2本の mRNA しか示していないが，あらゆる種類の mRNA が存在している．

```
                        mRNA2
            5'―――――――――――――――AAAAA-3'
     mRNA1              ポリA
5'―――――――――――――――――――――AAAAA-3'
```

B
```
                        mRNA2
            5'―――――――――――――――AAAAA-3'
                              3'-TTTTT-5'
     mRNA1              ポリA
5'―――――――――――――――――――――AAAAA-3'
                         3'-TTTTT-5'
                           ポリdT
```

D　あらゆる種類の RNA-cDNA が形成される．

```
                        mRNA2
            5'―――――――――――――――AAAAA-3'
            3'～～～～～～～～～TTTTT-5'
     mRNA1              ポリA
5'―――――――――――――――――――――AAAAA-3'
3'～～～～～～～～～～～～～～TTTTT-5'
     cDNA1             ポリdT
```

C
```
                        mRNA2
            5'―――――――――――――――AAAAA-3'
            3'～～～～～～～     TTTTT-5'
     mRNA1              ポリA
5'―――――――――――――――――――――AAAAA-3'
3'～～～～～～～～～～    ←逆転写  TTTTT-5'
                              ポリdT
```

E
```
                        mRNA2      タンパク質2は
                                   この部分を増幅
            5'――――――5'→―――3'――AAAAA-3'
            3'～～～～～3'←―5'～TTTTT-5'
     mRNA1
5'――5'→――3'――――――――――――――――――AAAAA-3'
3'～3'←―5'～～～～～～～～～～～TTTTT-5'
  タンパク質1は
  この部分を増幅
```

→ PCR →

F
```
                              PCR産物2
                        mRNA2  5'～～3'
            5'―――――――――――3'|～～|5'―AAAAA-3'
            3'～～～～～～～～～～～～TTTTT-5'
     mRNA1
5'―――――――――――――――――――――AAAAA-3'
3'～～～～～～～～～～～～～～TTTTT-5'
  5'～～～～3'
  3'～～～～5'
  PCR産物1
```

G

	1	2	3	4	5	6	C
M	H P	H P	H P	H P	H P	H P	H P

1　β-アクチン
2　IL-1β
3　コラーゲン
4　コラゲナーゼ
5　プラスミノーゲン
　　アクチベータ
6　TIMP
C　G-3-P DH

（M：100 bp サイズマーカー，H：健常者，P：歯周病患者）

図 4・15 ジデオキシ誘導体による塩基配列の決定

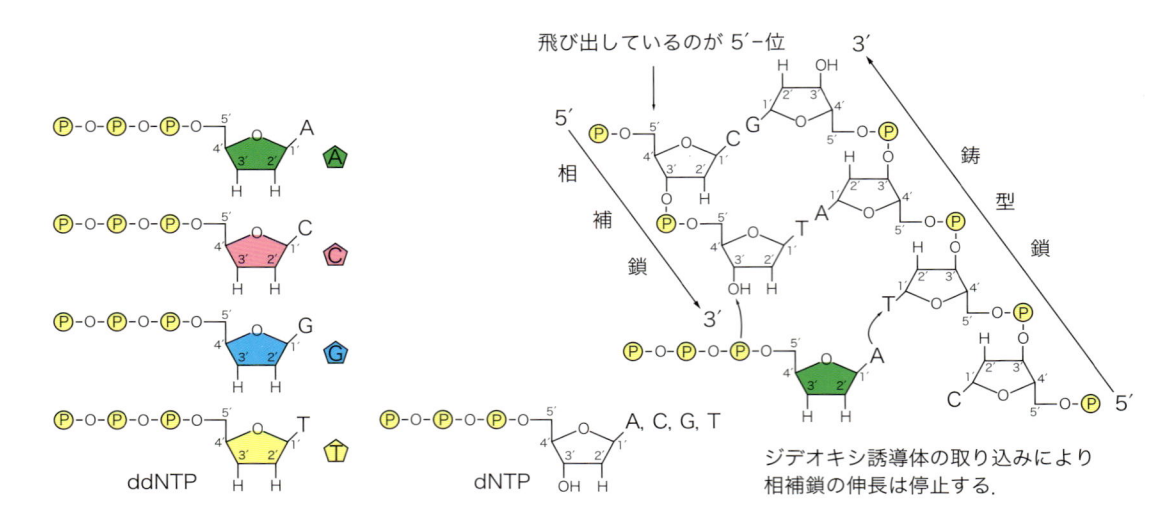

ddNTP / dNTP

ジデオキシ誘導体の取り込みにより相補鎖の伸長は停止する．

11 ジデオキシ誘導体（ddNTP）による塩基配列の決定

　ddNTP による塩基配列の決定にはいくつかの実験事実が存在する（図 4・15）．

　相補鎖の伸長は，3′-末端に存在する水酸基の酸素原子を介して，次にくる核酸の 5′-末端に存在するリン酸基がエステル結合を形成することにより進行する．したがって 3′-末端の水酸基が存在しない ddNTP が取り込まれると，その後の伸長反応は停止する．

　ddNTP には特異的な蛍光ラベルが施されており（A：緑，C：赤，G：青，T：黄），ddNTP が取り込まれて反応の停止した相補鎖分子は蛍光を発生する．その色調は 3′-末端の最後に取り込まれた塩基の種類に一致する．

　プラスミドなどにクローン化された遺伝子の塩基配列は，次の手順により決定する（図 4・16）．

　プラスミドの塩基配列既知の部分に対応するプライマーを化学合成する．プラスミドを熱変性させて一本鎖とし，プライマーをアニーリングさせる（B，C）．dNTP の存在下，耐熱性 DNA ポリメラーゼを作用させると通常の伸長反応が起こる（D）．ここで少量の ddNTP を混合すると伸長反応における ddNTP の取り込み確率が低いので，重合度の高い相補鎖が生成され，分子は最後に取り込んだ塩基に特異的な蛍光を発する（E）．一方，多量の ddNTP を混合すると伸長反応はただちに停止し，重合度の低い相補鎖が生成される（F）．そこでほどよい量の ddNTP を混合すると蛍光を有するあらゆる重合度の相補鎖が生成される（G）．これを熱変性させて相補鎖と鋳型鎖とに分離し（H，I），次いでキャピラリーカラム（長さ 47 cm，内径 50 μm の毛細管）に通す．このカラムは 1 塩基の差に基づく相補鎖の分離も可能であり，分子サイズの小さい順に溶出される（J）．したがって溶出された相補鎖の蛍光を測定することにより，最後に取り込まれた塩基の種類が特定され，その結果，全塩基配列が決定される（K）．

図 4・16 ジデオキシ誘導体による塩基配列の決定

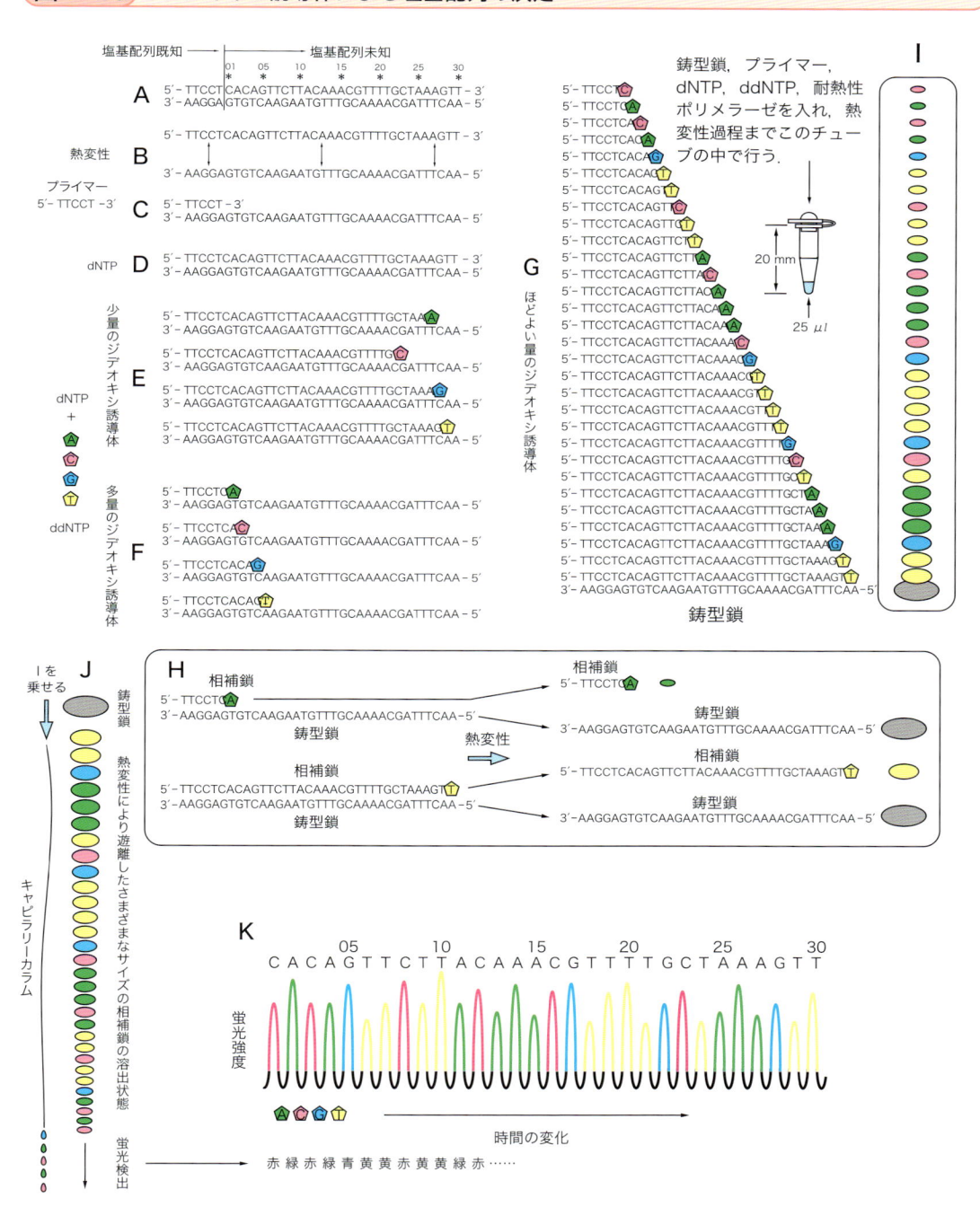

※PCR（連鎖反応）ではないが，相補鎖の絶対数を増やすため耐熱性ポリメラーゼを使用する．この方法により500塩基ほどを1時間以内に処理することができる．

12　short tandem repeat（STR）に基づく個人情報

　STR とは，機能は不明であるが，染色体 DNA のイントロン中に存在する数塩基からなる短い繰り返し配列を示す．

　具体的には，5′-(AGAT)n-3′ あるいは 5′-(AATG)n-3′ などという配列であり，繰り返しの数を n とするならば，その値には個人差があり，n＝5〜20 の間でさまざまな値をとる（STR number polymorphism）．ヒトの場合には，このような STR が 100 個所ほど存在することが明らかとなった．今日では，これらの配列の上流および下流の「個人差のない」共通領域の塩基配列がデータベースとして登録されている．したがって 1 個人の複数の STR 領域を PCR により増幅して個々の STR の n 数を求めることにより，きわめて精度の高い遺伝的個人情報が得られる．一方で，STR の n 数には民族による偏りがあることも示唆されている．これをもとに血縁関係あるいは事件現場での犯人の推定が可能となる（図 4・17）．

　ここでの実験の「こだわり」は，複数の STR の反復回数を 1 回の実験ですべて分析する——ということであり，そのための工夫が施されている．通常 4 塩基から構成される STR の反復の度合いは 20 程度であり，全塩基数は最大で 80 程度である．したがってこの領域を PCR で増幅して塩基配列決定のためのキャピラリーカラムで分析すればよい．一般に PCR プライマーの長さは 20〜30 塩基ほどであり，すべてのプライマーを STR の直近に相補となるように設計すると，PCR 産物はほぼ同一の長さとなり，1 回の分析では何もわからない．そこで，ある STR に対してはプライマーの結合領域を直近に設計して産物の塩基対数が 100 ほどになるように（ここでは A_F と A_R：F は forward：前向き，R は reverse：後向きを意味する），また別の STR では産物が 200 塩基対（B_F と B_R），ほかは 300 塩基対（C_F と C_R）となるように，反復配列から意図的に離した位置に設計する（**A**）．これらのプライマーは一方だけが青色の蛍光でラベルされており（**B**），反応終了後に熱変性を行い（**C**），キャピラリーカラムで溶出を行うと，ほどよい分散度で個々のピークが観測される（**E**）．したがって 1 回の分析で 3 個の STR の重合度が決定される．さらに蛍光の色調を緑あるいは赤としたプライマーを他領域に対して同様に設計すると（**D**），1 回の実験で 9 か所の分析が可能となる．

　私たちの染色体は両親に由来する 1 対から構成されているので，通常父方，母方に由来する 2 本のピークが出現する（**E**）．ピークが 1 本の場合には，たまたま両者とも両親と同一の反復回数であったと解釈される．

　どちらが父方あるいは母方に由来するかは同一領域での両親の反復回数を調べれば明らかとなり（**F**），これにより血縁関係を調べることが可能となる．

　一個人がまったく血縁関係のない他人と STR の反復回数がすべて完全に一致する確率は，当然のことながら分析する STR の数に依存するが，数億から十数億人に 1 人といわれている．

図 4・17　short tandem repeat に基づく個人情報

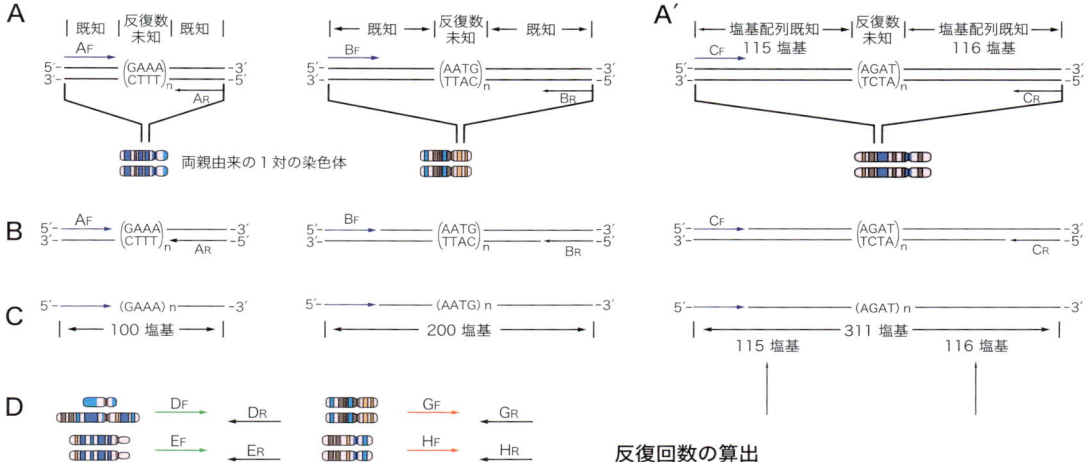

A　親由来の1対の染色体

A′　塩基配列既知 115 塩基／反復数未知／塩基配列既知 116 塩基

B

C　100 塩基／200 塩基／311 塩基（115 塩基＋116 塩基）

D
- プライマー D, G：仕上がりが 100 塩基対となるように設計
- プライマー E, H：仕上がりが 200 塩基対となるように設計
- プライマー F, I：仕上がりが 300 塩基対となるように設計

反復回数の算出

プライマー C_F, C_R から反復配列までの塩基数は，設計した時点で明らかであり，ここではそれぞれ 115, 116 塩基と仮定する．PCR 産物の全長が 311 塩基対だったとすると（E 参照），311−(115+116)＝80 が反復領域の塩基対数であり，80/4＝20 が反復回数となる．

E　蛍光が青，緑の分析例

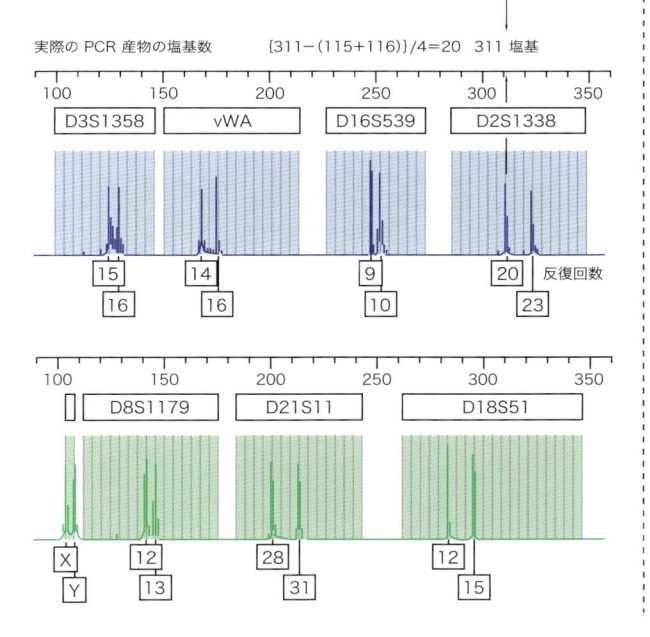

実際の PCR 産物の塩基数　{311−(115+116)}/4＝20　311 塩基

D3S1358: 15, 16　　vWA: 14, 16　　D16S539: 9, 10　　D2S1338: 20, 23　反復回数

D8S1179: X, Y　　D21S11: 12, 13 / 28, 31　　D18S51: 12, 15

F　両親と子供とでの反復回数の例

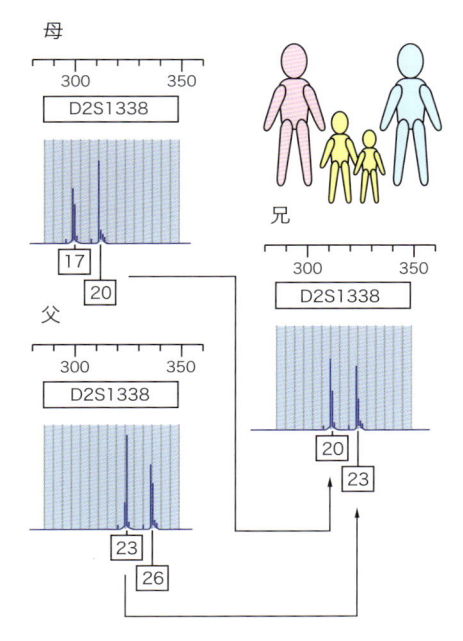

母　D2S1338: 17, 20

父　D2S1338: 23, 26

兄　D2S1338: 20, 23

では弟はどのようなパターンであろうか？

◆ 練習問題 ◆

■■■ 4-1 概略の設問

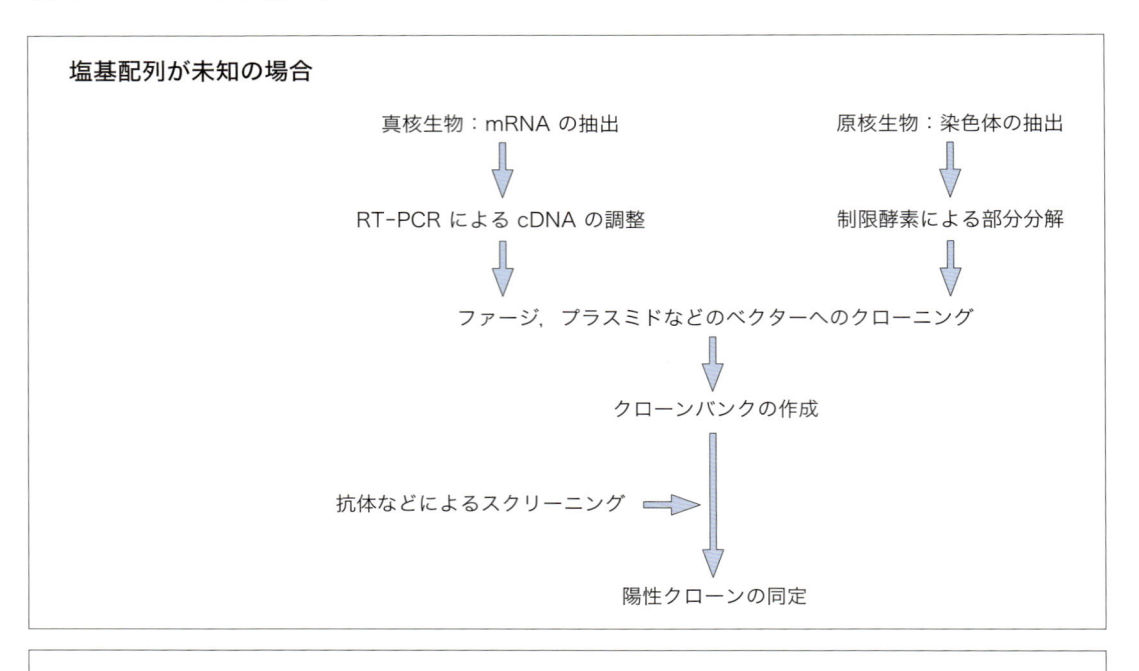

塩基配列が未知の場合

```
真核生物：mRNA の抽出              原核生物：染色体の抽出
        ↓                                  ↓
RT-PCR による cDNA の調整           制限酵素による部分分解
        ↓                                  ↓
    ファージ，プラスミドなどのベクターへのクローニング
                    ↓
              クローンバンクの作成
                    ↑
    抗体などによるスクリーニング  →
                    ↓
              陽性クローンの同定
```

塩基配列が既知の場合

```
真核生物：mRNA の抽出    遺伝情報に基づいた特異プライマーの調製
                                ↓
                      RT-PCR による cDNA の調整
                                ↓
                            クローニング

原核生物：染色体の抽出    遺伝情報に基づいた特異プライマーの調製
                                ↓
                      PCR による目的 DNA の調整
                                ↓
                            クローニング
```

1 組み換え大腸菌が，クローン化された遺伝子によりタンパク質を発現していることを確認する方法は？
   ウエスタンブロッティング
2 クローン化した遺伝子がほかの近縁種に存在することを確かめる方法は？
   サザンブロッティング
3 クローン化した遺伝子の発現量を調べる方法は？　　*ノーザンブロッティング*

4-2 酵素反応を利用した遺伝子の増幅法 A および B を模式図に示す．下記の問いに答えなさい．

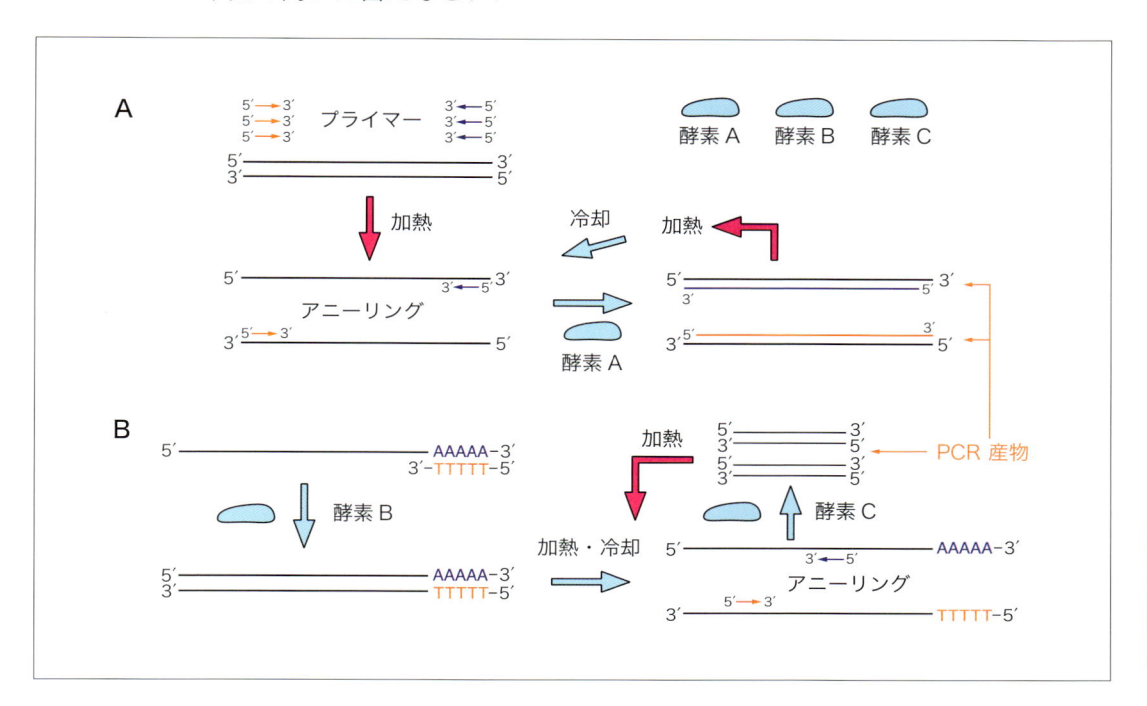

1. PCR の日本語名を述べなさい．
   ポリメラーゼチェーンリアクション，ポリメラーゼ連鎖反応
2. RT-PCR 法はどれか．
   ポリ A 部分にオリゴ dT を結合させたあとに cDNA を調製するので，B が RT-PCR 法である．
3. RT の意味は何か．また，その手法を述べなさい．
   reverse-transcription：逆転写
   手法：プライマー，dNTP の存在下，逆転写酵素により mRNA から一本鎖 cDNA を合成する．
4. 酵素 A，B および C は何か．
   酵素 A：*Taq* ポリメラーゼ
   酵素 B：逆転写酵素
   酵素 C：*Taq* ポリメラーゼ
5. 加熱する理由を述べなさい．
   1本の二本鎖 DNA を 2 本の一本鎖 DNA に解離させる（熱変性）．
6. アニーリングの意味を述べなさい．
   一本鎖 DNA に相補なプライマー（合成 DNA）を部位特異的に結合させる．
7. PCR を行う目的は何か．
   試料となる核酸が微量なために分子生物学的手法による分析が不可能な場合，特定領域を増幅する．
8. PCR 産物は図中のどれか．

9. PCR を 10 サイクル繰り返すと産物は何倍になるか．20 サイクル，30 サイクルではどうか．
   $2^{10} ≒ 10^3$，$2^{20} ≒ 10^6$，$2^{30} ≒ 10^9$

Part 5 細胞のコミュニケーション

1 細胞の構造と機能

1 原核細胞と真核細胞のちがい

大腸菌など多くの微生物が原核生物に属するが，真菌などの酵母類は真核生物である．動植物は真核生物に属する．それぞれの生物を構成する細胞を，原核細胞，真核細胞とよぶ．

(1) 形態的なちがい

① 大きさが異なる，② 細胞内小器官（オルガネラ：例 → ミトコンドリア，小胞体）の有無，③ 核膜の有無：真核生物では染色体はヒストンとよばれるタンパク質に巻きついており，非常に密にパッキングされている → レジンでガチガチに固まった状態であり，これをヌクレオソーム構造とよぶ．このような染色体が核を形成し，核は核膜に覆われている．細胞がアポトーシスを起こした場合，核が分断され，このヌクレオソーム構造を電機泳動により検出することが可能となる．一方，原核細胞の染色体にはヒストンは存在せず，したがってヌクレオソーム構造もとらない．

(2) ミトコンドリアの有無

太古の昔，原核生物が真核生物に共生した．したがってミトコンドリアは原核生物とほぼ同一の大きさであり，また独自の染色体を保持する．

(3) 細胞壁の有無

原核生物の細胞膜の外側には厚い細胞壁が存在し，この構造は真核細胞にはみられない．これがペニシリンなどの薬物の選択毒性の標的となっている．

(4) 形質的なちがい

イントロンの有無，遺伝暗号は基本的に同一．

【設問】大腸菌にはイントロンが存在する．（Y or N）
【設問】遺伝暗号は原核生物と真核生物とでは異なる．（Y or N）

2 体細胞と生殖細胞

受精後，受精卵は細胞分裂を繰り返し，あらゆる種類の幹細胞に分化しうる胚性幹細胞 embryo stem cell（ES 細胞）となる．その後の発生過程で，それらは体性幹細胞 somatic cell と原始生殖細胞 germ cell とに分割され，さらに体性幹細胞は体細胞を与える個々の幹細胞に，また原始生殖細胞は生殖細胞に分化する．体細胞は有糸分裂 mitosis により分裂を繰り返し，特徴ある個々の末梢細胞となる．また生殖細胞も有糸分裂を繰り返したのち，最後に減数分裂 meiosis を行い，精子 sperm，あるいは卵子 egg を与える（図 5・1）．

胚性幹細胞が原始生殖細胞および体性幹細胞に分化する場合，また体性幹細胞が個々の幹細胞に分化する場合は，それぞれ特異的なサイトカインを必要とする．

3 常染色体と性染色体

ヒト体細胞に存在する染色体 chromosome は，22 対の常染色体 autosome と 1 対の性染色体 sex chromosome とから構成されている．個々の対は父親および母親に由来

図 5・1　細胞の概要

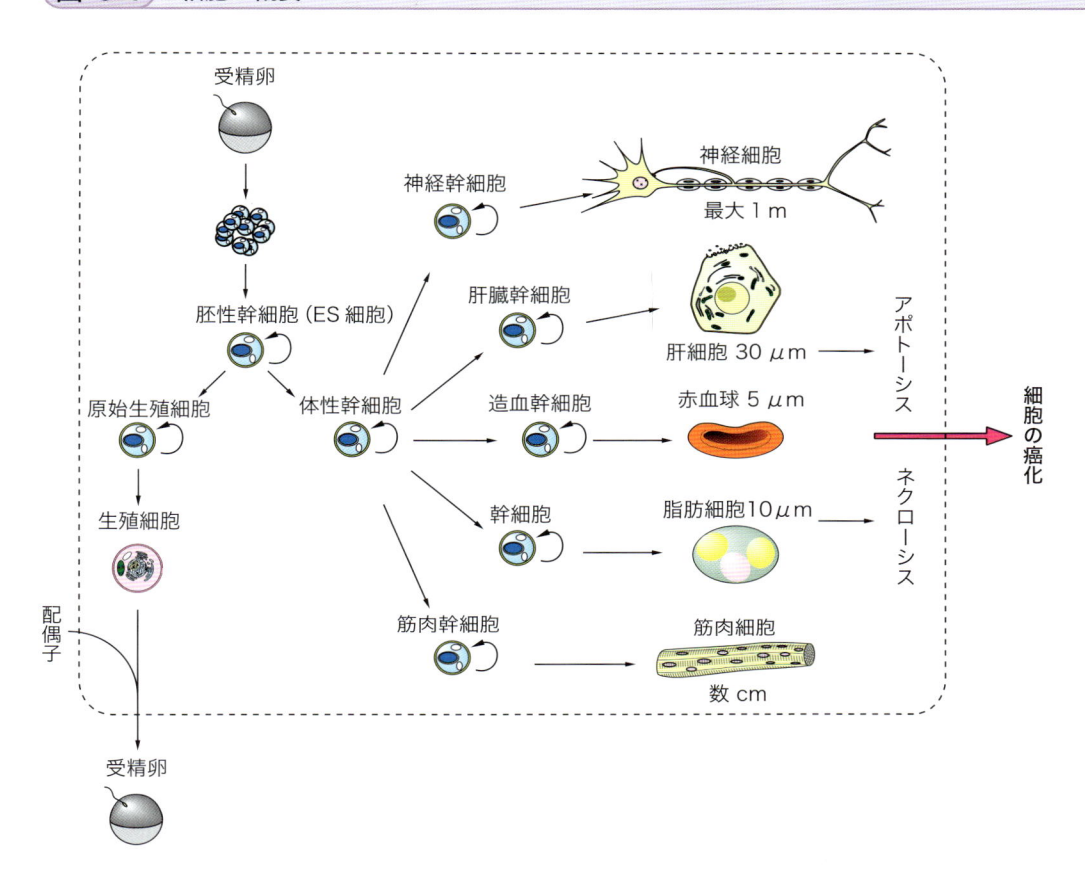

図 5・2　ヒト染色体の模式図

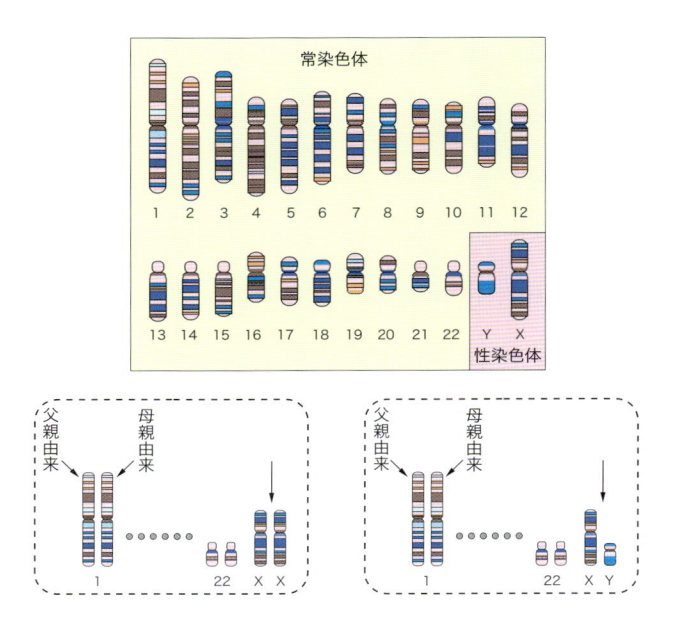

し，ほぼ同様な染色体が1組ずつ存在するので，性染色体を含めて，これを「2n」と表現することがある．性染色体はXおよびYの2種類が存在し，XXが女性，XYが男性となる（図5・2）．

【神経細胞の概要】

　太古の昔，生物は海中から移動して陸上生活を始めた．現在の私たちの体を構成する細胞内外のイオン組成は**図5・4**に示すとおりであり，細胞外の塩化ナトリウム濃度は細胞内に比べて非常に高い．これは水性生活から陸上生活に変化した当時の海水の組成が反映されているものと考えられる．

　感覚器からの刺激を伝導するための神経細胞の膜電位の変化は，細胞外のイオンを取り込むことによりもたらされる．したがって刺激の伝導に関与しない静止電位にはカリウムイオンが，また刺激の伝導に関与する活動電位にはナトリウムイオンが利用されるのは，上述した事実に合致する．また膜電位の変化を抑制する過分極には塩素イオンが取り込まれる．

　神経細胞表層にはチャネル内蔵型のニコチン性アセチルコリン受容体が存在する．興奮性シナプス前細胞から分泌されたアセチルコリンはニコチン性アセチルコリン受容体に結合し，その結果，細胞外のナトリウムイオンが流入することにより脱分極の状態となる．この膜電位の変化が軸索を介して神経細胞終末に伝わる．この刺激により終末のカルシウムチャネルが開き，細胞外カルシウムイオンが細胞内に流入する．これによりアセチルコリンなどの神経伝達物質がプールされた小胞体が開口分泌に導かれ，シナプス後細胞に刺激が伝達される．

　一方，抑制性シナプス前細胞より分泌されたGABAは，神経細胞表層に存在するチャネル内蔵型のGABA$_A$受容体に結合し，これにより細胞内に塩素イオンが流入する．その結果，過分極が誘導され，刺激の伝達が抑制される．

　刺激の伝達が過度に伝わらないように，神経細胞にはフィードバック阻害に類似したいくらかの機構が存在する．細胞体領域では，枝分かれした軸索から伝達物質が自己受容体に分泌されることにより刺激の伝達レベルが抑制される．この自己受容体は終末領域にも存在しており，同様に刺激の伝達レベルが抑制される．さらに終末領域では，分泌された伝達物質が自己チャネルに誘導されることによっても刺激の伝達レベルが抑制される．

Part 5 細胞のコミュニケーション

図 5・3　神経細胞の概要

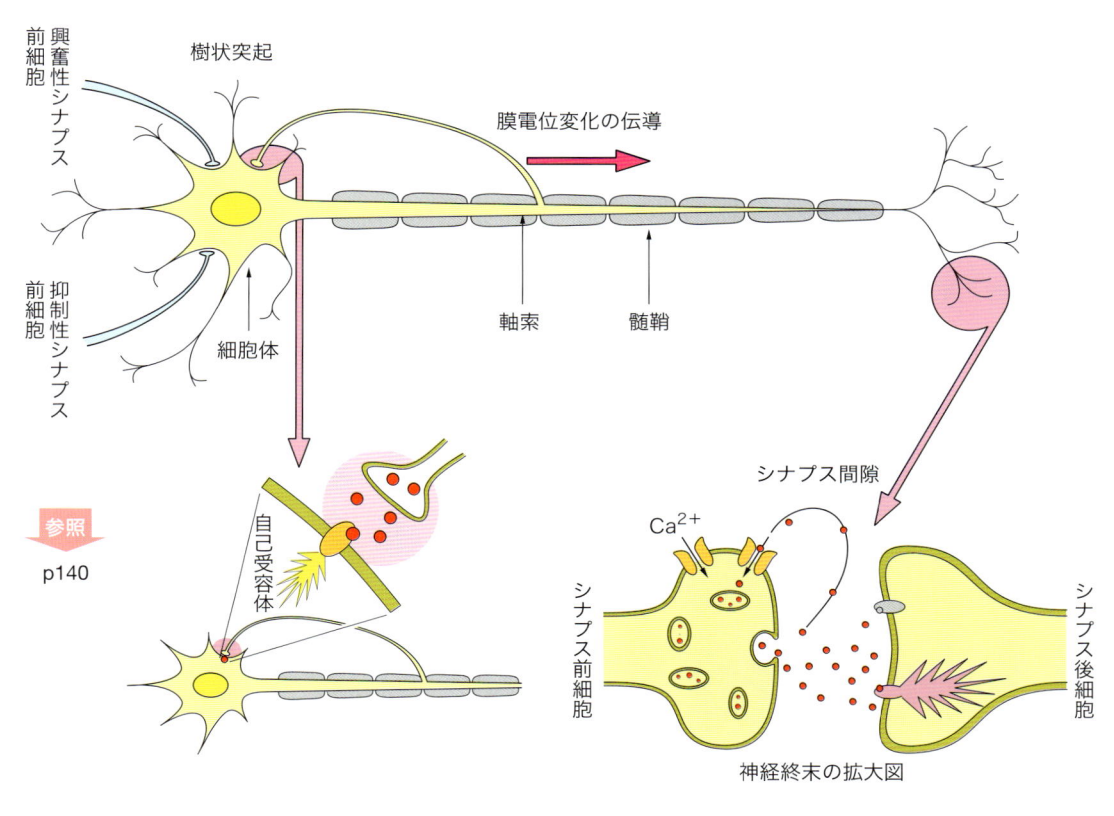

興奮性シナプス前細胞
樹状突起
膜電位変化の伝導
抑制性シナプス前細胞
細胞体
軸索
髄鞘
参照 p140
自己受容体
シナプス間隙
Ca²⁺
シナプス前細胞
シナプス後細胞
神経終末の拡大図

（中谷晴昭：シリーズ看護の基礎科学 第 7 巻，薬とのかかわり：臨床薬理学，日本看護協会出版会，2001，p79 より）

図 5・4　細胞内外でのいくらかのイオンの濃度

イオン	細胞内（mM）	細胞外（mM）
カリウム	120	2
ナトリウム	10	122
カルシウム	10^{-7}	3
塩　素	4	120

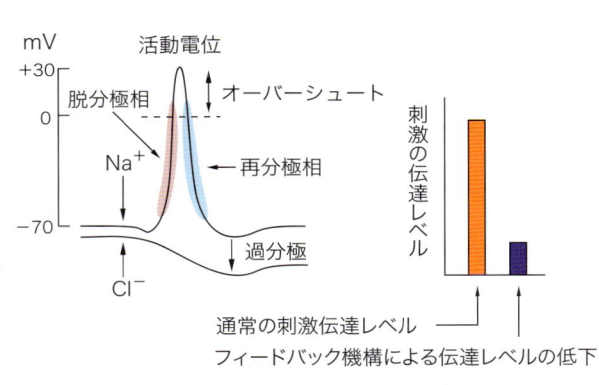

活動電位
脱分極相
オーバーシュート
Na⁺
再分極相
過分極
Cl⁻
刺激の伝達レベル
通常の刺激伝達レベル
フィードバック機構による伝達レベルの低下

図 5·5　細胞周期

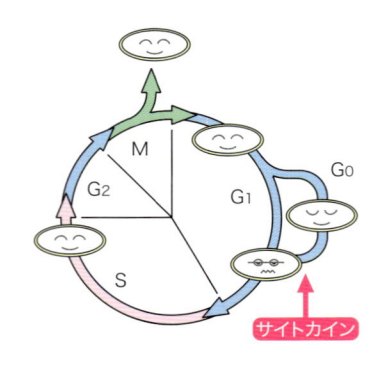

4　細胞周期

各ステージは，G$_1$ → S → G$_2$ → M と進行する．G$_0$ は細胞分裂に関しては眠っている状態といえる（**図 5·5**）．

細胞周期の各段階は，細胞の癌化をさけるため，通常越えられないようにブレーキのかかった状態となっている．そのブレーキを緩めるタンパク質がサイクリン/CDK（サイクリン依存キナーゼ）複合体および Rb とよばれるタンパク質である．これらのタンパク質が複雑なカスケードを形成し，染色体複製（S 期）および細胞分裂（M 期）へと導かれる．

【設問】（細胞周期の図面を見ながら）染色体が複製される時期はどれか．
　　　選択肢：G$_1$，S，G$_2$，M，G$_0$

図 5·6　アポトーシスとネクローシス

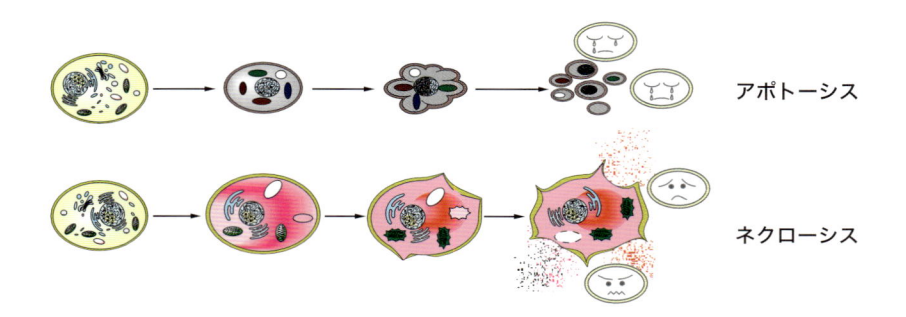

5　細胞死の基本的機序　―アポトーシスとネクローシス―

（1）アポトーシス（図 5·6）

プログラムされた細胞死（周囲に影響を与えない）．核の断片化などが起こる．

【例】細胞傷害性 T 細胞によるウイルス感染細胞の死．近隣の細胞にウイルスが感染しないように自ら細胞死を選ぶ．ウイルス感染細胞は Fas とよばれるタンパク質を細胞表層に発現し（細胞死のための爆弾に例えられる），細胞傷害性 T 細胞は Fas に対

するリガンド（FasL：爆弾を点火するマッチに例えられる）を細胞表層に発現し，両者が結合することによりウイルス感染細胞はアポトーシスを起こす．

(2) ネクローシス（壊死）（図5・6）

物理的要因，熱，栄養不足など，アポトーシス以外の細胞死．細胞死により，周囲の細胞に炎症などの悪影響を及ぼす．

【設問】プログラムされた細胞死を何とよぶか．

2 細胞のコミュニケーション

1 細胞間の情報伝達

私たちの体は60兆個もの細胞から構成されているという．調和のとれた恒常性が保たれるには，それぞれの細胞が互いにコミュニケーションをとる必要がある．情報を伝達する物質をリガンド，また情報を受け取る物質をレセプター（受容体）という．レセプターは細胞表層，あるいは細胞内の細胞質，あるいは核に存在する．リガンドに対しては，高分子，低分子，また水溶性，脂溶性といった分類がなされる．細胞間での情報伝達物質にはホルモンやサイトカインがあげられる．これらの物質の特徴の1つは，微量で効果を発揮することである．同様に微量で効果を発揮する物質としては，ビタミンと補酵素があげられる．これらの生理活性物質が細胞間で伝達される場合，次の4つの形式が存在する．いずれの場合もリガンドに対するレセプターを有する細胞が標的細胞となる．

自己分泌（オートクリン）：生理活性物質を分泌した細胞自身がレセプターを発現してそのシグナルを受ける．

傍分泌（パラクリン）：生理活性物質を分泌した近傍の細胞が標的細胞となる．自己

図 5・7　細胞間の情報伝達

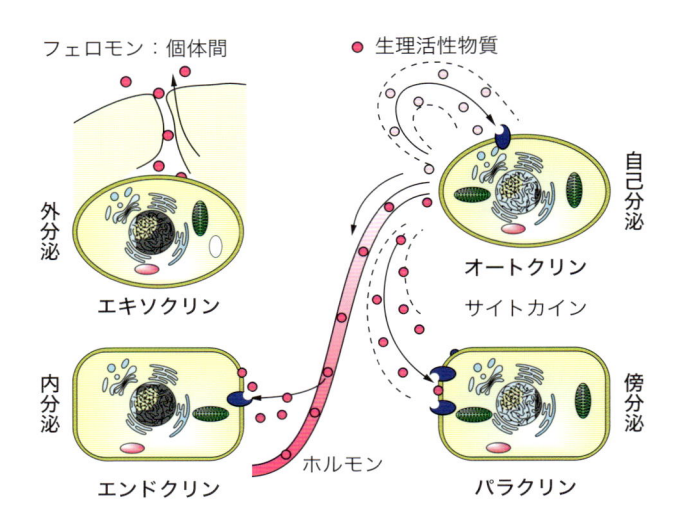

分泌を含め，これら2種はサイトカインの場合にみられる．
　内分泌（エンドクリン）：生理活性物質が血流に乗り，離れた標的細胞に運ばれる．文字どおり内分泌物質であるホルモンがこれにあたる．
　外分泌（エキソクリン）：ホルモンなどが個体の外に分泌され，ほかの個体の細胞にそのシグナルを伝える．昆虫のフェロモンなどがこれにあたる．

2　ホルモンとサイトカイン

　ホルモンとサイトカインとの類似点，相違点は何であろうか（図5・8）．
　ビタミンや補酵素，ホルモンとサイトカインなどは，微量で生理活性を発揮する物質である．それらの共通点あるいは差異はどこにあるのだろうか．次のようなカテゴリーで分類することができる．
　・自己生産されるか，外部から調達するか．
　・遠位に作用するか，近位に作用するか．
　・自己生産される場合は　→　分泌腺をもつか，もたないか．

　これらの要素を指標として，ホルモンとサイトカインの相違を2点ずつあげるならば，次のことが考えられる．
　類似点：1　微量で生理活性を発揮する．
　　　　　2　個体が自身で産生できる（摂取する必要はない）．
　相違点：1　遠位あるいは近位に標的細胞が存在する．
　　　　　2　分泌腺によるか，よらないか．

　このような分類から「炎症への対処」を考えた場合，サイトカインは多くの細胞種から分泌されて近傍の標的細胞に作用する．一方，炎症はあらゆる部位に起こりうるので，サイトカインは炎症の治癒に最適といえよう．

図 5・8　ホルモンとサイトカイン

ホルモンとサイトカインの相違点

　　＜類似点＞　　＜相違点＞
　　微量で効く　　分泌腺の有無
　　自己生産　　　作用点の遠近

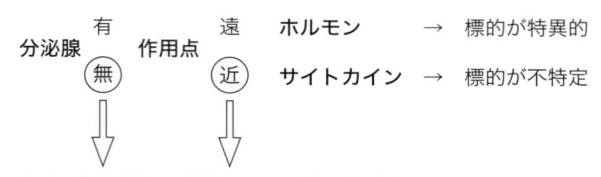

分泌腺　有　　作用点　遠　　ホルモン　　→　標的が特異的
　　　　無　　　　　　近　　サイトカイン　→　標的が不特定

多くの細胞種から分泌され，近傍の標的細胞に作用するので…
炎症はあらゆる部位に起こりうるので，これを治癒するのに最適

図 5・9　ビタミンと補酵素

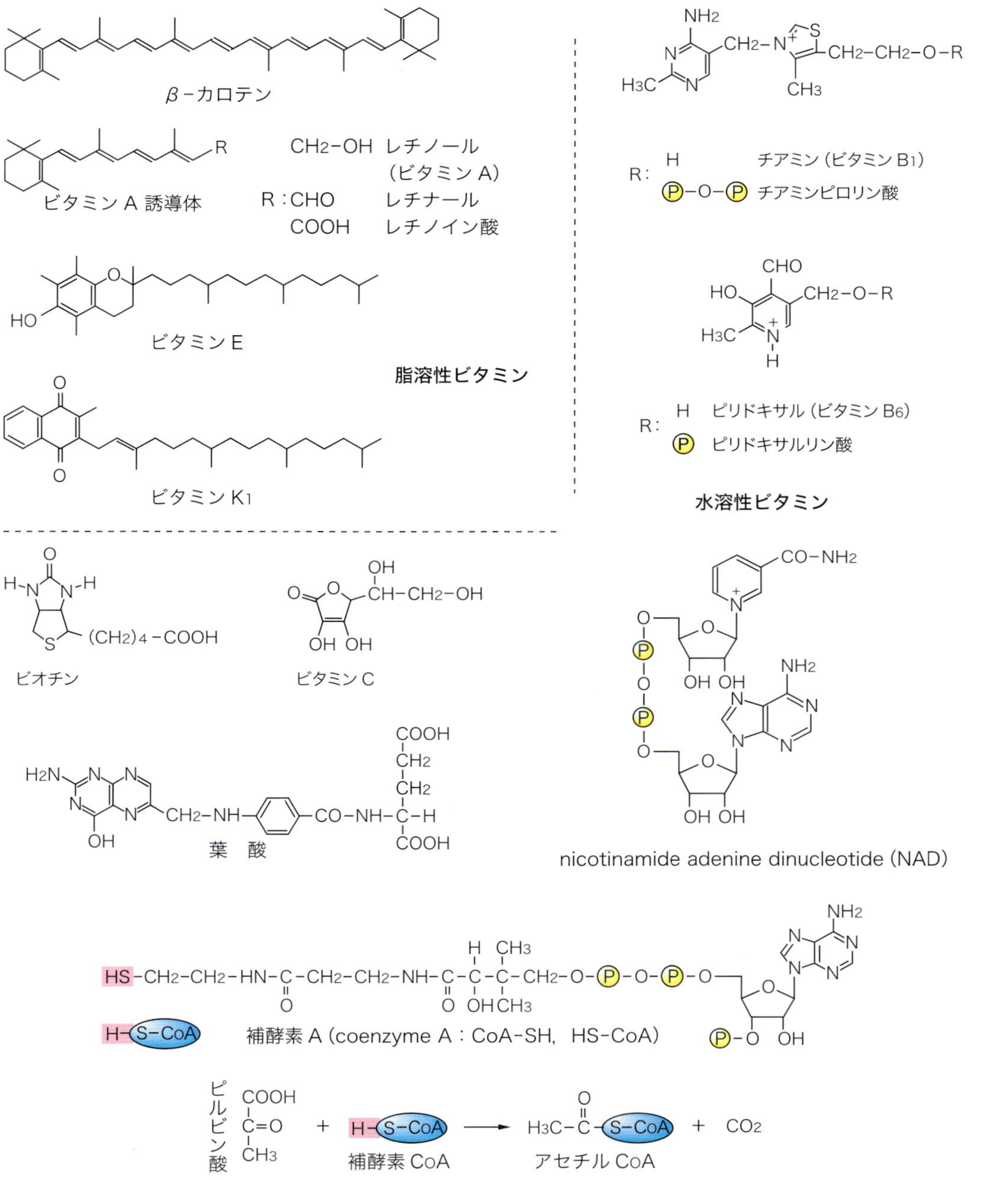

脂溶性ビタミン

水溶性ビタミン

3　ビタミンと補酵素

　ビタミンと補酵素も微量で効果を発揮する点ではホルモンやサイトカインと同様であるが，ビタミンと補酵素はいずれも外部から摂取する必要がある．歴史的背景から「ビタミンと補酵素」のように分類されるが，これらの物質の多くは酵素反応の補助因子として機能を発揮する（図 5・9）．

> 【メモ】
>
> 　私たちの体では，さまざまな状況で恒常性が維持されている．ここでは「炎症」を例にあげ，治癒に向けての細胞間でのコミュニケーションについて述べる．炎症を理解するには，まず血液細胞の分化を，つづいて結合組織の構造を理解する．これらは炎症が起こる前の正常な状況に対応する．次に炎症の初期にはどのようなことが起こるのか，中期，後期にはどのようなことが起こるのかを考える．

4　血液細胞の分化

　白血球，赤血球などの血液細胞は，発生段階で中胚葉より生じた血液原性細胞が分化することにより生じる．この細胞は多能性幹細胞ともよばれ，自己複製により幹細胞自身をつくることができる．またさまざまなサイトカインのシグナルにより骨髄系幹細胞およびリンパ系幹細胞に分化する．ここで注意を要することは，白血球とは，1種類の血液細胞を示すのではなく，顆粒球 granulocyte，単球 monocyte，リンパ球 lymphocyte を合わせた総称である．

　赤芽球，顆粒球，単球および巨核球は骨髄系幹細胞から分化する．赤芽球からは赤血球が生じる．顆粒球は細胞内に多量の分泌顆粒をもち，その塩基性および酸性色素による染色パターンの違いから好塩基球，好酸球および好中球に分類される．単球はマクロファージあるいは破骨細胞に分化し，さらに巨核球からは血小板が，またリンパ系幹細胞に由来するリンパ球は T リンパ球，B リンパ球へと分化し，さらに B リンパ球は抗体産生を行う形質細胞へと変化する（図 5・10）．

　次に個々の細胞の役割を簡単にまとめる．

血液細胞の役割

赤血球　red blood cell	CO_2－O_2 のガス代謝がおもな役割
好酸球　eosinocyte	寄生虫感染に対する防御を受けもつ．即時型アレルギーにも関与
好塩基球　basocyte 肥満細胞　mast cell	遅延型・即時型アレルギーに関与
好中球　neutrocyte マクロファージ　macrophage	ウイルスなどにより傷害を受けた細胞や細菌を貪食
血小板　platelet	巨核球から分離・放出される無核の細胞．血液凝固を起こす際の血栓の中心となる．
B 細胞　B cell	体液性免疫．形質細胞に分化して抗体を産生
T 細胞　T cell	細胞性免疫．サイトカイン分泌

　細胞のもついくらかの機能および分布については，次のような分類が可能である．
1　肥満細胞およびマクロファージは，おもに結合組織に分布する．
2　好中球，マクロファージには貪食作用があり，外敵，不要物質を取り除く．また好塩基球，肥満細胞は細胞内にヒスタミンなどの化学物質を顆粒中に有しており，IgE が結合することによりアレルギー反応を引き起こす．

図 5・10　血液細胞の分化

参照 p118

細胞種に付帯した機能

レセプター	好塩基球	好中球	肥満細胞	マクロファージ
抗体	IgE	IgG	IgE	IgG
タンパク	C3a, C5a	C3b	C3a, C5a	C3b
効果	アナフィラキシー	オプソニン	アナフィラキシー	オプソニン

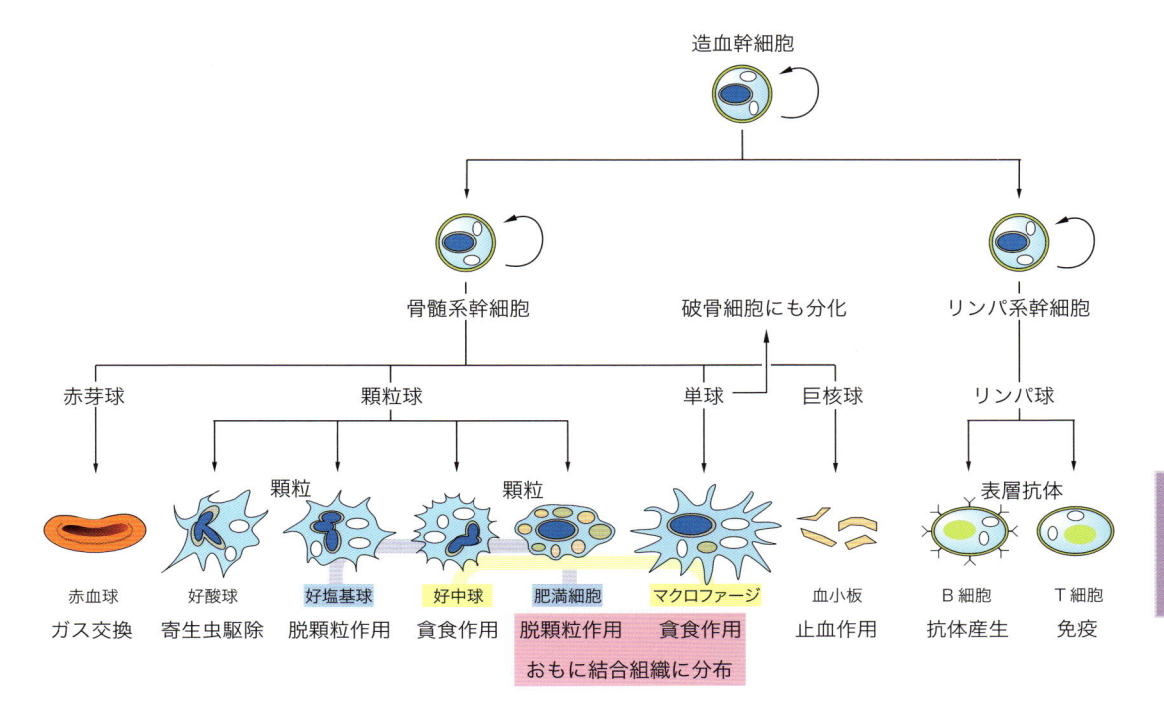

造血幹細胞

骨髄系幹細胞　　　破骨細胞にも分化　　リンパ系幹細胞

赤芽球　　顆粒球　　　　　　　　　　単球　巨核球　　リンパ球

顆粒　　　　　顆粒　　　　　　　　　　　　　　　　表層抗体

赤血球　好酸球　好塩基球　好中球　肥満細胞　マクロファージ　血小板　B細胞　T細胞
ガス交換　寄生虫駆除　脱顆粒作用　貪食作用　脱顆粒作用　貪食作用　止血作用　抗体産生　免疫
　　　　　　　　　　　　　　　　おもに結合組織に分布

（神谷健一：シリーズ看護の基礎科学　第7巻，薬とのかかわり：臨床薬理学，日本看護協会出版会，2001，p173より）

参照 p118

　また上に示す細胞種に付帯した機能にまとめたように，マクロファージや好中球の表層には C3b に対するレセプターが，また肥満細胞や好塩基球の表層には C3a および C5a に対するレセプターが存在する．これらのレセプターを介し補体成分に特有な生理作用がもたらされる（p111，図 5・18 参照）．すなわち C3b は C5 を活性化するばかりでなく，C3b の結合した微生物をマクロファージなどに貪食されやすくする（オプソニン効果）．また肥満細胞や好塩基球は，C3a および C5a と結合することによりヒスタミンを分泌する．その結果，105 ページに示すように炎症反応が生じ，局所の血管透過性が高まり，白血球の遊走などを促進する．

図 5・11　結合組織の概要

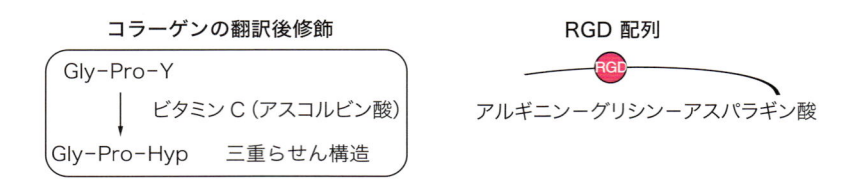

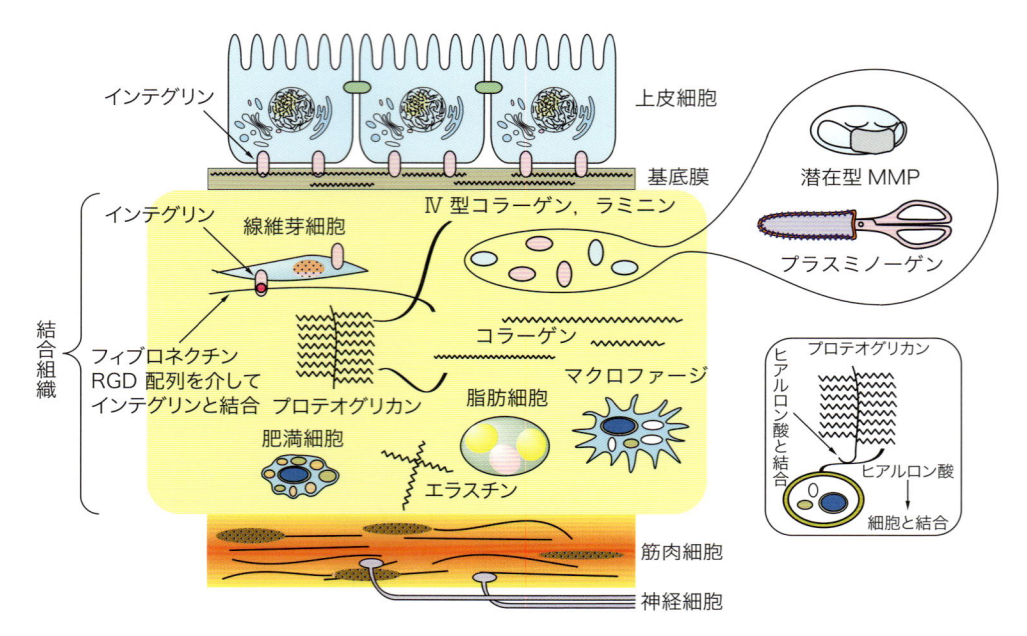

コラーゲンの翻訳後修飾

Gly-Pro-Y
↓ ビタミンC（アスコルビン酸）
Gly-Pro-Hyp　三重らせん構造

RGD 配列

アルギニン−グリシン−アスパラギン酸

（図中ラベル）
- インテグリン
- 上皮細胞
- 基底膜
- IV 型コラーゲン，ラミニン
- 潜在型 MMP
- プラスミノーゲン
- 線維芽細胞
- インテグリン
- コラーゲン
- マクロファージ
- プロテオグリカン
- ヒアルロン酸と結合
- ヒアルロン酸
- 細胞と結合
- フィブロネクチン　RGD 配列を介してインテグリンと結合
- 脂肪細胞
- 肥満細胞
- エラスチン
- 筋肉細胞
- 神経細胞
- 結合組織

5　結合組織

結合組織は細胞と細胞外マトリックスより成り立つ．

(1) 細　胞

マクロファージ，肥満細胞，脂肪細胞，線維芽細胞．細胞側での重要なタンパク質がインテグリンであり，マトリックス中のタンパク質と RGD 配列を介して結合する（図 5・11）．インテグリンをレセプターとみなすと，マトリックス中のタンパク質はリガンドに対応する．

(2) 細胞外マトリックス

参照 p119

線維性タンパク	コラーゲン：動物性タンパク質の約 1/3 を占める． 　　　　　I 型コラーゲン　→骨，象牙質　MMP-1 が分解 　　　　　II 型コラーゲン　→軟骨 　　　　　III 型コラーゲン　→皮膚 　　　　　IV 型コラーゲン　→基底膜　MMP-9 が分解 エラスチン：弾力性を与える
接着性タンパク ：RGD 配列を有する	フィブロネクチン，ラミニン（基底膜に存在），オステオポンチン ※一部の I 型コラーゲンには RGD 配列が存在する．
糖タンパク	プロテオグリカン：保水性を保つ． コアタンパク質に多糖が結合し，末端にはヒアルロン酸が結合する．

図 5・12　炎症―その概要

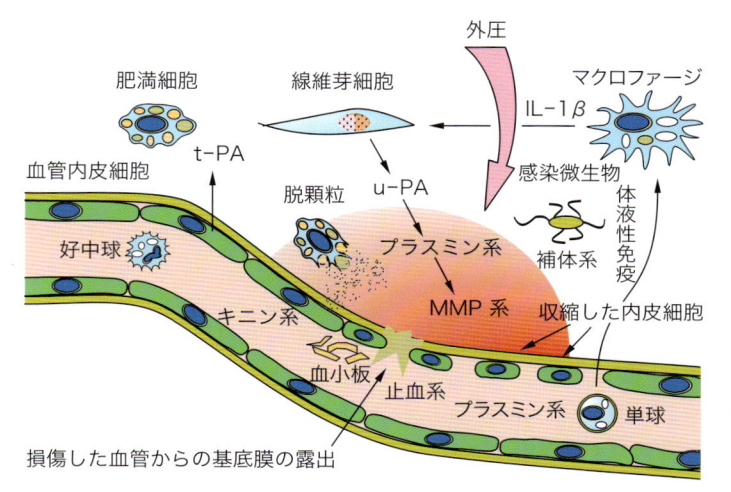

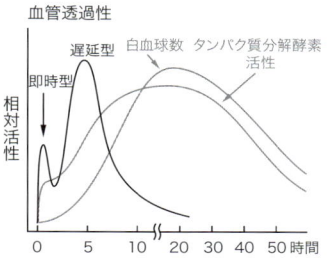

炎症時の血管透過性は 2 相性である．即時型の第 1 相はヒスタミン，セロトニンなどのケミカルメディエーターが主体となる．遅延型の第 2 相はプロスタグランジン，ロイコトリエンなどのエイコサノイドやキニン類による．

6　炎症―その概要

　正常な結合組織はコラーゲンが充満していると考えられる．打撲などの外圧により組織の破壊が起こると，密に詰まったコラーゲンの限定分解を行い（MMP による N-末端から 3/4 の領域），治癒のために血球成分を動員する．肥満細胞の脱顆粒，組織破壊による基底膜の露出などが炎症反応の引き金となる（図 5・12）．

1. 肥満細胞の脱顆粒によりヒスタミンが放出される（第 1 相の初期炎症反応）．
2. 血管内皮細胞の収縮・血管透過性の亢進
3. 単球が血中より結合組織に浸潤　→　マクロファージに分化
4. マクロファージより炎症性サイトカイン（インターロイキン 1β：IL-1β）分泌
5. さまざまな系の活性化
    1）血管内皮細胞より t-PA，線維芽細胞より u-PA の分泌
        →　プラスミン系の活性化　→　MMP 系の活性化
    2）基底膜の露出による血清タンパク質の活性化
        （止血系，キニン系，プラスミン系）
    3）線維芽細胞，血小板，好中球でのアラキドン酸カスケードの活性化
        （第 2 相の中期炎症反応）
    ・プロスタグランジン　→　血管拡張，血管透過性亢進（線維芽細胞）
    ・トロンボキサン　→　血小板凝集
    ・ロイコトリエン　→　白血球遊走，血管透過性亢進（好中球）
6. 体液性免疫の活性化　→　抗体産生
7. 補体系の活性化　→　オプソニン

　治癒

8. プラスミンによる血栓溶解
9. PAI-1 による t-PA の，および TIMP による MMP 系の不活性化
10. 線維芽細胞よりコラーゲンの分泌

参照 p23, 120

7　アラキドン酸カスケード

　打撲などの物理的外圧によりホスホリパーゼ A_2 が活性化され，細胞膜を構成するリン脂質が加水分解されることによりアラキドン酸が遊離する結果，第2相の中期炎症反応が亢進する．線維芽細胞では，遊離したアラキドン酸は誘導酵素であるシクロオキシゲナーゼ-2（Cox-2）の作用によりプロスタグランジン（PG）に変換され，プロスタグランジンは炎症部位での血管拡張，血管透過性亢進などの生理作用をもたらす．血小板では，遊離したアラキドン酸は Cox-2 の作用によりトロンボキサンに変換される．トロンボキサンは血小板凝集活性を有し，その後の血栓形成，止血作用へとつながる．また好中球では，遊離したアラキドン酸はリポキシゲナーゼの作用によりロイコトリエンに変換される．ロイコトリエンは白血球遊走などの生理作用をもたらす．

　非ステロイド性抗炎症薬であるアスピリンやインドメタシンは，Cox-2 活性を阻害することにより，線維芽細胞でのプロスタグランジン産生を抑制することにより，過剰な炎症反応を押さえる．一方，グルココルチコイドの一種であるコルチゾールによる抗炎症作用は，アラキドン酸を遊離するホスホリパーゼ A_2 活性を抑制するタンパク質，リポコルチンの発現に由来すると考えられているが，詳細は不明である．ステロイド性抗炎症薬であるデキサメサゾンも，「ステロイドの作用点は遺伝子発現に関与する」との観点から，同様にホスホリパーゼ A_2 活性を抑制するタンパク質の遺伝子発現により抗炎症作用をもたらすと考えられていたが，近年では Cox-2 活性を抑制することが示唆されており，詳細な結果が待たれる．

　今日では，脳梗塞や心筋梗塞の原因となる血栓形成予防のためにアスピリンの服用が日常化している．一方，さまざまな細胞中には構成酵素であるシクロオキシゲナーゼ-1（Cox-1）が存在し，プロスタグランジンを産生することにより多様な生理作用をもたらす．胃壁を構成する細胞では，わずかなストレスがかかっただけでも Cox-1 が活性化され，これによりプロスタグランジンが産生される．プロスタグランジンは粘液を分泌する細胞に働きかけ，胃壁の粘膜が強化されることによりストレスに対応する．上述のように血栓形成予防のためにアスピリンを服用する機会が増え，近年，Cox-1 抑制に起因する胃潰瘍の増加が注目されている．

8　炎症時における血清タンパク質の反応

　血清中には，血液凝固，補体系，キニン系などさまざまなタンパク質が存在しており，そのなかで血液凝固に関与するタンパク質はローマ数字を，また補体系は complement の頭文字である C を用いて表現する．外傷などにより基底膜由来のコラーゲンなどが血液凝固に関与するタンパク質の1種であるハーゲマン因子（XII）を活性化し，プレカリクレイン活性化因子および XIIa を与える（活性化された状態は XII → XIIa のように a をつける）．前者はキニン系の出発物質であるプレカリクレインを活性化し，最終的に痛みのもととなるブラジキニンを遊離する．また後者は補体系やプラスミン系の活性化を行い，その結果，さまざまな血清タンパク質が炎症に対処するための応答を行う（図 5・14）．

　血液凝固には，血管の異常などが原因となる内因性と，外傷により出血が原因とな

図 5・13 リン脂質の構造

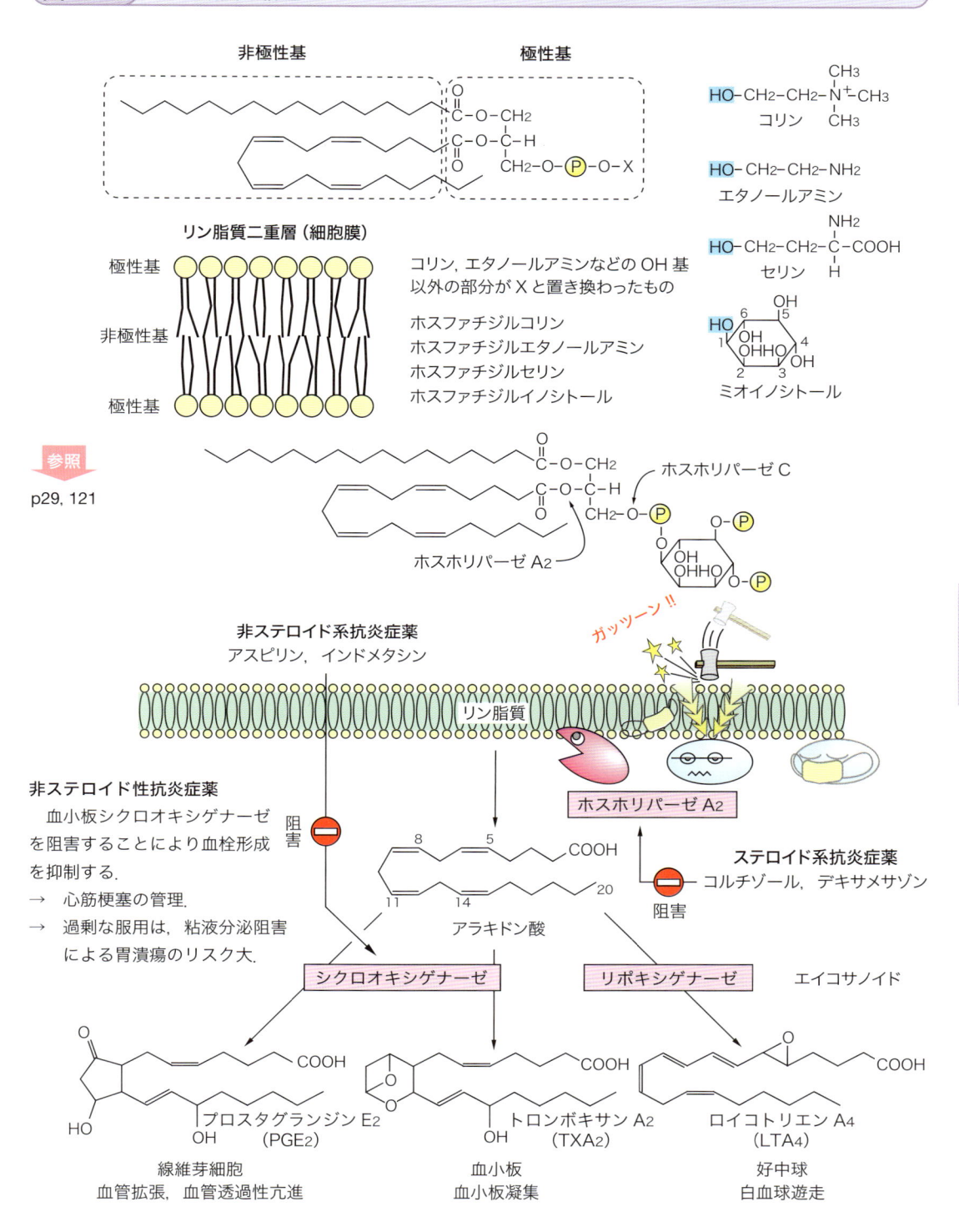

非極性基 / **極性基**

- コリン
- エタノールアミン
- セリン
- ミオイノシトール

リン脂質二重層（細胞膜）

極性基 / 非極性基 / 極性基

コリン, エタノールアミンなどの OH 基以外の部分が X と置き換わったもの

- ホスファチジルコリン
- ホスファチジルエタノールアミン
- ホスファチジルセリン
- ホスファチジルイノシトール

参照 p29, 121

ホスホリパーゼ A₂
ホスホリパーゼ C

非ステロイド系抗炎症薬
アスピリン, インドメタシン

リン脂質

ホスホリパーゼ A₂

非ステロイド性抗炎症薬
血小板シクロオキシゲナーゼを阻害することにより血栓形成を抑制する.
→ 心筋梗塞の管理.
→ 過剰な服用は, 粘液分泌阻害による胃潰瘍のリスク大.

阻害

アラキドン酸

ステロイド系抗炎症薬
コルチゾール, デキサメサゾン

阻害

シクロオキシゲナーゼ / リポキシゲナーゼ

エイコサノイド

プロスタグランジン E₂ (PGE₂)
線維芽細胞
血管拡張, 血管透過性亢進

トロンボキサン A₂ (TXA₂)
血小板
血小板凝集

ロイコトリエン A₄ (LTA₄)
好中球
白血球遊走

図 5・14 炎症時における血清タンパク質の反応

打撲などの外圧 → 肥満細胞の脱顆粒
ヒスタミン分泌
マクロファージへの分化
炎症性サイトカインの分泌
血管内皮細胞より t-PA の分泌

基底膜由来の細胞接着因子、コラーゲンなど → ハーゲマン因子（XII）

- プレカリクレイン活性化因子 → キニン系の活性化
- XIIa → 止血系の活性化、補体系の活性化、プラスミン系の活性化 ← プラスミノーゲン活性化因子
- 線維素溶解
- MMP の活性化 → コラーゲンの限定分解

プレカリクレイン活性化因子 → プレカリクレイン → カリクレイン → 補体系の活性化、プラスミン系の活性化

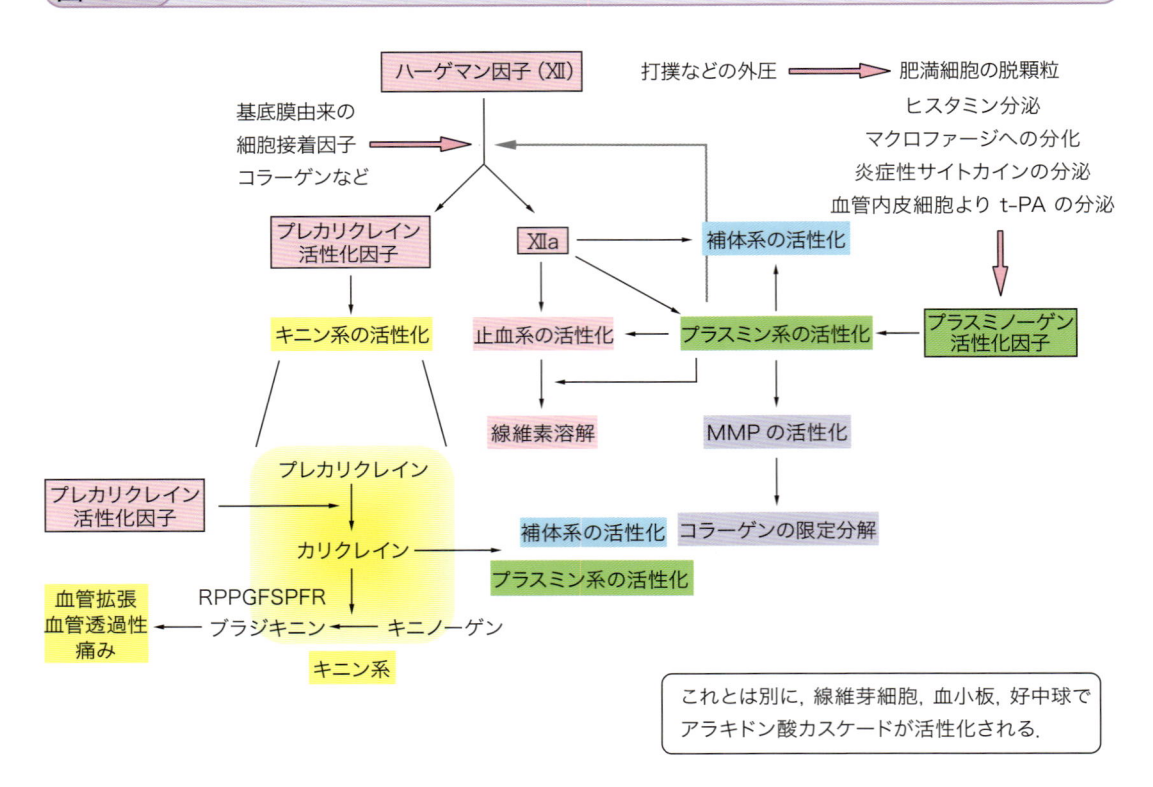

血管拡張・血管透過性・痛み ← ブラジキニン ← キニノーゲン
RPPGFSPFR
キニン系

これとは別に，線維芽細胞，血小板，好中球でアラキドン酸カスケードが活性化される．

図 5・15 血液凝固

内因性
基底膜由来の細胞接着因子、コラーゲンなど → ハーゲマン因子（XII） → プレカリクレイン活性化因子、XIIa → XI → XIa

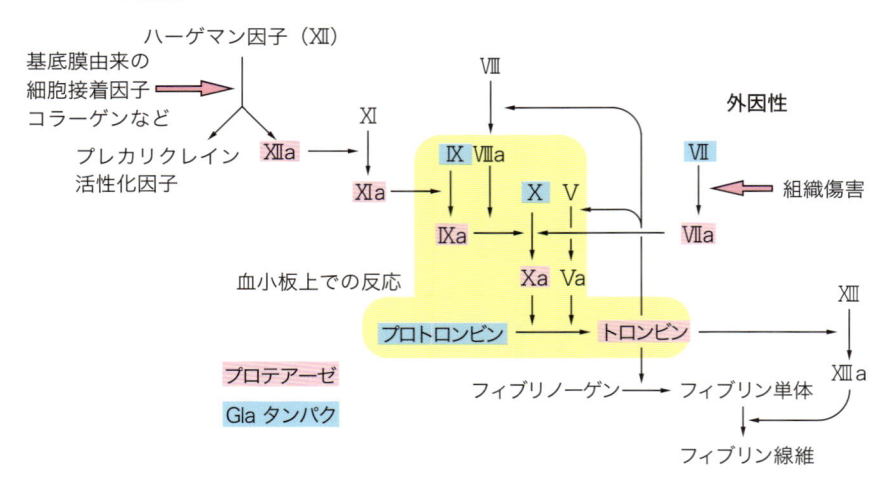

外因性
組織傷害 → VII → VIIa

血小板上での反応
IX, VIIIa → IXa
X, V → Xa, Va
VIII
プロトロンビン → トロンビン
XIII → XIIIa
フィブリノーゲン → フィブリン単体 → フィブリン線維

プロテアーゼ
Gla タンパク

る外因性経路とがある．活性化された XIIa あるいは VIIa が血液凝固に関与する多くのタンパク質を順次活性化し，最終的にフィブリノーゲンがフィブリン線維となることで止血が完了する（図 5・15）．

図 5・16　MMP による細胞外マトリックスの代謝

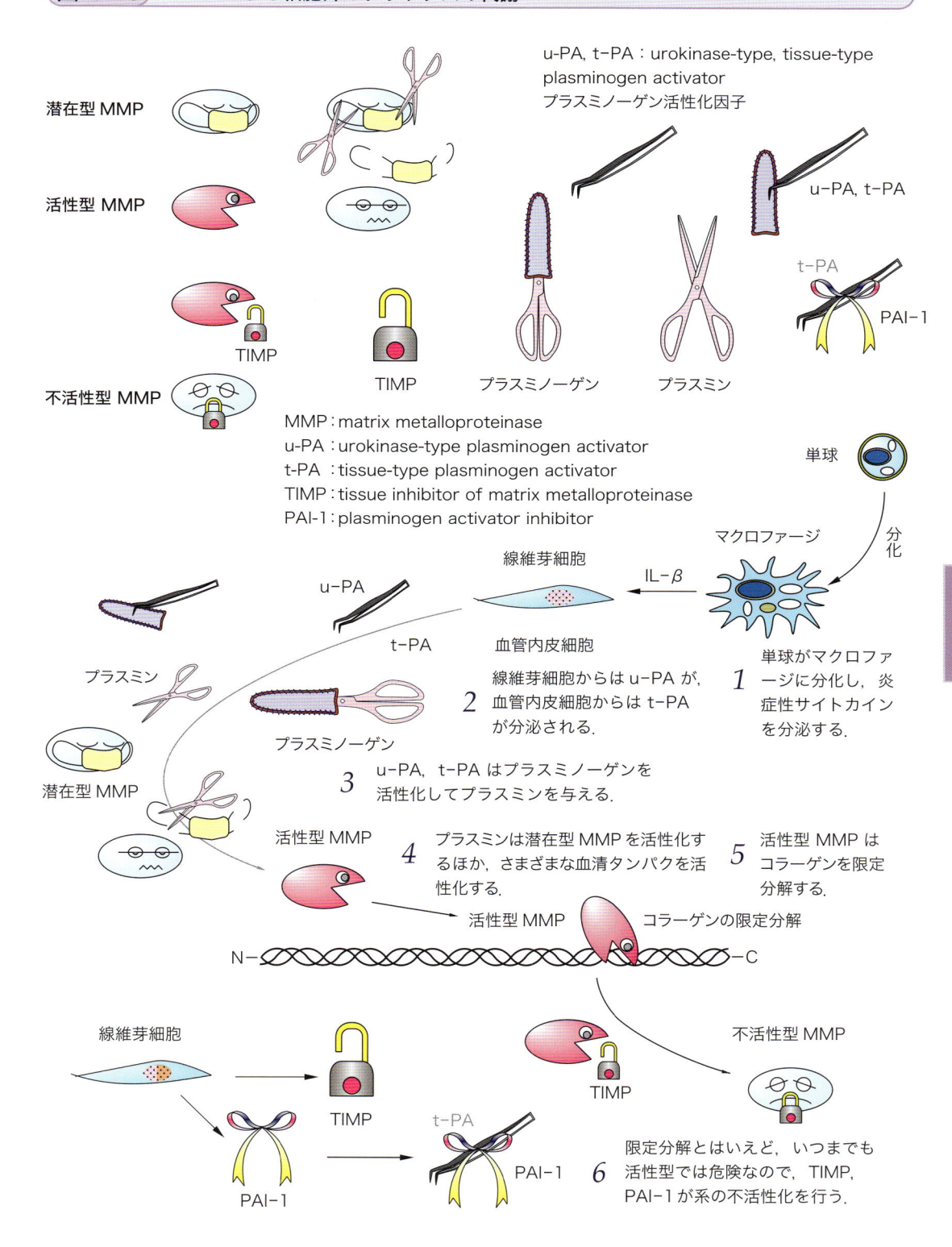

潜在型 MMP

活性型 MMP

不活性型 MMP

TIMP

u-PA, t-PA：urokinase-type, tissue-type plasminogen activator
プラスミノーゲン活性化因子

TIMP　プラスミノーゲン　プラスミン

u-PA, t-PA

t-PA
PAI-1

MMP：matrix metalloproteinase
u-PA：urokinase-type plasminogen activator
t-PA：tissue-type plasminogen activator
TIMP：tissue inhibitor of matrix metalloproteinase
PAI-1：plasminogen activator inhibitor

単球

マクロファージ　　分化

線維芽細胞　　IL-β

u-PA
t-PA　血管内皮細胞

プラスミン

プラスミノーゲン

潜在型 MMP

活性型 MMP

1　単球がマクロファージに分化し，炎症性サイトカインを分泌する．

2　線維芽細胞からは u-PA が，血管内皮細胞からは t-PA が分泌される．

3　u-PA，t-PA はプラスミノーゲンを活性化してプラスミンを与える．

4　プラスミンは潜在型 MMP を活性化するほか，さまざまな血清タンパクを活性化する．

5　活性型 MMP はコラーゲンを限定分解する．

活性型 MMP　　コラーゲンの限定分解

N—〰〰〰〰〰〰〰〰〰〰〰—C

線維芽細胞　　TIMP　　　　　　　　　　　不活性型 MMP

PAI-1　　t-PA
　　　　　PAI-1

6　限定分解とはいえ，いつまでも活性型では危険なので，TIMP，PAI-1 が系の不活性化を行う．

図 5・17　Ⅰ型アレルギー

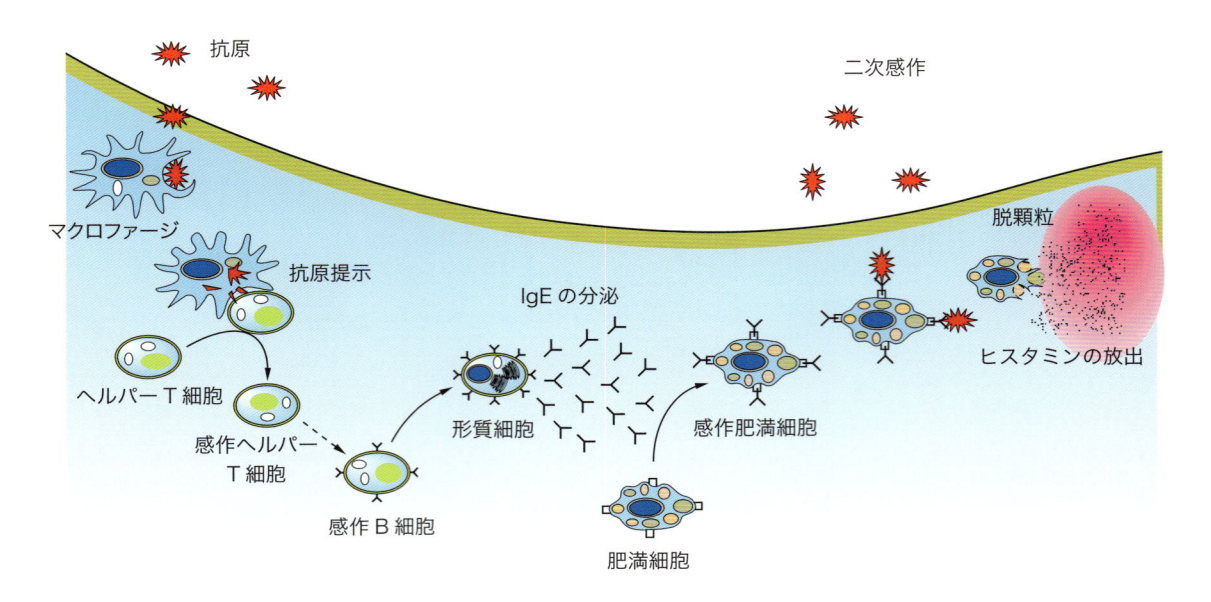

9　Ⅰ型アレルギー

アレルギー allergy には，いくらかの種類があるが，ここでは花粉症などのⅠ型アレルギーについてのみ説明する（図 5・17）．

好塩基球や肥満細胞の表層には IgE に特異的な Fc レセプターが存在しており，形質細胞から IgE が分泌されると，それらの細胞表層に結合する．この表層に結合した IgE にアレルゲンが結合すると脱顆粒が起こりヒスタミンなどが分泌される．これらのアミンには炎症作用があり，正常な状態では血管拡張などの作用をもたらす．しかしこの作用が過剰になるとアレルギーとなる．またこれらの細胞表層には C3a および C5a に対するレセプターが存在し，これらの物質と結合することにより同様にヒスタミンが分泌される．

ここではアレルギーを引き起こす抗原，すなわちアレルゲン allergen を花粉としよう．実際の私たちの花粉症の場合がそうであるように，この B 細胞はかなり以前から，アレルゲンである花粉によりすでに感作を受けていると仮定する．したがって B 細胞の表層抗原は，ここでは花粉に対するものである．

アレルゲンである花粉が鼻腔などの粘膜に付着すると，結合組織中のマクロファージがこれを貪食し，ヘルパー T 細胞に抗原提示する．感作されたヘルパー T 細胞は，花粉によってすでに感作を受けている B 細胞を活性化し，形質細胞へと分化させる．この形質細胞からは IgG のほかに IgE も分泌される．一方，肥満細胞の表層には IgE の Fc 部分に対するレセプターが存在しており，形質細胞から分泌された IgE が結合し，肥満細胞が感作される．次に再び花粉に接すると，感作された肥満細胞上の IgE と反応し，肥満細胞の脱顆粒によりヒスタミンが放出され，さまざまな生理作用がもたらされてアレルギー状況におちいる．

図 5・18　補体系の活性化

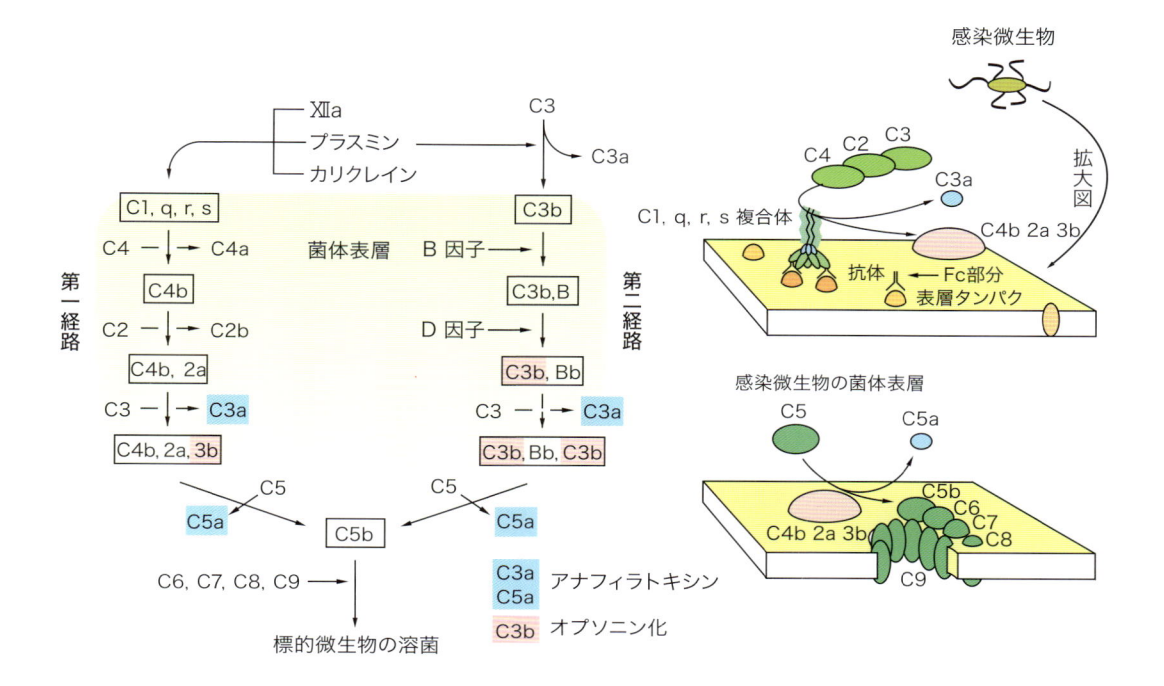

10　補体系の活性化

(1) 第一経路（図 5・18）

　微生物に結合した IgM や IgG の定常領域に C1 複合体が結合することにより始まる．この C1 複合体はXIIa，プラスミンあるいはカリクレインにより活性化される．次いで C4 および C2 を切断し，C4a および C4b，そして C2a および C2b とする（ここで分解産物に対しては，小さい断片には a を，大きい断片には b をつけて区別するのが習慣である）．C4b および C2a は複合体を形成し，細胞膜に結合する．この C4b C2a は C3 転換酵素活性を有し，C3 を C3a および C3b とする．C3b は C5 に作用して，これを C5a および C5b とし，さらに C5b が C6，C7，C8 および複数の C9 と複合体を形成し，感染微生物の細胞膜に強固な小孔を形成する．この結果，標的となった微生物は死滅する．

(2) 第二経路（図 5・18）

　血中に存在する C3 がプラスミンにより C3a および C3b に分解されることから始まる．微生物の細胞膜に結合した微量の C3b に B 因子が結合し，つづいて血中に存在する D 因子が B 因子を分解し，C3b Bb 複合体が形成される．これが第二経路における C3 転換酵素であり，大量の C3b が分解により生じ，以降は第一経路と同様なカスケードを経て微生物を破壊する．

図 5・19　アラキドン酸カスケード

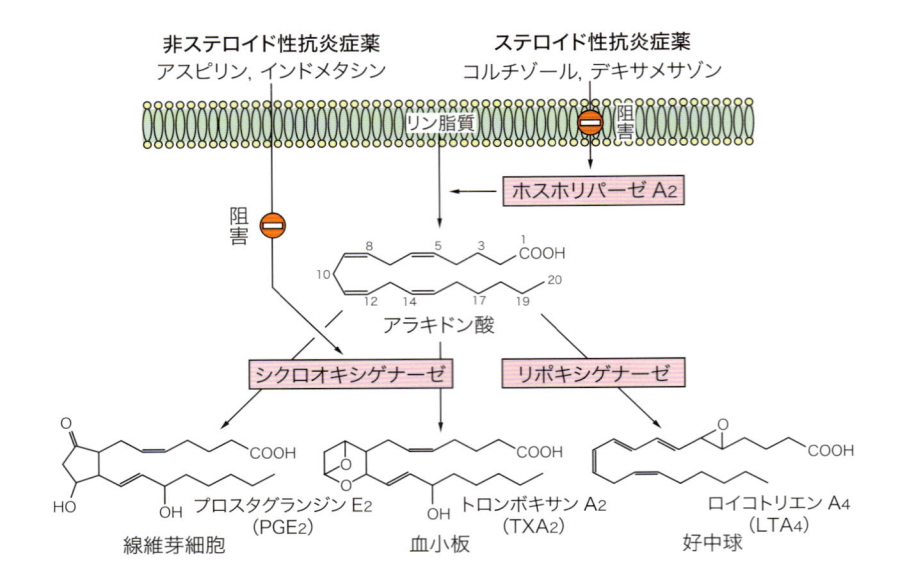

図 5・20　アスピリンの細胞内浸透性

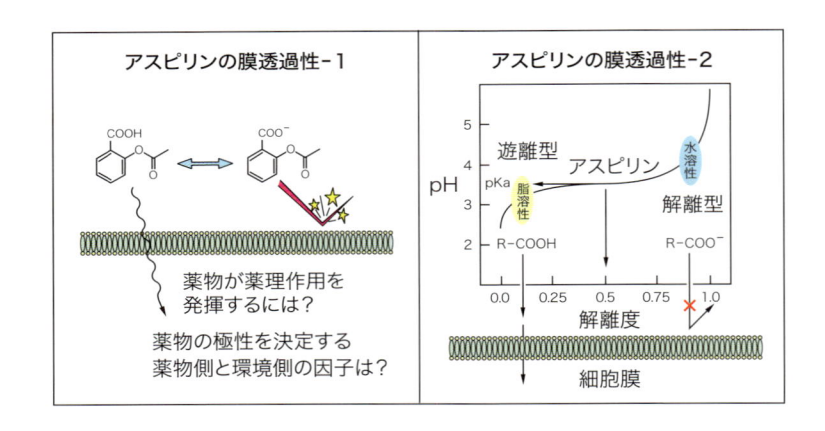

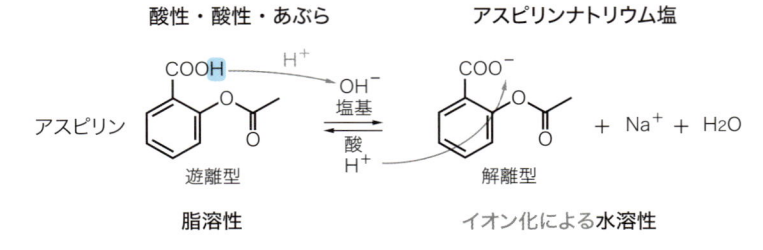

11　アスピリンと胃潰瘍

　非ステロイド性抗炎症薬であるアスピリンは，血小板シクロオキシゲナーゼを阻害することにより抗炎症作用を示し，さらに血栓形成を抑制する．→　心筋梗塞の管理．しかし過剰な服用は粘液分泌阻害による胃潰瘍のリスクを高める（図 5・19〜21）．

図 5・21　アスピリンと胃潰瘍

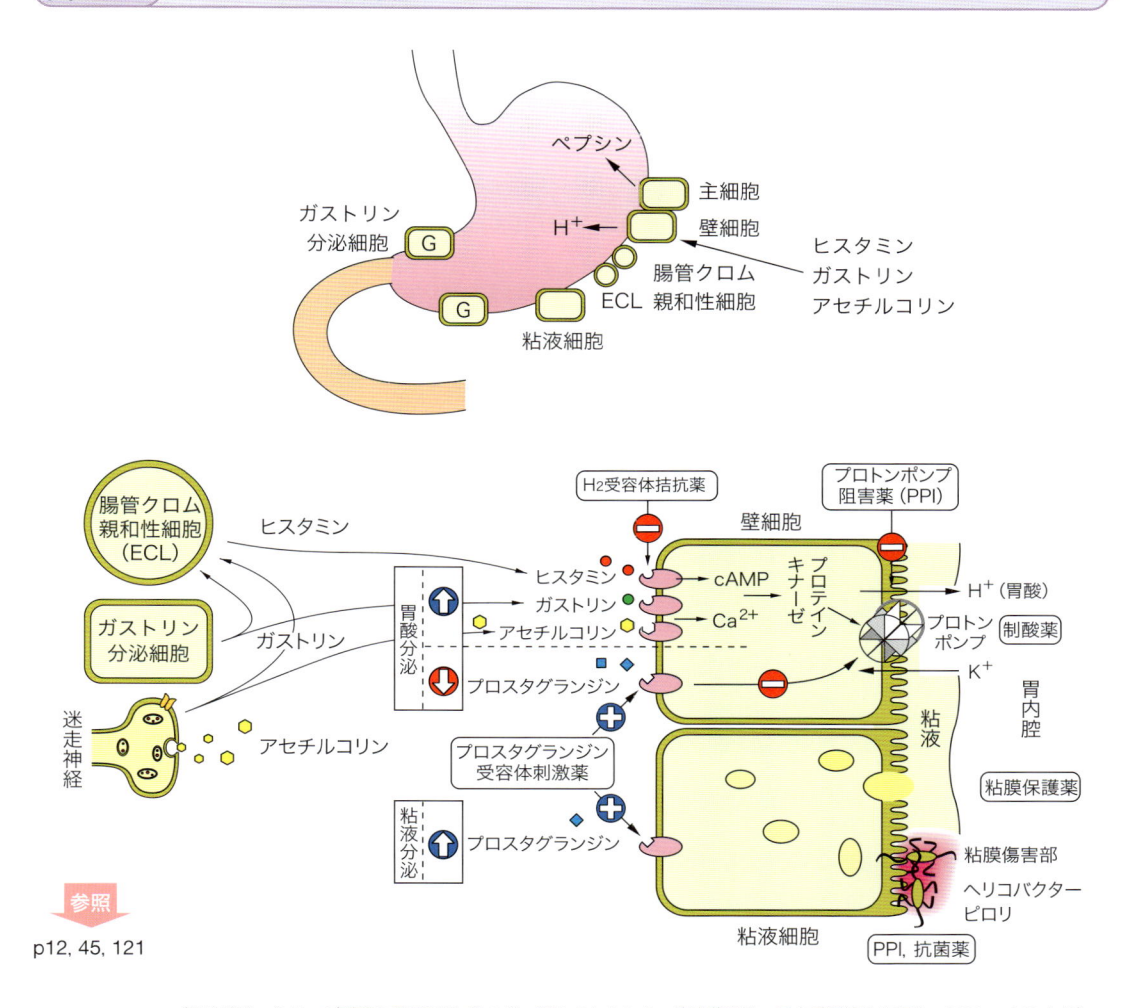

（熊谷雄治：シリーズ看護の基礎科学 第7巻，薬とのかかわり：臨床薬理学，日本看護協会出版会，2001，p222 より）

　胃壁を構成する多くの細胞はさまざまな刺激に対しきわめて敏感であり，実験的には希釈した塩酸などの接触によるアラキドン酸カスケードの活性化が示されている．すなわち，わずかなストレスによりプロスタグランジンが産生・分泌され，プロスタグランジンは粘液細胞に対し粘液分泌を促進する．また壁細胞においては胃酸分泌を抑制する．その結果，胃壁の粘膜による保護が確実となる．ここで血栓形成の予防などでアスピリンを使用する際，過剰に服用した場合はシクロオキシゲナーゼ（Cox-1）の阻害によるプロスタグランジン産生の低下を招き，その結果，胃潰瘍のリスクが高くなる．

　なお腸管クロム親和性細胞（ECL）は，副腎髄質を形成する細胞と同様，神経細胞に由来する．

12　免疫の概要

　免疫の概要を右頁に示す．ここで登場する細胞は，T 細胞，B 細胞，マクロファージであり，それぞれ胸腺，骨髄および結合組織に分布している．T 細胞には，B 細胞を実際に抗体を分泌する形質細胞へと分化させるヘルパー T 細胞と，ウイルス感染した自己細胞を殺す細胞傷害性 T 細胞との 2 種類が存在する．B 細胞の関与する免疫機構を体液性免疫，また T 細胞の関与する免疫機構を細胞性免疫とよび，それらを異なったバックグランドにて示した．T 細胞は 2 種類が存在するので，図 5・22 では細胞性免疫も 2 つの部分に分かれている．

　B 細胞の表層には表層抗体が存在しており，感染微生物などを捕らえて抗原提示を行う．ヘルパー T 細胞は，B 細胞により提示された抗原を認識して感作ヘルパー T 細胞（Th2）となり，抗原提示した B 細胞を実際に抗体を分泌する形質細胞へと分化させる．これが免疫一次応答であり，IgM が分泌される．また一部の B 細胞は記憶細胞として残る．同一微生物による二次感作ではこの記憶細胞が再び感作され，一次感作と同様，ヘルパー T 細胞を介して形質細胞へと分化する．この二次感作ではクラススイッチおよび B 細胞の突然変異が起こり，分泌される抗体が，IgM から抗原認識能がより強化された IgG へと変化する．さらに補体系が活性化され感染微生物を排除する．なお B 細胞の二次感作においても，一次感作と同様，ヘルパー T 細胞が関与するが，図 5・22 では煩雑さをさけるためそれを省略した．

　ウイルス感染した細胞はウイルス由来のペプチドを抗原として提示する．細胞傷害性 T 細胞は，このウイルス由来の抗原を認識して，ウイルス感染した細胞にアポトーシスを誘導する．

　結合組織に分布するマクロファージは，感染微生物などを貪食したあと，ヘルパー T 細胞に抗原提示を行う．感作されたヘルパー T 細胞（Th1）は，サイトカインを分泌して周辺の感作 B 細胞を形質細胞へと分化させ，抗体生産をうながす．

　1 匹の B 細胞では表層抗体の構造は同一であるが，個々の B 細胞間ではすべて異なっている．ここでは 2 匹の B 細胞しか示していないが，理論的にはその数は 10^{15} にも達する．これは異なった構造の抗体が 10^{15} 存在しうることを意味する．この抗体の多様性は，抗原に接触する以前からすでに完成されており，あらゆる抗原に対し対処できる能力を備えている．

　実際の免疫システムでは T 細胞の活性を抑制するサプレッサー T 細胞が存在するなど，非常に複雑である．ここでの目的は，免疫機構を初学者になるべく理解しやすいように説明することであり，概要図に示す内容にとどめた．

　また HIV はヘルパー T 細胞の表層に発現している CD4 をレセプターとして T 細胞に感染する．この結果，B 細胞が抗体産生を行う形質細胞に分化できず，AIDS を発症する．

図 5・22 免疫の概要

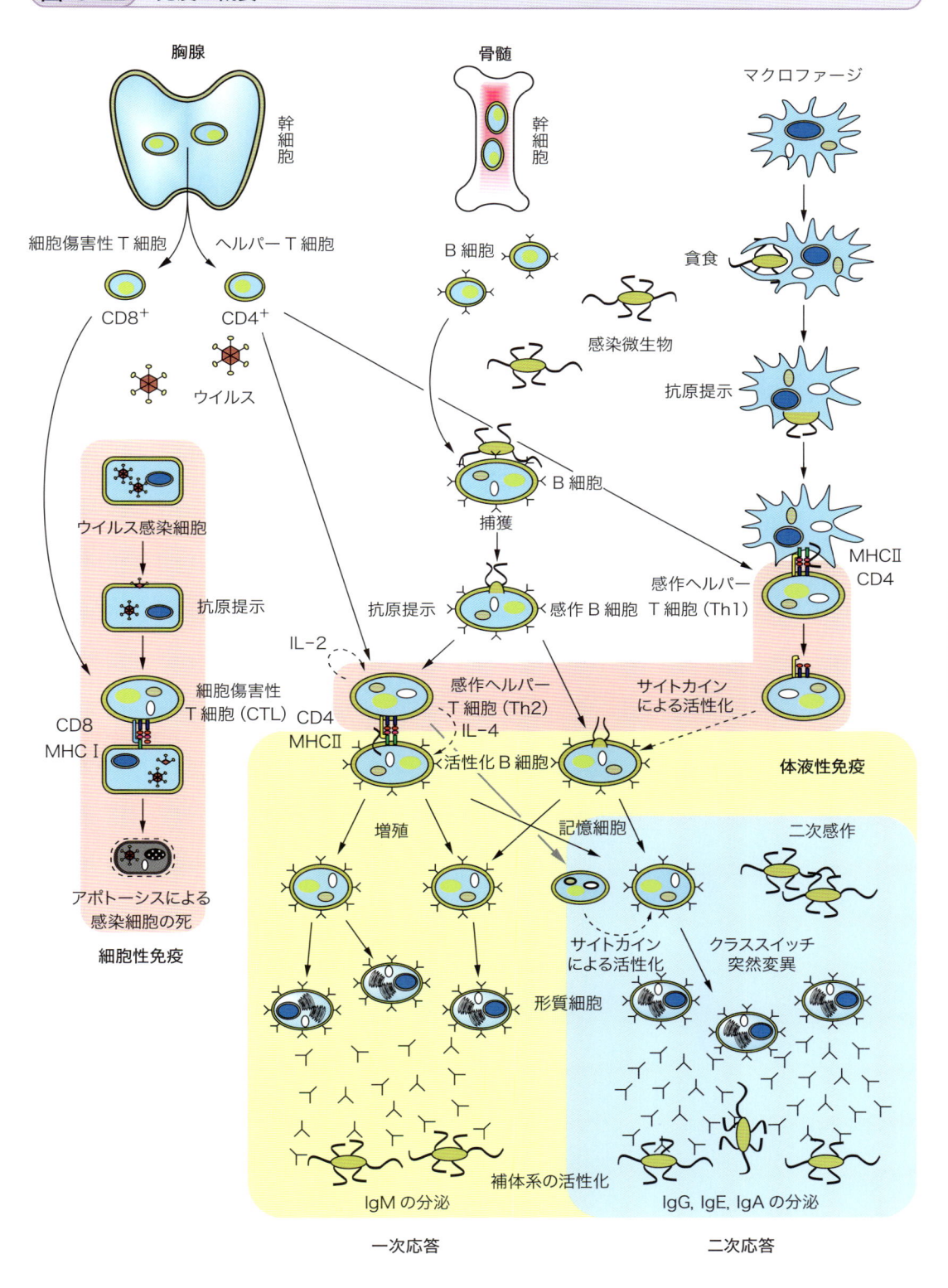

細胞性免疫　　一次応答　　二次応答

体液性免疫

IgM の分泌　　補体系の活性化　　IgG, IgE, IgA の分泌

115

◆ 練習問題 ◆

■■■ 5-1 ビタミン，ホルモン，サイトカインの類似点，相違点に関する単語を，右に示す語群から選び，表を完成させなさい．

	ビタミン	ホルモン	サイトカイン
産生細胞など	1 生体外	2 分泌腺	3 すべての細胞
標的細胞		4 遠位	5 近位 6 自身
機　能	7 補助因子 8 遺伝子発現	8 遺伝子発現 9 リン酸化	8 遺伝子発現 9 リン酸化

1　生体外より摂取
2　分化した細胞が分泌腺を形成
3　ほぼすべての細胞が分泌
4　遠位
5　近位
6　分泌細胞自身
7　酵素反応の補助因子
8　遺伝子発現
9　タンパク質のリン酸化
10　微量で効果を発揮

機能は，7，8，9以外にも多彩である．
「10 微量で効果を発揮する」はビタミン，ホルモン，サイトカインのすべてに共通する．

参照
p99, 100

5-2 真核細胞の模式図を示す．下記の問いに答えなさい．

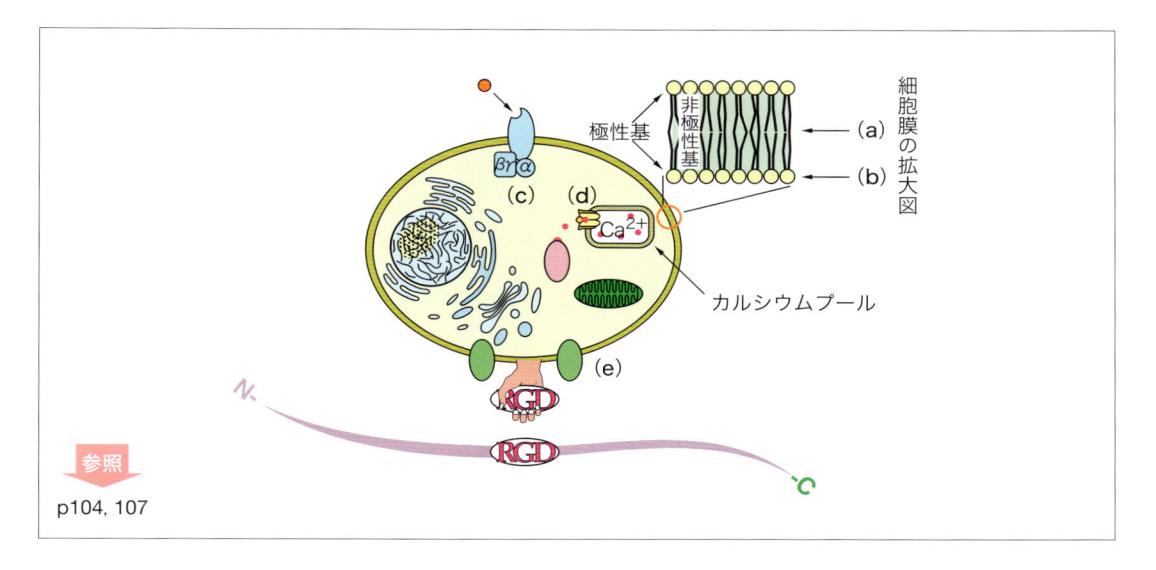

（図：細胞膜の拡大図 (a)非極性基 (b)極性基，(c)(d)(e)，カルシウムプール，RGD）
参照 p104, 107

1 加水分解により IP₃（ノシトール 三 リン酸）を遊離する領域はどれか．
   細胞膜を構成する極性領域に IP₃などが局在する．（b）
2 IP₃の作用を受けるのはどれか．
   小胞体のカルシウムチャネルが作用を受ける．（d）
3 加水分解によりアラキドン酸を遊離する領域はどれか．
   細胞膜を構成する非極性領域にアラキドン酸などが局在する．（a）
4 アラキドン酸を遊離する酵素は何か．
   ホスホリパーゼ A₂
5 上記の酵素活性を阻害する薬物は何か．
   ステロイド性抗炎症薬がホスホリパーゼ A₂の活性を抑制する．
   →コルチゾール，デキサメサゾンなど．
6 インテグリンが局在するのはどれか．
   インテグリンは細胞表層に存在する．（e）
7 インテグリンのリガンドを構成するのはどれか．

   ちなみに｜ ATG： 開始コドン
          ｜ Gly-X-Y： コラーゲン
          ｜ GABA： モノアミン
          ｜ Gla： カルシウム結合タンパク

   選択肢：RGD, ATG, Gly-X-Y, GABA, Gla
   タンパク質中の RGD 配列（アルギニン-グリシン-アスパラギン酸）がインテグリンに認識される．
8 RGD 配列を認識するタンパク質が局在するのはどれか．
   タンパク質中の RGD 配列を認識するインテグリンは，細胞表層に局在する．（e）
9 RGD 配列をリガンドとするタンパク質はどれか．
   選択肢：フィブロネクチン，オステオポンチン，インテグリン，
          トランスフェリン，オステオカルシン
   フィブロネクチン，オステオポンチンなどは，RGD 配列を有するタンパクであり，RGD 配列をリガンドとして認識するタンパク質は インテグリン である．
10 基底膜からはずれて浮遊する細胞の運命はどのようか．
   正常細胞はアポトーシスを起こして死滅する．
   一方，アポトーシスを起こさない「異常な」細胞は癌化する．

5-3 血液細胞の分化を，細胞種に付帯した機能とともに模式図に示す．下記の問いに答えなさい．

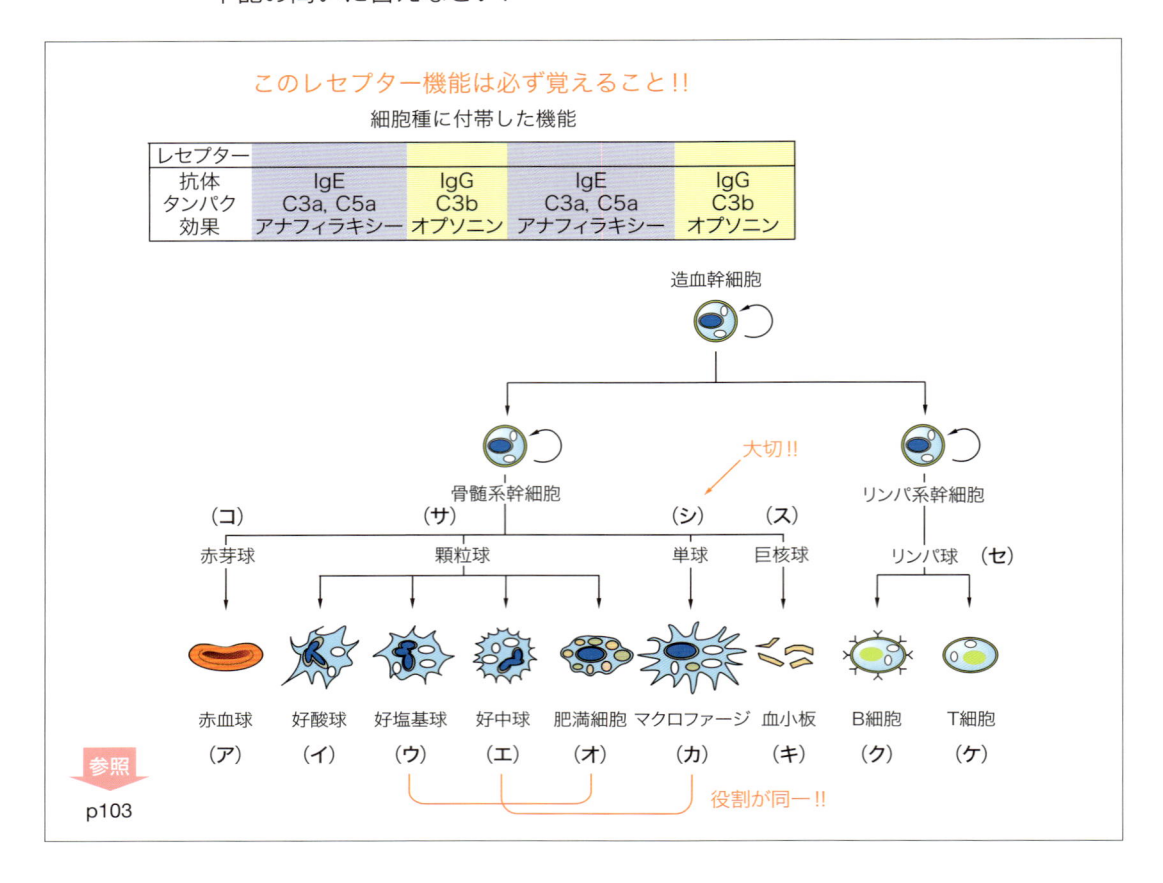

このレセプター機能は必ず覚えること!!
細胞種に付帯した機能

レセプター				
抗体	IgE	IgG	IgE	IgG
タンパク	C3a, C5a	C3b	C3a, C5a	C3b
効果	アナフィラキシー	オプソニン	アナフィラキシー	オプソニン

造血幹細胞

骨髄系幹細胞　　　　大切!!　　　　リンパ系幹細胞

（コ）　　（サ）　　　（シ）　（ス）　　　　　　（セ）
赤芽球　　顆粒球　　　単球　巨核球　　リンパ球

赤血球　好酸球　好塩基球　好中球　肥満細胞　マクロファージ　血小板　B細胞　T細胞
（ア）　（イ）　（ウ）　（エ）　（オ）　（カ）　（キ）　（ク）　（ケ）

役割が同一!!

参照 p103

1. おもに結合組織に分布するのはどれか．　　**肥満細胞，マクロファージ**
2. 細胞表層に IgG レセプターを保持するのはどれか．　　**好中球，マクロファージ**
   また IgE レセプターを保持するのはどれか．　　**好塩基球，肥満細胞**
3. 細胞表層に C3b レセプターを保持するのはどれか．　　**好中球，マクロファージ**
   また C3a レセプター，C5a レセプターを保持するのはどれか．　　**好塩基球，肥満細胞**
4. 貪食能を有する細胞はどれか．　　**好中球，マクロファージ**
   また脱顆粒を起こす細胞はどれか．　　**好塩基球，肥満細胞**
5. オプソニンに関与する細胞はどれか．　　**好中球，マクロファージ**
   また I 型アレルギーに関与する細胞はどれか．　　**好塩基球，肥満細胞**
6. 破骨細胞に分化するのはどれか．　　**単球**
7. HIV の標的となる細胞はどれか．　　**T 細胞**
8. 形質細胞に分化するのはどれか．　　**B 細胞**

■■■ 5-4 結合組織の模式図を示す．下記の問いに答えなさい．

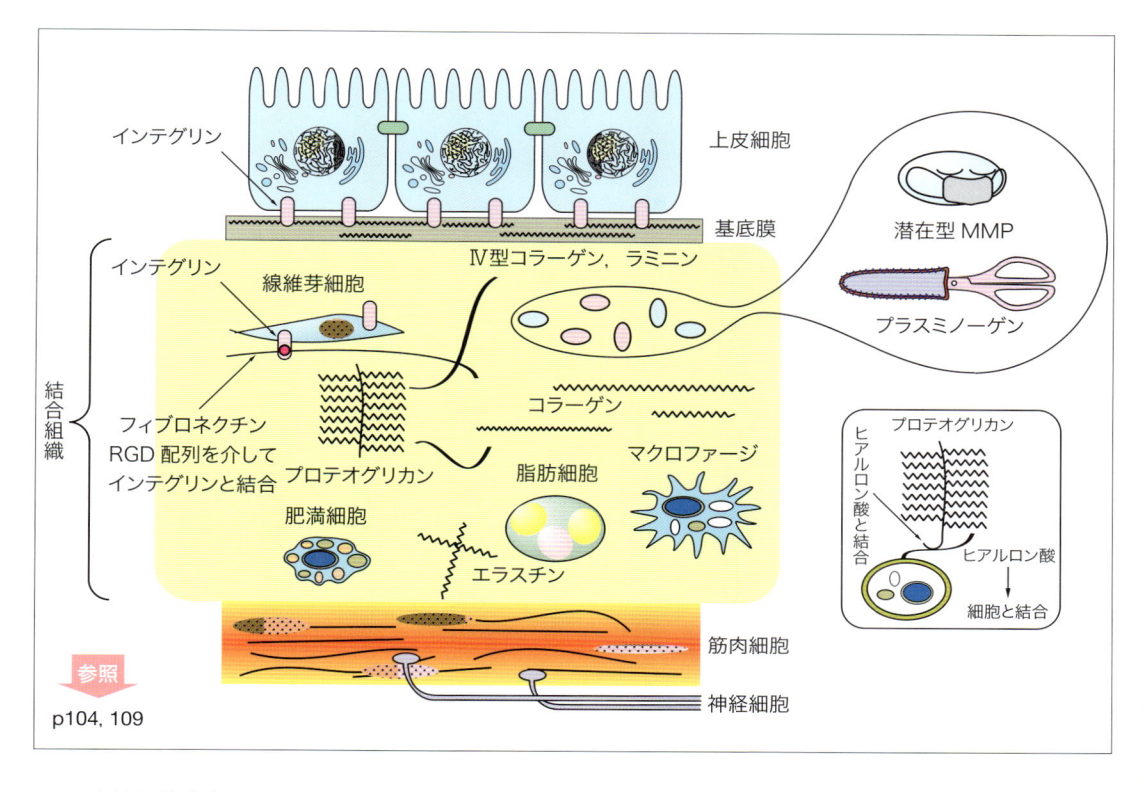

図中ラベル：
- インテグリン
- 上皮細胞
- 基底膜
- IV型コラーゲン，ラミニン
- 潜在型 MMP
- プラスミノーゲン
- インテグリン
- 線維芽細胞
- フィブロネクチン RGD 配列を介してインテグリンと結合
- プロテオグリカン
- コラーゲン
- 脂肪細胞
- マクロファージ
- 肥満細胞
- エラスチン
- 結合組織
- プロテオグリカン
- ヒアルロン酸と結合
- ヒアルロン酸
- 細胞と結合
- 筋肉細胞
- 神経細胞

参照 p104, 109

1. 血液細胞由来で，おもに結合組織に分布する細胞種は何か．
   肥満細胞，マクロファージはおもに結合組織に分布する．
2. 基底膜に存在し，上皮細胞を固定するタンパク質は何か．
   基底膜に存在して RGD 配列を有する接着性タンパクは，ラミニンである．
3. インテグリンのリガンドを構成するアミノ酸配列は何か． RGD 配列
4. 上記アミノ酸配列を有する接着性タンパク質をあげなさい．
   基底膜にはラミニン．そのほか，フィブロネクチン，オステオポンチンなどがあげられる．
5. プラスミノーゲンの役割を述べなさい．
   プラスミノーゲン活性化因子（t-PA）により活性化されるプロテアーゼであり，MMP の活性化などに関与する．
6. 潜在型 MMP の活性化機構を述べなさい．
   結合組織内の潜在型 MMP は，プラスミンにより活性化されて MMP となり，さまざまなタンパク質を分解する．
7. 活性化 MMP に必要な補助因子は何か． 亜鉛イオン
8. 活性化 MMP の役割は何か． コラーゲンの限定分解などを行う．
9. 活性化 MMP の不活性化に関与するタンパク質は何か．
   コラーゲンを限定分解するだけであるが，この活性が持続することは望ましくない．TIMP が不活性化する．
10. 基底膜からはずれて浮遊する細胞の運命はどのようか．
    正常細胞はアポトーシスを起こして死滅する．
    一方，アポトーシスを起こさない「異常な」細胞は癌化する．

■■■ 5-5　炎症の概要を血管透過性とともに模式図に示す．下記の問いに答えなさい．

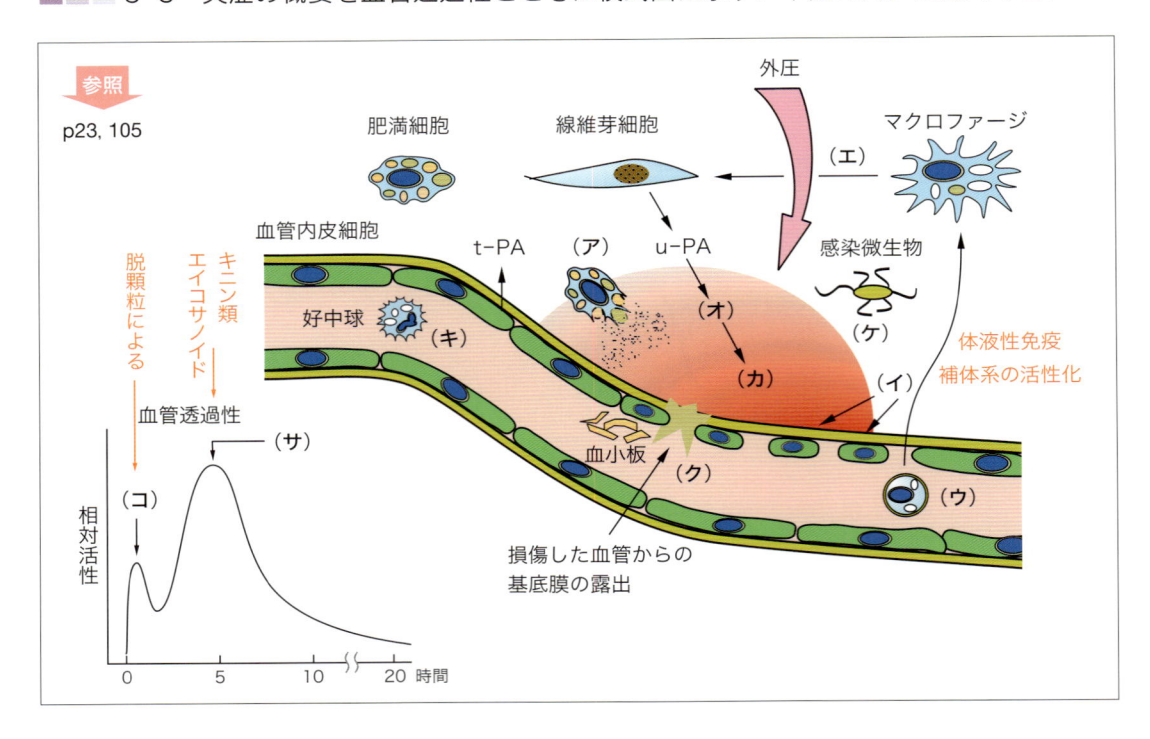

1　外からの物理的圧力が引き金となり，肥満細胞に起こる最初の現象（ア）は何か．
　　脱顆粒．この結果，ヒスタミン，セロトニンが分泌される．
2　これにより血管内皮細胞に起こる現象（イ）は何か．
　　その結果，血管内皮細胞が収縮することにより，血管透過性が上昇する．
3　マクロファージに分化する細胞種（ウ）は何か．　　単球
4　マクロファージから分泌される炎症性サイトカイン（エ）は何か．　　IL-1β
5　血管内皮細胞より分泌される t-PA の日本語名は何か．またその性質は何か．
　　組織プラスミノーゲン活性化因子
6　t-PA の標的となるタンパク質（オ）は何か．　　潜在型プラスミノーゲン
7　（オ）に由来する酵素により活性化されるプロテアーゼ（カ）は何か．
　　活性化されたプラスミンは潜在型 MMP を活性化し，活性型 MMP を与える．
8　（カ）の活性に必要な金属イオンは何か．また（カ）はどのような活性を有するか．
　　亜鉛イオン（Zn^{2+}）が MMP の活性化に必要となる．
9　感染微生物を攻撃する補体成分（ケ）を活性化するのは何か．　　プラスミン
10　外圧が引き金となり，線維芽細胞，好中球（キ），血小板（ク）に起こる共通な反応は何か．
　　アラキドン酸カスケードの活性化
　　またそれらの細胞より生じる化学物質の総称と個々の名称，および生理活性は何か．
　　脂溶性リガンドであり，エイコサノイドと総称される．
11　血管透過性（コ）および（サ）は上記のどの現象に対応するか．
　　（コ）：ヒスタミンの脱顆粒　　（サ）：エイコサノイド，キニン類
12　この概要図には示されていない血管透過性（サ）をもたらす因子は何か．
　　キニン類は強い血管透過性を示す．

5-6 炎症時におけるアラキドン酸カスケードの模式図を示す．下記の問いに答えなさい．

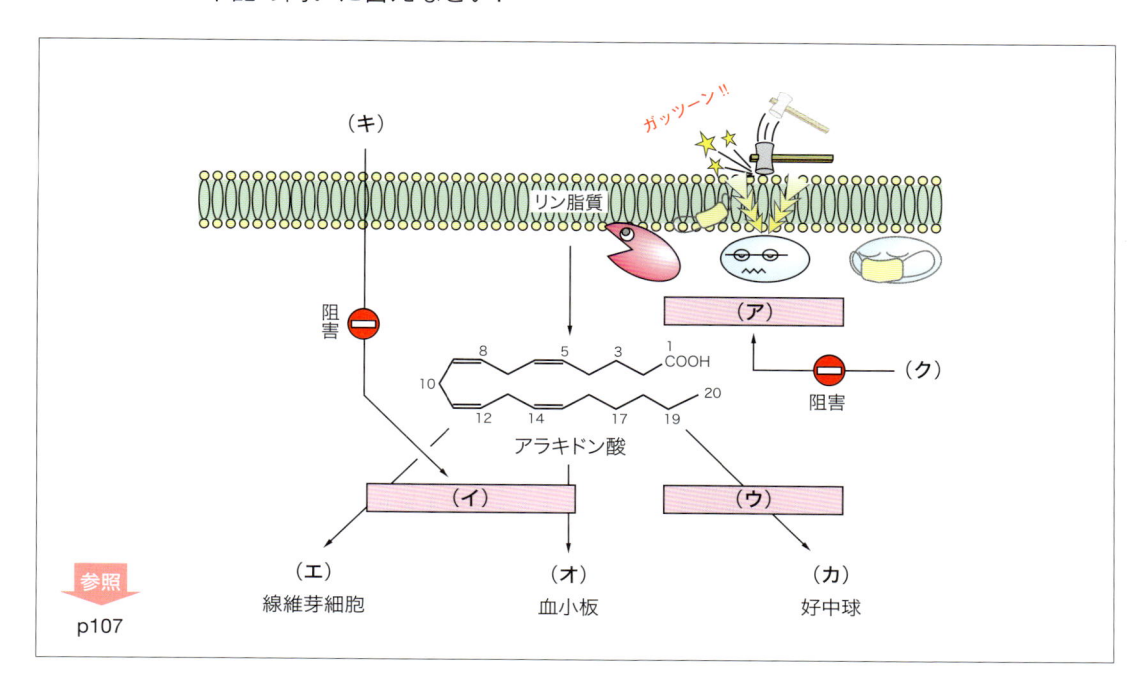

1. （ア）〜（ウ）の酵素名は何か．
   （ア）：ホスホリパーゼ A_2　　（イ）：シクロオキシゲナーゼ　　（ウ）：リポキシゲナーゼ
2. （エ）〜（カ）の物質名は何か．
   （エ）：プロスタグランジン　　（オ）：トロンボキサン　　（カ）：ロイコトリエン
3. （キ），（ク）の薬物名は何か．
   （キ）：アスピリン，インドメタシン　　（ク）：コルチゾール，デキサメサゾン
4. （オ）の生理作用は何か．　　トロンボキサンにより，血小板凝集が誘導される．
5. （カ）の生理作用は何か．　　ロイコトリエンにより，白血球遊走などが誘導される．
6. （エ）がもたらす生理作用を2つあげなさい．
   1) 血管拡張など，炎症に関連する事項
   2) 構成酵素 Cox 1 による胃壁の粘液細胞からの粘液分泌の促進
7. （キ）がもたらす薬理作用を3つあげなさい．
   1) 抗炎症作用
   2) 血栓形成の予防
   3) 血栓形成の予防のためのアスピリンによる粘液分泌阻害　→　胃潰瘍

ところで，（ア）〜（オ）は何を示すか？

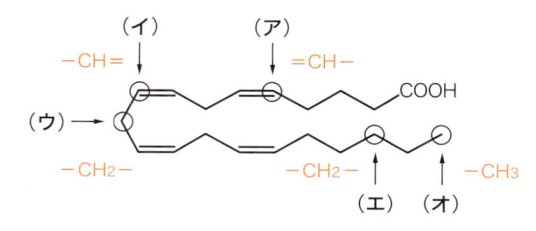

Part 6 リガンドとレセプター

図 6・1　アセチルコリンとその受容体

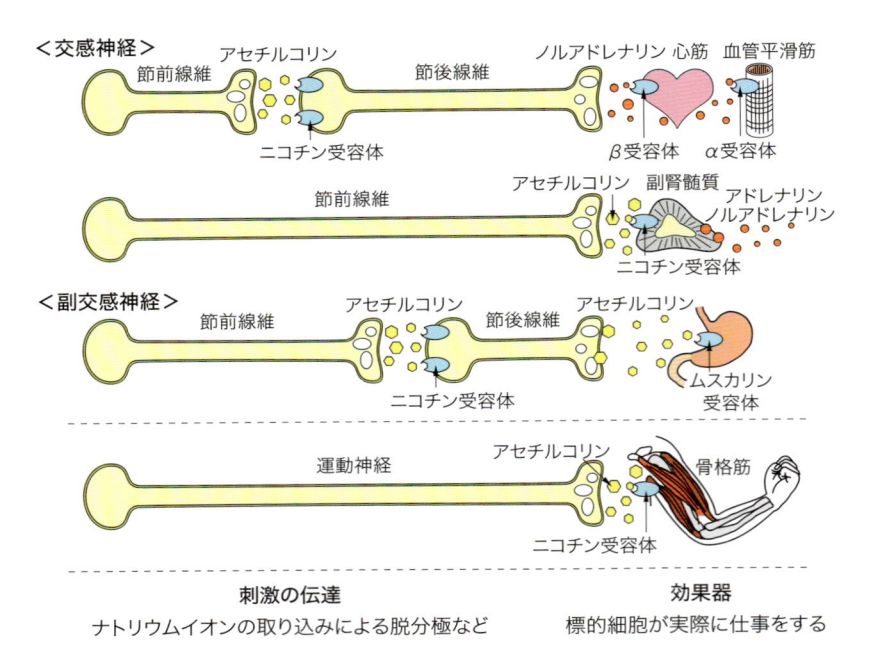

（中谷晴昭：シリーズ看護の基礎科学 第7巻，薬とのかかわり：臨床薬理学，日本看護協会出版会，2001，p83 より）

1　概　要

参照
p96, 97

　感覚器により検出された刺激の伝達にはナトリウムイオンの取り込みが，また末梢細胞の効果器に実際に仕事を行わせるにはタンパク質のリン酸化が必要となる．したがって神経細胞にはチャネル内蔵型アセチルコリン受容体が，また末梢細胞の効果器にはGタンパク共役型アセチルコリン受容体が存在する．歴史的経緯から，前者はニコチン型，後者はムスカリン型とよばれる．骨格筋は明らかに効果器に分類されるが，神経細胞と同様，例外的に筋肉型のニコチン性チャネル内蔵型アセチルコリン受容体が存在する．神経型と筋肉型ではツボクラリンに対する感受性が異なり，後者だけがツボクラリンにより阻害を受ける．

　副腎髄質に存在するアドレナリン，ノルアドレナリンを分泌する細胞（クロム親和性細胞）は，発生学的には交感神経節後線維と同等である．したがってその表層にはチャネル内蔵型のニコチン性アセチルコリン受容体が存在している（図 6・1）．

【まとめ】

- 刺激の伝達にはタンパク質のリン酸化を必要とはせず，イオンの取り込みだけで十分である．
- 効果器として細胞に実際に仕事を行わせるには，タンパク質のリン酸化が引き金となる．
- 骨格筋は例外的にニコチン受容体が存在し，はじめに Na^+ が，つづいて Ca^{2+} が細胞内に導入される．

図 6・2 刺激系

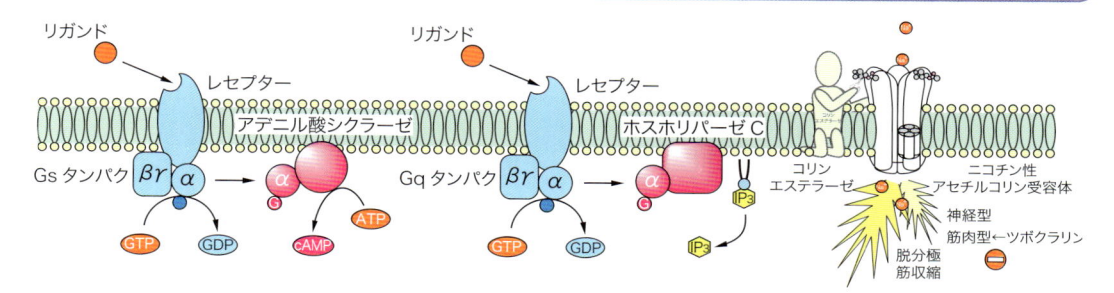

リガンド	アドレナリン	ヒスタミン	ドパミン
レセプター	β_1, β_2	H_2	D_1
	β_1心臓興奮 β_2気管支拡張	胃酸分泌（胃の壁細胞）	

リガンド	アドレナリン	アセチルコリン	ヒスタミン	セロトニン
レセプター	α_1	ムスカリン M_1, M_3	H_1	5-HT_2
	血管収縮 血圧上昇	M_1神経 M_3心臓	平滑筋収縮（Ⅰ型アレルギー）	

＋刺激系

*エイコサノイド：脂溶性リガンドに分類されるが，Gタンパクがレセプターとなる．☞p107 参照．

図 6・3 抑制系

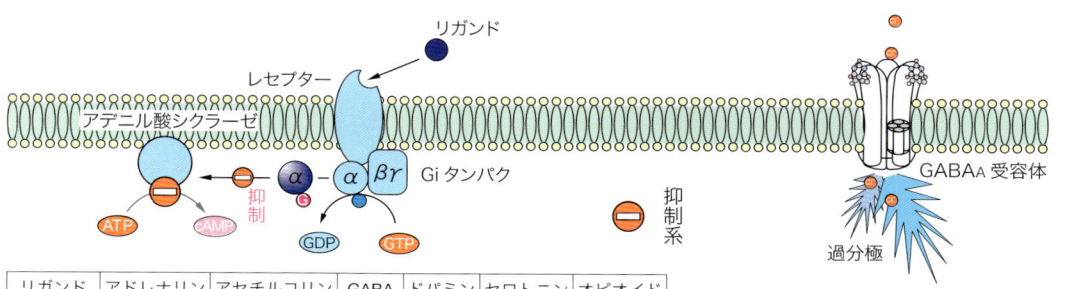

リガンド	アドレナリン	アセチルコリン	GABA	ドパミン	セロトニン	オピオイド
レセプター	α_2	ムスカリン M_2	$GABA_B$	D_2	5-HT_1	μ, κ, δ
	中枢性鎮痛 体温下降	M_2平滑筋 分泌線			自己受容体	
	自己受容体	自己受容体				

⊖ 抑制系

レセプターサブタイプ	作用薬	拮抗薬	生理応答
μ	モルヒネ ペチジン	ナロキソン ペンタゾシン	鎮痛，腸管運動抑制
κ	ペンタゾシン	ナロキソン	脊髄での鎮痛
δ	エンケファリン	ナロキソン	鎮痛，腸管運動抑制

交感神経，副交感神経による生体反応と関与する受容体

効果器	交感神経（アクセル）ノルアドレナリン	副交感神経（ブレーキ）アセチルコリン
瞳孔	散 大（α_1）	収 縮（M）
心臓	心拍数増加（β_1），心収縮力亢進（β_1）	心拍数減少（M），心収縮力低下（M）
血管	収縮（α_1），拡張（β_2）	弛 緩（M）
気管支	拡 張（β_2）	収 縮（M）
消化器	抑 制（β_2）	促 進（M）
代謝	グリコーゲン分解（β_2），脂肪分解（β）	
腎臓	レニン分泌（β_1）	

2 水溶性リガンドの場合

　ニコチン受容体は Na^+，K^+ などの 1 価の陽イオンを流入して脱分極をもたらすチャネル型受容体である．一方，ムスカリン受容体は標的タンパク質をリン酸化するGタンパク共役型受容体である（図 6・2）．

(1) プロテインキナーゼA（PKA）とプロテインキナーゼC（PKC）

レセプターは細胞膜を貫通し，細胞表層と細胞質内の両者にまたがって存在している．細胞表層に出ている部分，膜を貫通している部分，また細胞質の内側にある部分をそれぞれのドメイン domain とよぶ．レセプターの細胞内ドメインには α，β，γ の3種のサブユニットから構成されているGタンパクG protein が存在する．α サブユニットがGTPと結合するためこのようによばれている．通常，α サブユニットにはGDPが結合しており，これはこの系全体が不活性な状態であることを意味する．

PKA系のGタンパクにはアデニル酸シクラーゼを活性化あるいは不活性化するGsタンパクおよびGiタンパクが存在する．またPKC系のGタンパクはGqタンパクとよばれている．

PKA系（図6・4）

1. レセプターに特異的なリガンドが結合することによりレセプターの細胞内ドメインが活性化される．それに伴い α サブユニットに存在するGDPがGTPと置き換わる．これにより α サブユニットが活性化され，サブユニットから解離する．
2. 活性化された α サブユニットは，膜に結合したアデニル酸シクラーゼを活性化する．
3. アデニル酸シクラーゼはATPよりcAMP（cyclic AMP：環状AMP）を生成する．
4. cAMPの標的となるのがPKAであり，通常，調節タンパク regulatory protein と複合体を形成して不活性な状態にある．
5. アデニル酸シクラーゼにより生成したcAMPは，調節タンパクに結合していたPKAを遊離する．したがってcAMPは key に，調節タンパクは lock にたとえることができる．
6. 調節タンパクから解放されたPKAは活性化されて単量体となり，さまざまな標的タンパク質をリン酸化し，ホルモンに対応した細胞応答を引き起こす．

PKC系（図6・5）

1. PKAと同様，レセプターにリガンドが結合することにより α サブユニットのGDPがGTPに変換される．
2. 活性化された α サブユニットは膜に結合したホスホリパーゼCと結合し，これを活性化する．
3. ホスホリパーゼCはホスファチジルイノシトール（PI）に作用し，ジアシルグリセロール（DAG）とイノシトール三リン酸（IP$_3$）に分解する．
4. イノシトール三リン酸は小胞体 endoplasmic reticulum（ER）のカルシウムイオンチャネルに働きかけ，カルシウムイオンを細胞質に放出する．
5. 放出されたカルシウムイオンはカルシウム結合性タンパクであるカルモジュリンを活性化し，さまざまな標的タンパク質をリン酸化することにより細胞内応答がなされる．
6. ジアシルグリセロールは膜に結合したPKCに結合し，これを活性化する．
7. 活性化されたPKCは，さまざまな標的タンパク質をリン酸化し，ホルモンに対応した細胞応答（特定遺伝子の発現など）が起こる．

図 6・4　PKA 系

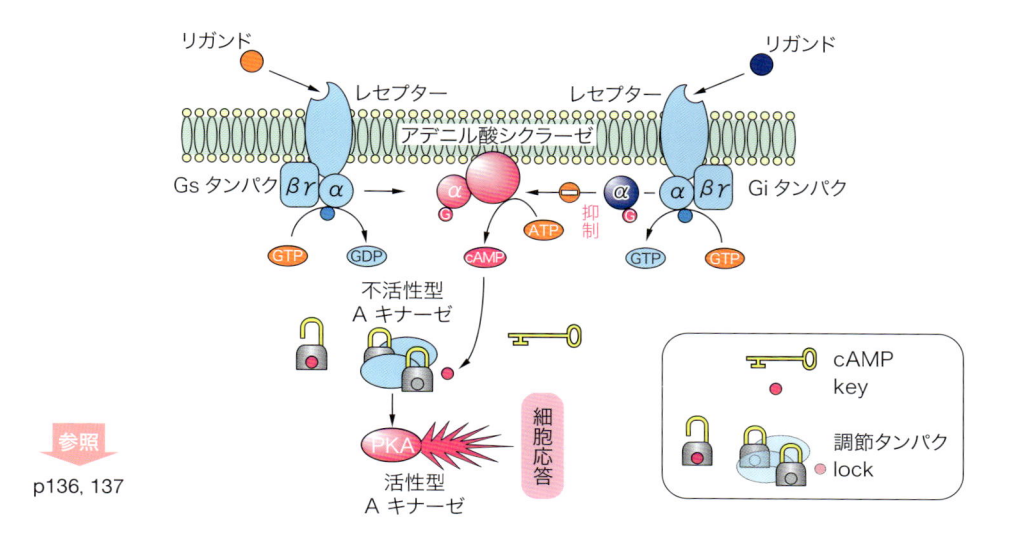

参照 p136, 137

図 6・5　PKC 系

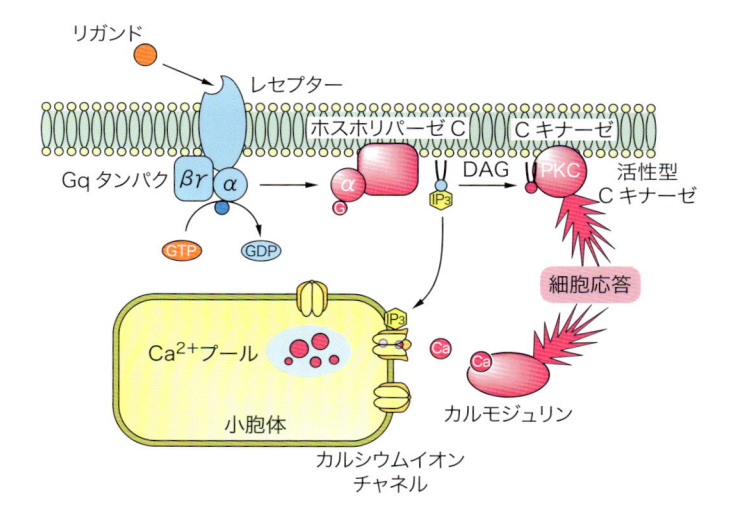

PI	: phosphatidylinositol
DAG	: diacylglycerol
IP₃	: inositol triphosphate

(2) 情報伝達の抑制機構

神経細胞における刺激の伝達は迅速に行われる必要があり，そのためのリガンドにはアセチルコリンなどの低分子物質が選ばれたと想像される．またリガンドが長時間レセプターに結合している状況は刺激の伝達が限りなく持続することとなり，これは細胞にとって癌化につながる危険な状態と考えられる．それゆえ刺激の伝達が完了したのちには，リガンドはレセプターからただちに解離する必要がある．この状況はその後の細胞応答に至るまでも同様であり，セカンドメッセンジャーの形成，タンパク質のリン酸化など，それぞれの段階で刺激伝達の抑制機構が存在する．

アセチルコリンをリガンドとするチャネルのすぐ脇にはコリンエステラーゼが存在し，アセチルコリンをコリンと酢酸とに瞬時に加水分解して前者を再利用にまわす．コリンエステラーゼ阻害薬は，刺激の持続をもたらし，多くの場合，個体に大きなダメージを引き起こす（図 6・7）．

【例】サリン，ジイソプロピルフルオロリン酸（DFP）．

活性化されたアデニル酸シクラーゼは ATP を cAMP に変換する．cAMP はセカンドメッセンジャーとして情報を伝達する．同様に cGMP も情報伝達に関与する．

cAMP がいつまでも細胞内に存在すると反応が限りなくつづくことになり，細胞にとっては危険なことである．そこでホスホジエステラーゼ phosphodiesterase（PDE）とよばれる酵素が登場して cAMP を分解して AMP とする．これにより細胞内の cAMP レベルが常に一定に保たれる．cGMP を分解する PDE の 1 種であるバイアグラは本来心臓疾患を改善するために開発された薬物であるが，思わぬ副作用が注目されている（図 6・8）．

さらに不活性型タンパク質は，多くの場合 PKA，PKC などのリン酸化酵素により翻訳後修飾を受けて活性化される．活性化されたタンパク質がいつまでも細胞内に存在することは，細胞にとっては同様に危険なことなので，リン酸基を取り除く「脱リン酸化酵素」であるホスファターゼが誘導される（図 6・6）．

図 6・6 脱リン酸化によるタンパク質の不活性化

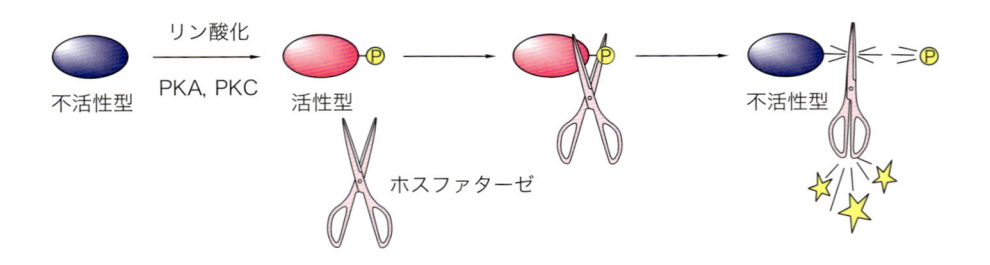

細胞の癌化を防ぐこれらの機構は情報伝達のみならず，細胞が増殖する際の細胞周期，また基底膜から離脱した細胞に誘導されるアポトーシスなど多くの場面でみられ，いずれも負の制御を受けているのが特徴といえる．

Part 6　リガンドとレセプター

図 6・7　コリンエステラーゼと阻害薬

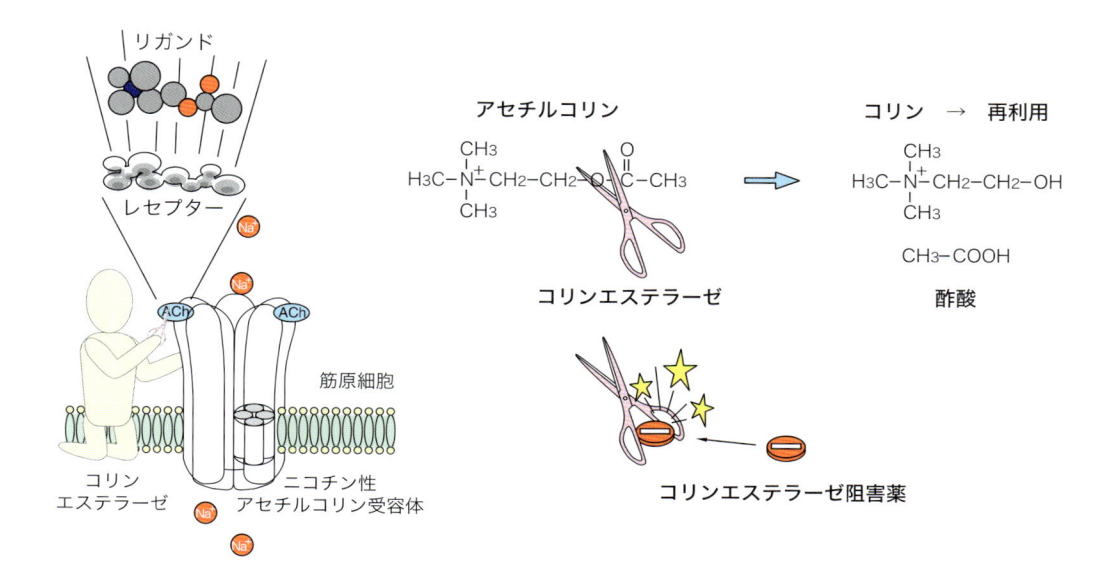

図 6・8　PDE と阻害薬

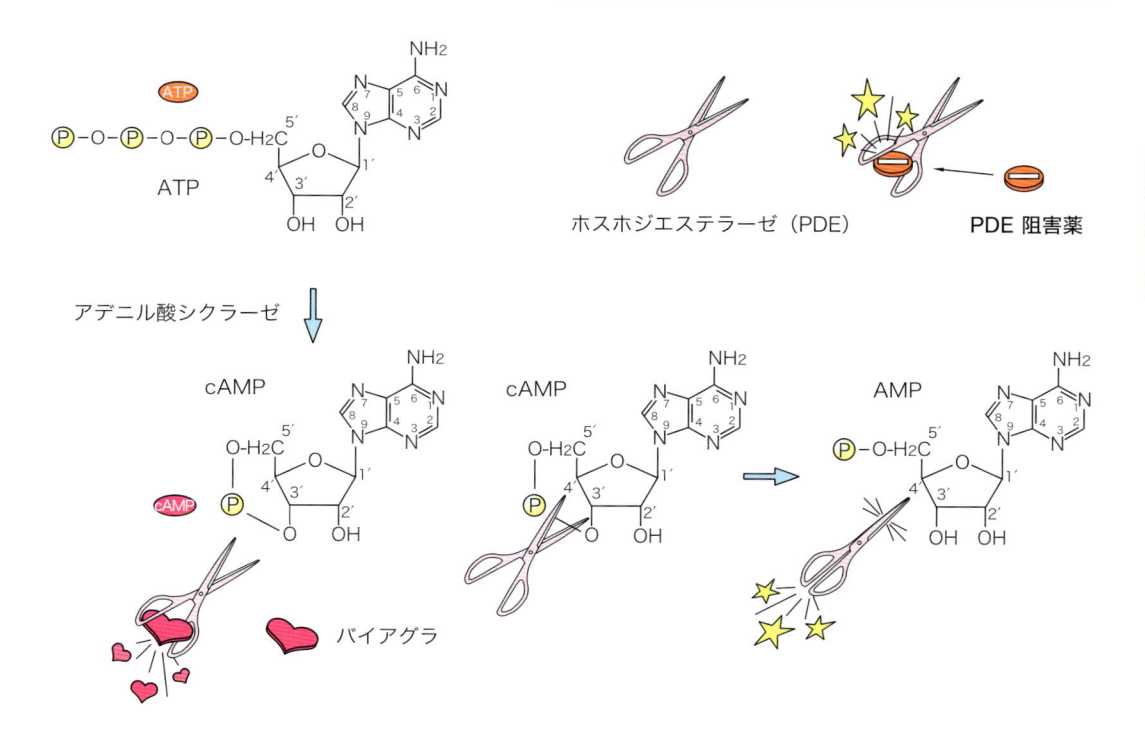

127

図 6・9　催眠薬，抗不安薬

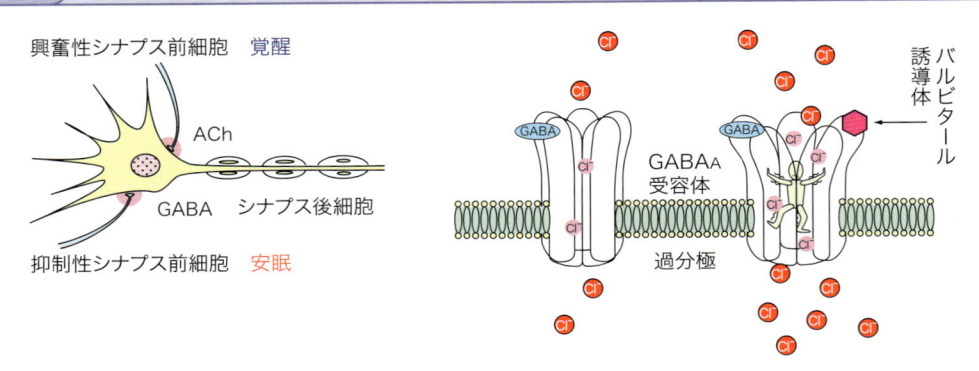

抑制性シナプス伝導（図 6・9）：催眠薬としてのバルビタールの薬理作用は，GABA_A 受容体にバルビタール誘導体が結合することにより塩素イオンの透過性が増大し，シナプス伝導の抑制が強化されることによる．

図 6・10　セロトニン受容体作用薬と抗不安薬

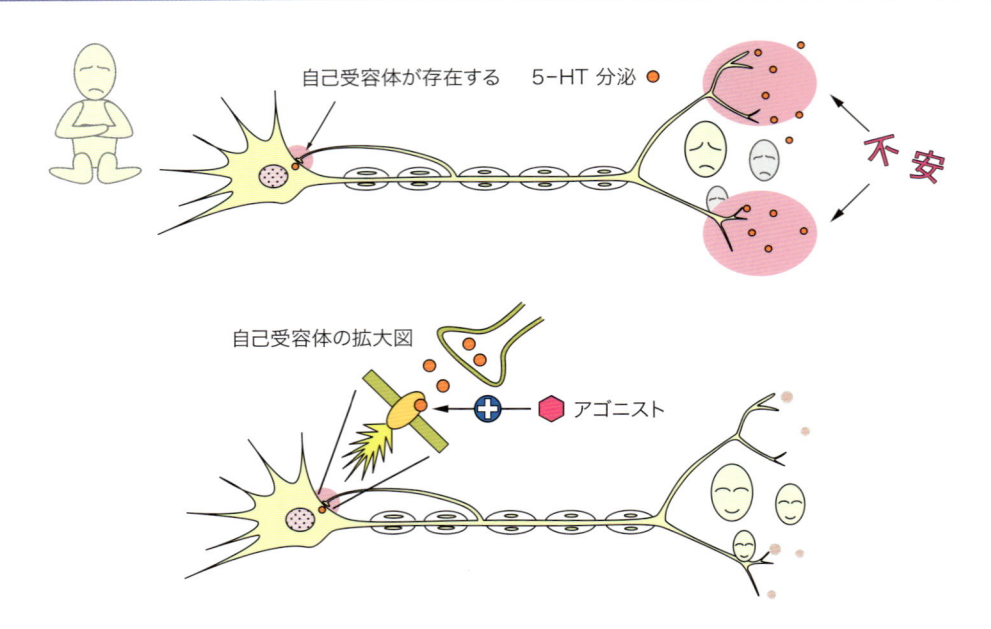

アンタゴニストとアゴニスト：リガンドと類似した構造を有し…
レセプターに結合して本来のリガンドの活性を抑制するものをアンタゴニスト，本来のリガンドの活性と同等，あるいはそれ以上の活性を示すものをアゴニストとよぶ．またアンタゴニストを遮断薬，アゴニストを作動薬とよぶこともある．
　不安の発現に関与する大脳辺縁系や視床下部には，セロトニンを分泌する神経終末が多数存在し，この神経活動の亢進が不安症状をもたらすと考えられている．セロトニン細胞体には自己受容体が存在し，自己分泌されたセロトニンが自己受容体に結合することにより，終末でのセロトニン分泌が抑制され，不安が解消される（図 6・10）．

図 6・11　抗うつ薬

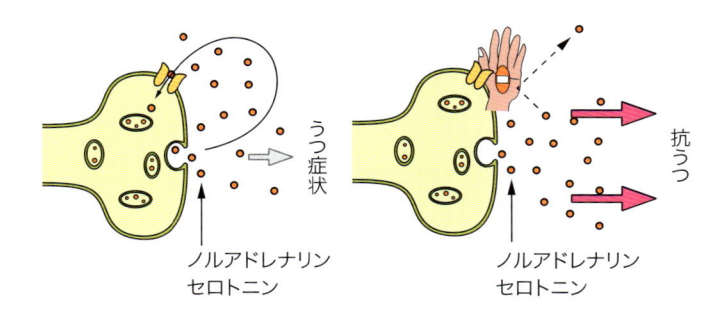

うつ病の原因の1つに，モノアミンの再取り込みによる脳内のモノアミンの減少があげられる．モノアミンの再取り込みを阻止することで，うつが改善される（図 6・11）．

ドパミン受容体には，刺激型 Gs タンパクを活性化する D_1 受容体と，抑制型 Gi タンパクを刺激する D_2 受容体が存在する．統合失調症などでは，シナプス後細胞の D_2 受容体の活性が非常に活発化されている．シナプス前細胞より過剰分泌されたドパミンが，シナプス後細胞の D_2 受容体に「選択的に」結合し，その結果，シナプス後細胞の過分極をもたらす．これが統合失調症につながると考えられる．ドパミン D_2 受容体遮断薬を用いることで症状の改善が期待される（図 6・12）．

図 6・12　抗精神病薬

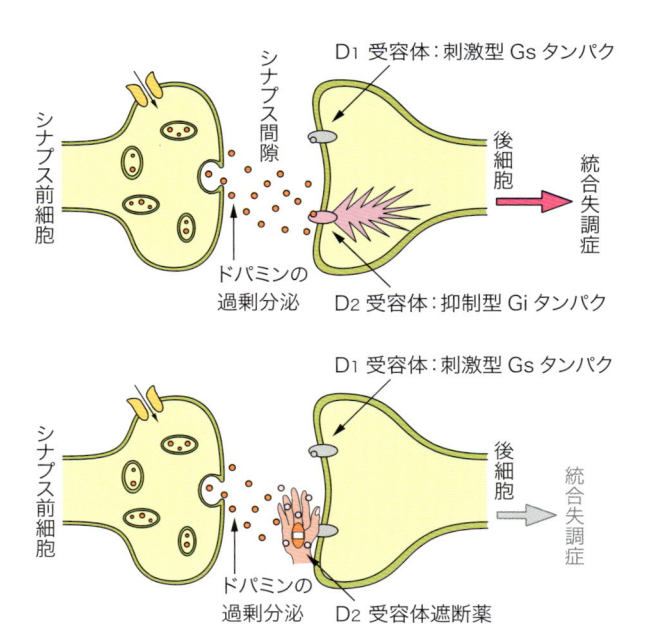

図 6・13 リガンドが細胞に結合している場合

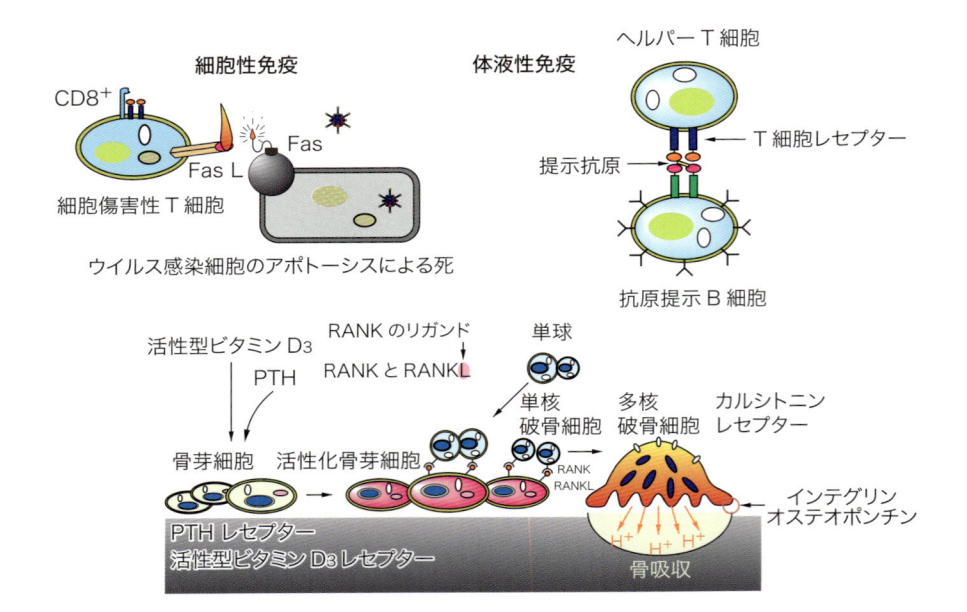

3　リガンドが細胞に結合している場合

　リガンドは必ずしも細胞から分泌されるとは限らず，細胞表層に結合しているものもみられる．細胞性免疫において，ウイルス感染を起こした細胞は，Fas とよばれるタンパク質を表層に発現する．一方，細胞傷害性 T 細胞は，Fas のリガンドである FasL を発現する．Fas の細胞内領域には「死の領域 death domain」とよばれる部分が存在し，それは爆弾に，また FasL は爆弾に火をつけるマッチにたとえることができる．この Fas/FasL が結合することによりウイルス感染した標的細胞はアポトーシスへと導かれる．

　体液性免疫では，感作した B 細胞はヘルパー T 細胞に T 細胞レセプターを介して抗原を提示する．提示抗原をリガンドとみなすならば，B 細胞の表層に存在するクラス II MHC を介した提示であり，細胞から分泌されたリガンドではない．一方，単核破骨細胞が多核化する際には，RANK とよばれるレセプターを発現し，活性化された骨芽細胞は RANK のリガンドである RANKL を発現することにより破骨細胞の多核化が誘導される．

　骨中には RGD 配列を有する接着性タンパク質であるオステオポンチンが存在する．多核化した破骨細胞の表層にはインテグリンが発現しており，インテグリンが RGD 配列を認識することにより，破骨細胞は骨に留まることが可能となる．したがってインテグリンをレセプターと，また RGD 配列をリガンドとみなすことが可能である．

図 6・14　カルシウム動態

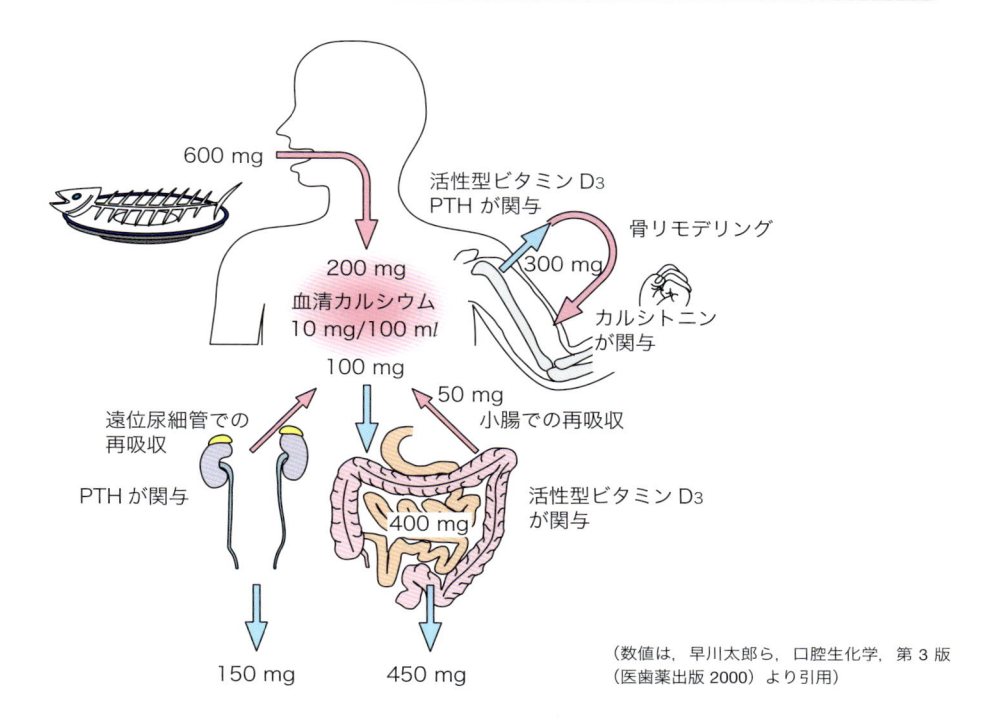

(数値は，早川太郎ら，口腔生化学，第 3 版（医歯薬出版 2000）より引用)

4　脂溶性リガンドの場合

　リガンドが脂溶性の場合には，標的細胞の細胞質あるいは核内にレセプターが存在する．リガンドと結合して活性化されたレセプターは，転写調節因子として標的遺伝子の特定領域に結合して遺伝子発現をもたらす．ここでは脂溶性リガンドの典型例として，活性型ビタミン D_3 による血清カルシウム濃度の調節およびアルドステロンによる体液・血圧の調節について述べる．

(1) 血清カルシウム濃度の調節

　血清カルシウム濃度は血清 100 ml 当たり 10 mg と厳密にコントロールされている（10 mg/100 ml）．平均的成人男性の 1 日のカルシウム動態は図 6・14 のようであり，ここでも食事により摂取するカルシウムは外因性，またすでに血清中に存在するカルシウムは内因性と考えることで，その理解が容易になると思われる．

　食事中にはさまざまな形態でカルシウムが含まれているが，吸収効率はそれほど良好ではなく，約 600 mg の外因性カルシウムを摂取した場合，その 200 mg が小腸で吸収されて内因性の血清カルシウムとなり，残り 400 mg は外因性カルシウムとして排泄される運命にある．また血清中の内因性カルシウムに関しては，約 100 mg が小腸に分泌されるが，その約 50 mg は再吸収され，残りの約 50 mg は内因性カルシウムとして排泄される運命にある．したがって小腸を経由して排泄される外因性および内因性カルシウムの合計は 450 mg となる．なおこの小腸での再吸収には活性型ビタミン D_3 が関与する（カルシウム結合タンパクの発現に必要）．

図 6・15　血清カルシウム濃度の調節

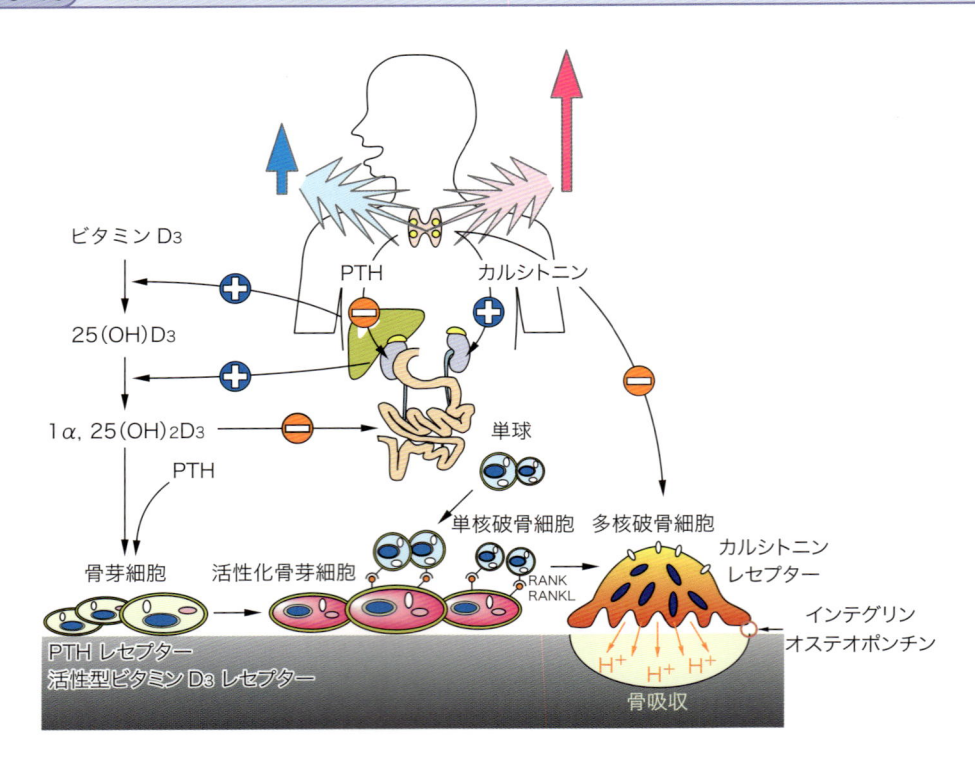

　一方，腎臓においては，1日約1,800リットルの血漿が濾過され原尿となる．カルシウムを含む内因性の有効成分は近位尿細管および遠位尿細管で再吸収を受け，最終的に腎臓にて濾過されるカルシウムのわずか1〜2%ほどの量に対応する約150 mgの内因性カルシウムが排泄される．ここで遠位尿細管での再吸収にはPTHが関与する．

　これによりカルシウム全体の摂取量および排泄量は一致し，その収支はゼロとなる．また骨リモデリングには約300 mgのカルシウムが関与するが，これはカルシウムの収支には影響しない．

　ビタミンD_3活性化の機序は次のようである（図 6・15, 16）．

　食事由来のビタミンD_3誘導体は肝臓からの酵素により25位に水酸基が導入され（肝臓からのプラスマークで表示），さらに腎臓からの酵素により1α位にもう1つ水酸基が導入されることにより（腎臓からのプラスマークで表示）活性型となる．上述のように，腎臓での水酸化酵素の発現にはPTHが必要である．

図 6·16　ビタミン D₃の活性化

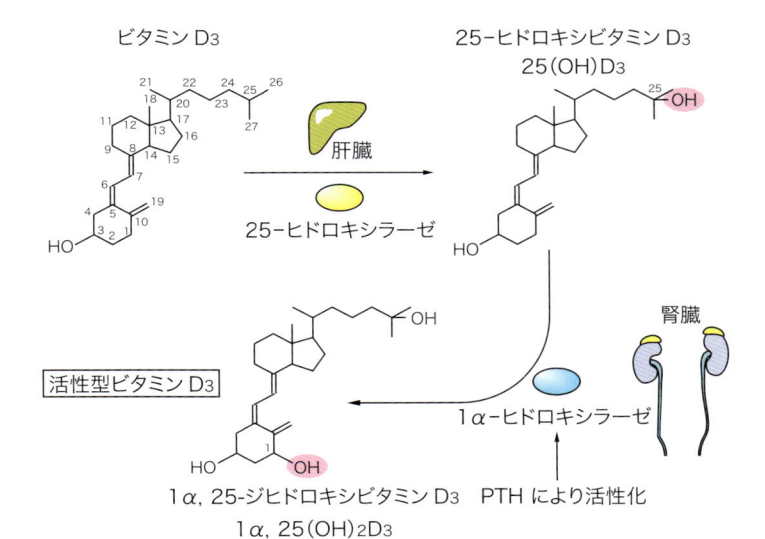

【まとめ】

　血清カルシウム濃度の調節を説明するには，「血清カルシウム濃度が低下した場合」からスタートすると理解しやすい．

　血清カルシウム濃度が低下した場合，①通常，尿や便を経由して排泄されているカルシウムを再吸収し，②それでも不足している場合には，さらに骨吸収を行うという生理応答が誘導される．①に関しては，遠位尿細管でのカルシウムの再吸収には PTH が，また小腸の吸収上皮細胞でのカルシウムの再吸収には活性型ビタミン D₃ が作用する．

PTH の役割
1　尿中のカルシウムの再吸収．
2　活性型ビタミン D₃ を形成するための腎臓由来の水酸化酵素の活性化．
3　骨芽細胞の活性化．

活性型ビタミン D₃ の役割
1　小腸に働きかけてカルシウム結合タンパクをコードする遺伝子の発現．
2　PTH とともに骨芽細胞に働きかけて，これを活性化する．

図 6・17　ステロイドホルモンの分泌

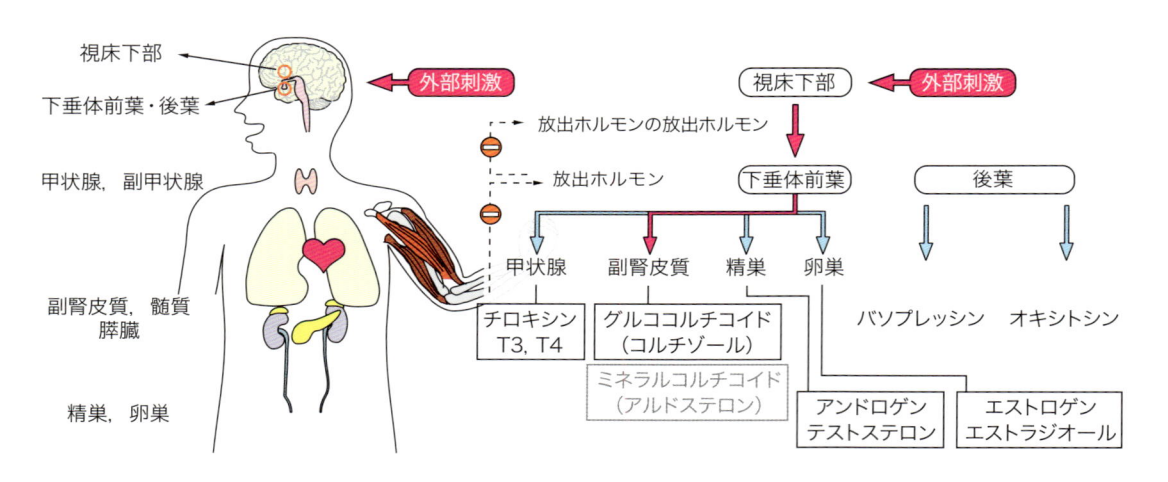

（2）体液・血圧調節

　甲状腺，副腎皮質，精巣および卵巣からは，さまざまなホルモンが分泌されるが，個々のホルモンを分泌させる「放出ホルモン」が下垂体前葉から分泌される（図 6・17）．しかし，おおもととなる外部刺激は，まず始めに視床下部に伝わる．視床下部からは，上記の「放出ホルモン」を「放出させるためのホルモン」が分泌され，これが下垂体前葉に伝わる．この刺激により下垂体前葉から個々のホルモンを分泌させる「放出ホルモン」が分泌される．まとめるならば──外部刺激　→視床下部　→「放出ホルモンの放出ホルモン」→下垂体前葉　→「放出ホルモン」→個々のホルモン　→ホルモンに対応した生理作用──となる．個々のホルモンは上位にあるホルモンの分泌をフィードバック阻害することによりホルモンレベルが一定に保たれる．

　グルココルチコイドおよびミネラルコルチコイドは，それぞれ血糖値を上昇させる，電解質バランスを整えるなどの作用がある．しかしグルココルチコイドはさらに炎症を抑制し，免疫機能を高めるなど，多彩な役割を担っている．両者とも副腎皮質ホルモンであるが，分泌を促すための刺激プロセスがまったく異なる（図 6・18）．

　グルココルチコイド（コルチゾール）：外部刺激が視床下部に伝わり，「放出ホルモンの放出ホルモン」であるコルチコトロピン放出ホルモン corticotropin-releasing hormone（CRH）が分泌される．その刺激が下垂体前葉に伝わり，副腎皮質刺激ホルモン adrenocorticotropic hormone（ACTH）が分泌される．その結果，副腎皮質からコルチゾールが分泌され，血糖値を上昇させる，あるいは炎症を抑制するなどの多彩な生理作用を標的細胞にもたらす．このように副腎皮質からのグルココルチコイド分泌は，視床下部　→　下垂体前葉を経由する典型的なホルモン分泌のカスケードによる．

図 6・18　体液・血圧調節

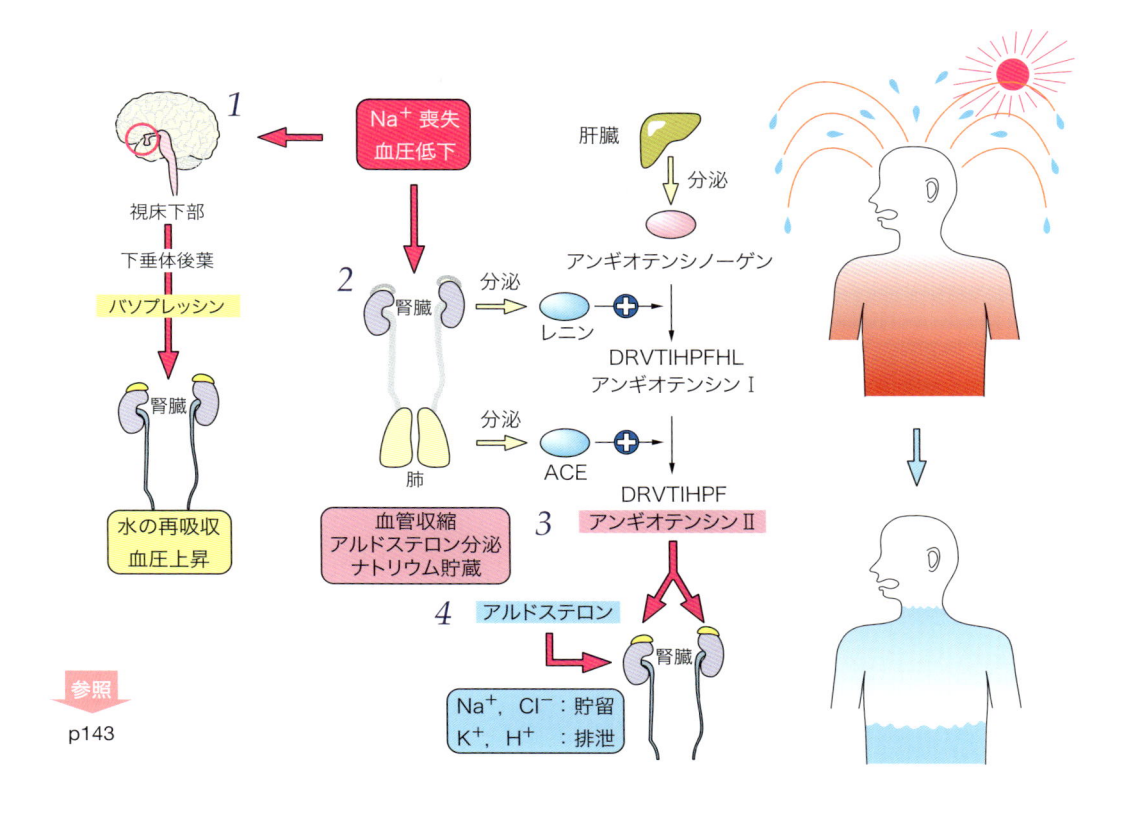

参照 p143

ミネラルコルチコイド（アルドステロン）：これに対し，副腎皮質ホルモンであるミネラルコルチコイドの場合は，グルココルチコイドとはまったく異なった分泌シグナルの流れに支配されている．ここで激しい運動を行った結果，多量の汗をかきナトリウム，体液が失われ，血圧も低下していると仮定しよう．そのような神経刺激は視床下部から下垂体後葉に伝わり，バソプレッシンが分泌される．抗利尿作用をもつこのホルモンは，腎臓に働いて水の再吸収を促し，その結果，血圧を上昇させる．激しい運動を行った結果による神経刺激は視床下部だけにとどまらず腎臓にも伝わり，その結果レニンが分泌される．一方，肝臓からは構成的にアンギオテンシノーゲンが分泌されており，レニンはアンギオテンシノーゲンを分解して，N-末端から 10 アミノ酸残基を切り出し血中に遊離する．このペプチドがアンギオテンシン I である．また肺からはアンギオテンシン変換酵素 angiotensin converting enzyme（ACE）が分泌され，アンギオテンシン I の C-末側の 2 アミノ酸を切断し，アンギオテンシン II を遊離する．これは強い血管収縮能をもち，その結果血圧が上昇する．さらにアンギオテンシン II は副腎皮質に作用してアルドステロン分泌を促す．アルドステロンの標的細胞は腎臓であり，Na 貯蔵，K 排泄を促す．これにより体液および Na の保持がなされる．

◆ 練習問題 ◆

■■■ 6-1　PKA系における細胞内シグナル伝達の模式図を示す．下記の問いに答えなさい．

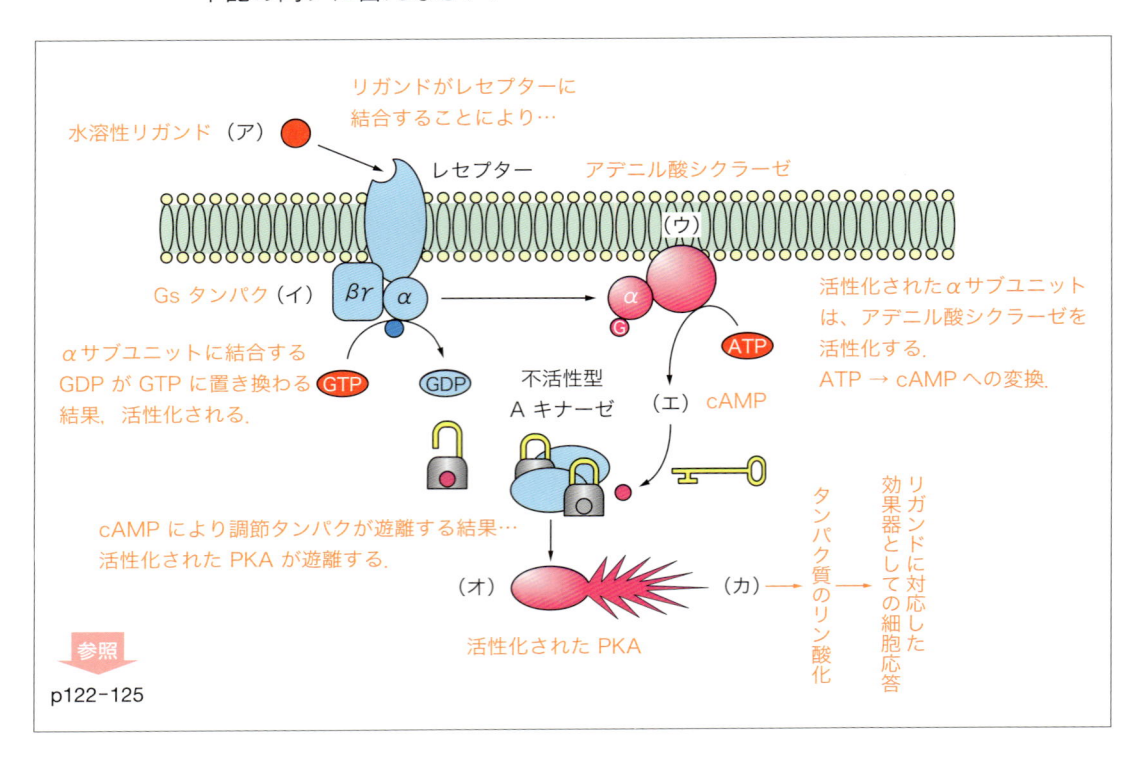

（模式図）
- 水溶性リガンド（ア）
- リガンドがレセプターに結合することにより…
- レセプター
- アデニル酸シクラーゼ（ウ）
- Gsタンパク（イ）　βγ　α
- αサブユニットに結合するGDPがGTPに置き換わる結果，活性化される．
- GTP　GDP
- 活性化されたαサブユニットは，アデニル酸シクラーゼを活性化する．ATP → cAMPへの変換．
- 不活性型Aキナーゼ　（エ）cAMP
- cAMPにより調節タンパクが遊離する結果…活性化されたPKAが遊離する．
- 活性化されたPKA（オ）
- （カ）
- タンパク質のリン酸化
- → リガンドに対応した効果器としての細胞応答

参照 p122-125

1　リガンド（ア）はどれか．
　　アドレナリン以外はすべて脂溶性リガンドである．これらのレセプターは細胞質などに存在し，遺伝子発現に関与する．したがってGタンパクのリガンドとはならない．
　　選択肢：アドレナリン，活性型ビタミンD₃，アルドステロン，コルチゾール，甲状腺ホルモン
2　タンパク質複合体（イ）は何か．　　PKAの刺激系なので，Gsタンパク質
3　酵素（ウ）は何か．　　ATP → cAMPに関与するので，アデニル酸シクラーゼ
4　セカンドメッセンジャー（エ）は何か．　　サイクリックAMP（cAMP）
5　セカンドメッセンジャー（エ）の分解酵素は何か．　　ホスホジエステラーゼ（PDE）
6　上記5の酵素を必要とする理由は何か．　　刺激の持続による細胞の癌化を防ぐ．
7　酵素（オ）は何か．　　プロテインキナーゼA（PKA）
8　（カ）に対応する細胞内応答は何か．　　タンパク質のリン酸化
9　この系が存在するのは，神経細胞，効果器のどちらか．
　　タンパク質をリン酸化することにより，リガンドに対応した細胞応答をもたらすので，効果器と考えられる．

6-2　PKC系における細胞内シグナル伝達の模式図を示す．下記の問いに答えなさい．

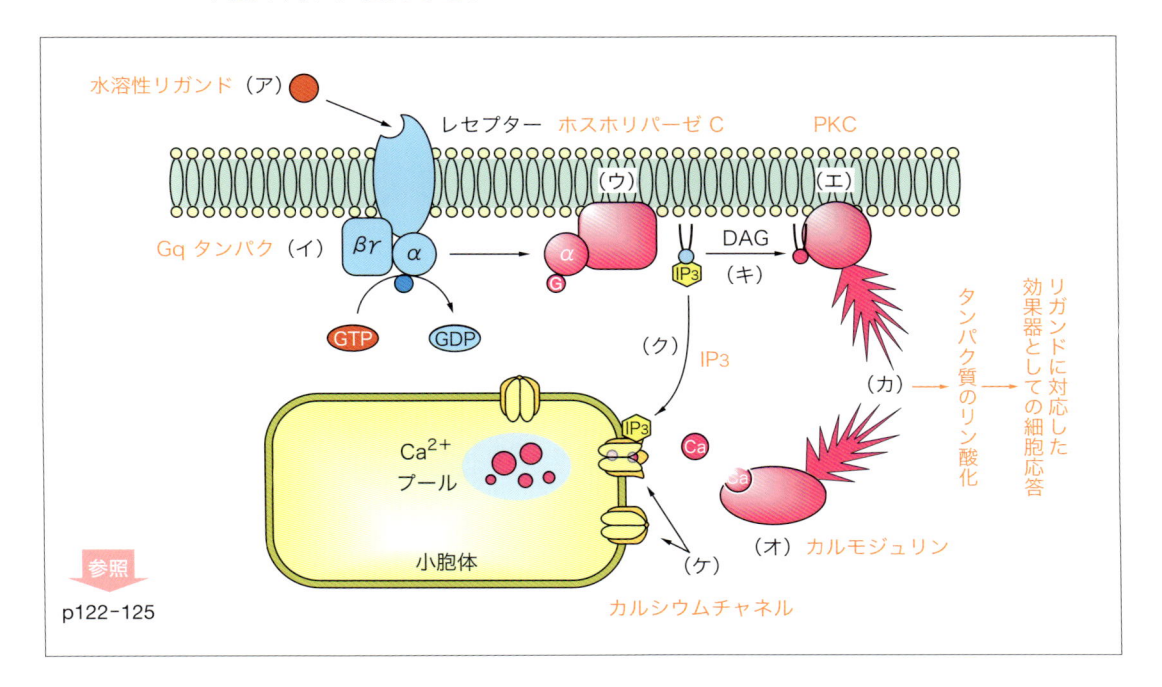

図中のラベル：
- 水溶性リガンド（ア）
- レセプター
- ホスホリパーゼC
- PKC
- （ウ）（エ）
- Gqタンパク（イ）　βγ　α
- GTP　GDP
- DAG（キ）
- （ク）IP3
- IP3
- Ca
- （カ）
- （オ）カルモジュリン
- リガンドに対応した効果器としての細胞応答
- タンパク質のリン酸化
- Ca²⁺プール
- 小胞体
- カルシウムチャネル
- （ケ）
- 参照 p122-125

1　リガンド（ア）はどれか．
　同様に，アセチルコリン以外はすべて脂溶性リガンドなのでGタンパクのリガンドではない．
　選択肢：アセチルコリン，活性型ビタミンD₃，アルドステロン，コルチゾール，甲状腺ホルモン

2　タンパク質複合体（イ）は何か．　　PKCの系なので，Gqタンパク質

3　酵素（ウ），（エ），（オ）は何か．　　（ウ）：ホスホリパーゼC，（エ）：PKC，（オ）：カルモジュリン

4　（キ）DAG，（ク）IP₃の日本語名は何か．また，それぞれの役割は何か．
　DAG：ジアシルグリセロール　　IP₃：イノシトール三リン酸

5　（ケ）は何か．　　カルシウムチャネル

6　（カ）に対応する細胞内応答はどれか．　　タンパク質のリン酸化

7　（カ）の持続を抑制する酵素は何か．　　プロテインホスファターゼ（タンパク質脱リン酸化酵素）

8　上記7の酵素を必要とする理由は何か．　　刺激の持続による細胞の癌化を防ぐ．

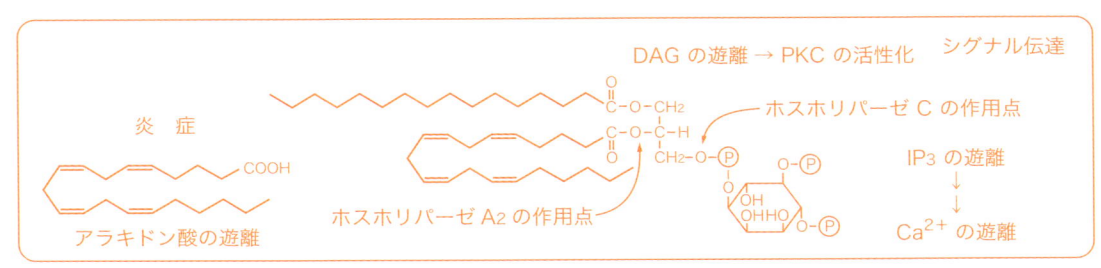

下部図中のラベル：
- 炎症
- アラキドン酸の遊離
- ホスホリパーゼA₂の作用点
- DAGの遊離 → PKCの活性化　シグナル伝達
- ホスホリパーゼCの作用点
- IP₃の遊離 → Ca²⁺の遊離

■■■ 6-3 図面を参考にして下記の問いに答えなさい．

(構造図：アラキドン酸，ホスホリパーゼA2，ホスホリパーゼC，IP3)

1 PKA，PKC の「P」の意味はどれか．　　　　タンパク質　リン酸化酵素
　　　　　　　　　　　　　　　　　　　　　　　protein　　kinase A
　(a) 糖質，(b) 脂質，(c) アミノ酸，(d) <u>タンパク質</u>，(e) 核酸
2 PKA，PKC の「K」の意味はどれか．
　(a) 糖質分解酵素，(b) 脂質分解酵素，(c) タンパク質分解酵素，(d) <u>リン酸化酵素</u>，
　(e) 脱リン酸化酵素
3 PKA を活性化する因子はどれか．
　(a) <u>cAMP</u>，(b) DAG，(c) IP3，(d) GTF，(e) FTF
4 PKC を活性化する因子はどれか．　　ジアシルグリセロール（DAG）が PKC を活性化する．
　(a) cAMP，(b) <u>DAG</u>，(c) IP3，(d) GTF，(e) FTF
5 PKA，PKC のタンパク質に対する作用はどれか．
　(a) 加水分解，(b) 転移，(c) 酸化，(d) <u>リン酸化</u>，(e) 脱リン酸化
6 PKA，PKC が関与する過程はどれか．下図より選びなさい．

　(a) ⟲ DNA ⇌(b)(e) RNA →(c) タンパク質（不活性型）→(d) タンパク質（活性型）
　　　　　　　　　　　　　　　　　　　　　　　　翻訳後修飾なので (d)

7 加水分解により，上記 4 の「PKC を活性化する因子」を遊離する物質はどれか．
　(a) 糖質，(b) 中性脂肪，(c) コレステロール，(d) <u>リン脂質</u>，(e) タンパク質
8 上記 4 の「PKC を活性化する因子」を遊離する酵素はどれか．
　(a) PKA，(b) PKC，(c) GTF，(d) ホスホリパーゼA2，(e) <u>ホスホリパーゼC</u>
9 上記 8 の酵素により遊離される，「もう 1 つの物質」はどれか．
　(a) PKA，(b) PKC，(c) cAMP，(d) DAG，(e) <u>IP3</u>
10 上記 9 の「もう 1 つの物質」の役割はどれか．
　(a) 炎症，(b) <u>シグナル伝達</u>，(c) cAMP，(d) DAG，(e) IP3

6-4 リン脂質の役割を模式図に示す．下記の問いに答えなさい．

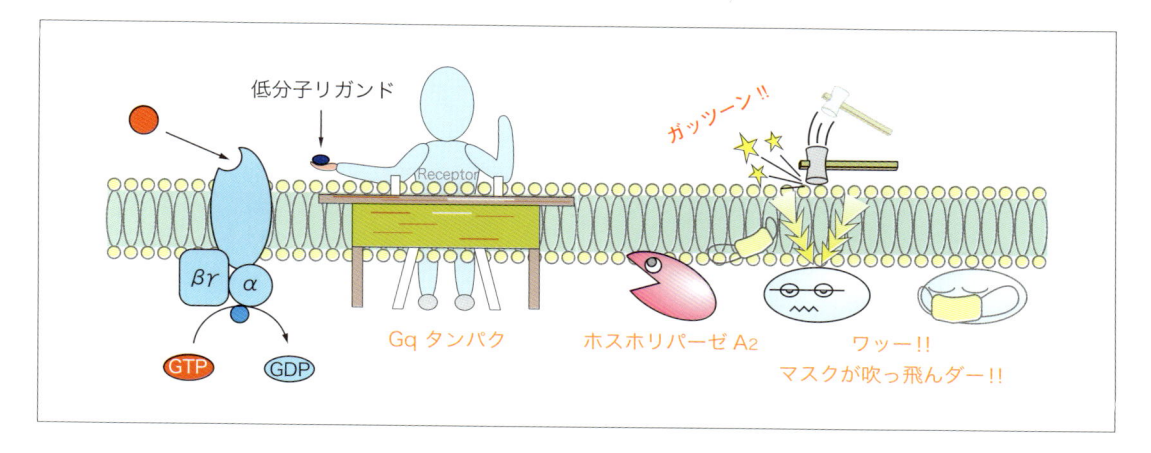

Aさんは「分子モデルの世界」に入ることをイメージし，左図に示すように細胞表層に存在するレセプターになったと仮定した．一方，BさんはAさんと同様「分子モデルの世界」に入ることをイメージし，右図に示すようにマスクをしてAさんの足元に待機する役割を演じることにした．

※リガンドがレセプターに結合することによりAさんが活性化され，その結果，ホスホリパーゼが活性化される．Gタンパクにリンクして活性化されるのはホスホリパーゼCであり，その場合はGqタンパクとなる．

1. GタンパクのなかまであるAさんの正式名称に付くべきアルファベットは何か． Gq
2. Aさんが活性化するホスホリパーゼの正式名称に付くべきアルファベットは何か． C
3. 上記ホスホリパーゼが基質とする物質は何か．またその物質はAさんのどのあたりに存在するか．
   Aさんの腰のあたりに存在するリン脂質
4. 上記ホスホリパーゼが遊離する物質のなかで，水溶性物質は何か．またその役割は何か．
   IP_3であり，カルシウムの遊離
5. 上記ホスホリパーゼが遊離する物質のなかで，脂溶性物質は何か．またその役割は何か．
   DAGであり，ホスホリパーゼCの活性化

※外圧などのショックによりBさんが活性化され，不飽和脂肪酸が遊離する．線維芽細胞ではシクロオキシゲナーゼの作用によりプロスタグランジンに変換される．

6. ホスホリパーゼの仲間であるBさんの正式名称に付くべきアルファベットは何か．
   炎症に関与するホスホリパーゼであり，その場合はA_2となる．
7. Bさんが基質とする物質は何か．またその物質はBさんのどのあたりに存在するか．
   Bさんの頭上あたりに存在するリン脂質
8. 遊離する不飽和脂肪酸の名称は何か． アラキドン酸
9. 上記不飽和脂肪酸に由来する誘導体の総称は何か． エイコサノイド

■■■ 6-5 神経細胞の概要を，活動電位の変化とともに模式図に示す．下記の問いに答えなさい．

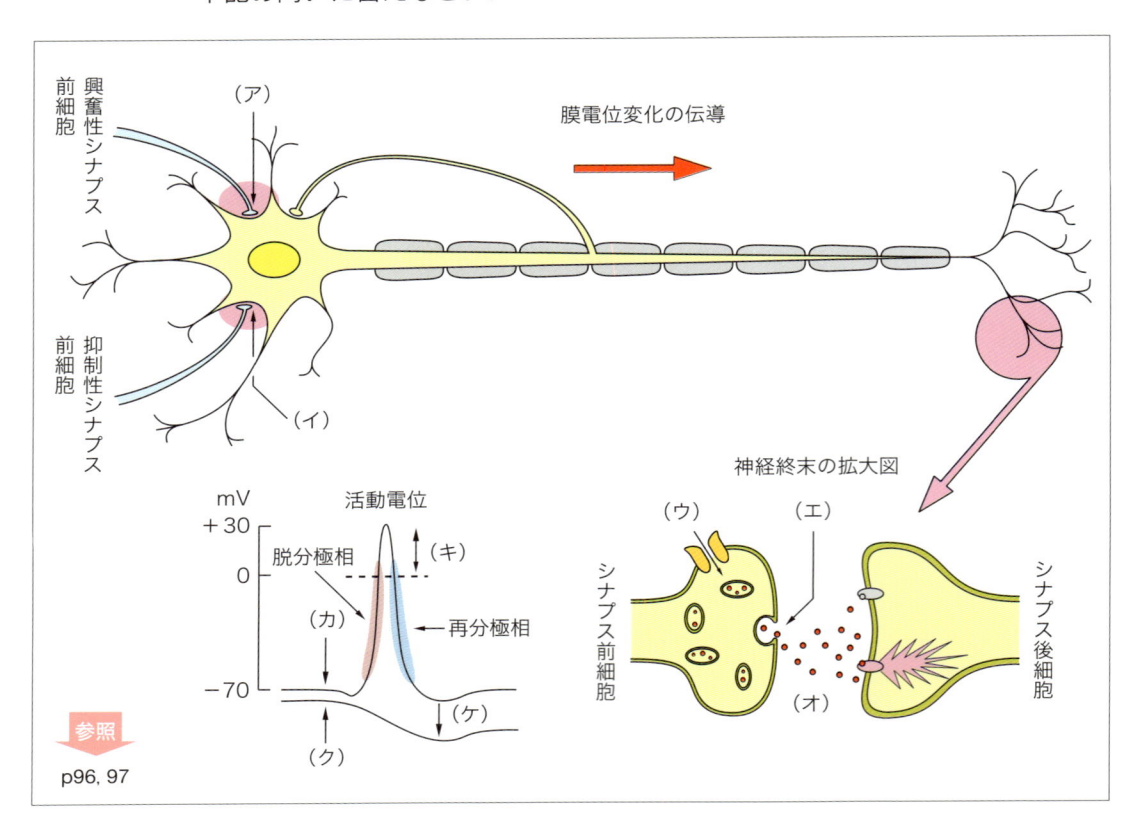

1 領域（ア）に存在する典型的な受容体は何か．
興奮性シナプスに対する受容体なので，ニコチン性アセチルコリン受容体
2 その受容体のリガンドは何か． アセチルコリン
3 そのリガンドが結合することにより神経細胞中に取り込まれるイオンは何か．
活動電位をもたらすのは，ナトリウムイオン → Na^+
4 領域（イ）に存在する典型的な受容体は何か．
抑制性シナプスに対する受容体なので，GABA 受容体
5 その受容体のリガンドは何か． GABA
6 そのリガンドが結合することにより神経細胞中に取り込まれるイオンは何か．
過分極をもたらすのは，塩素イオン → Cl^-
7 領域（ウ）において神経細胞中に取り込まれて開口分泌をもたらすイオンは何か．
開口分泌をもたらすのは，カルシウムイオン → Ca^{2+}
8 その結果起こる変化（エ）は何か． 神経伝達物質の放出
9 （カ）～（ケ）に適する語句は何か．
（カ）：ナトリウムイオンの取り込み　（キ）：オーバーシュート　（ク）：塩素イオンの取り込み
（ケ）：過分極
10 （カ）はどの領域で起こる変化か． （ア）：興奮性シナプスに対応する領域
11 （ク）はどの領域で起こる変化か． （イ）：抑制性シナプスに対応する領域
12 （ケ）をもたらす薬物は何か． バルビタール

6-6 副交感神経におけるリガンドとレセプターの関係を模式図に示す．下記の問いに答えなさい．

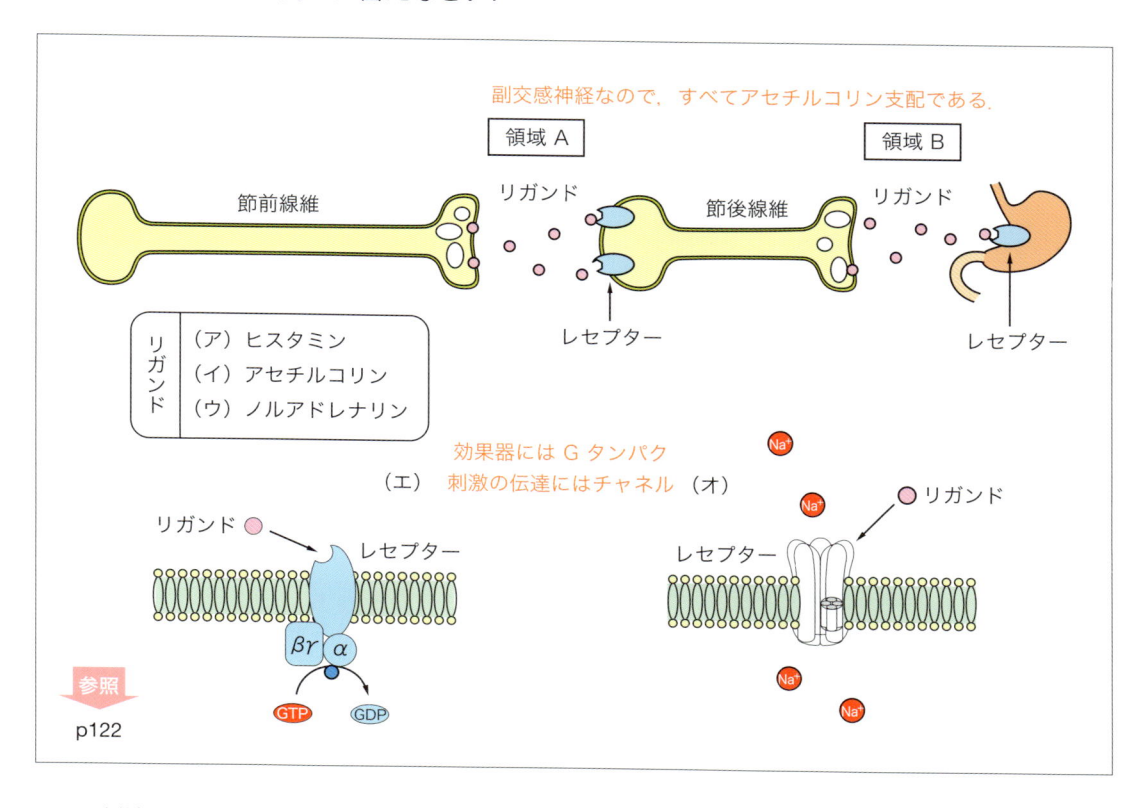

副交感神経なので，すべてアセチルコリン支配である．

領域 A　　　領域 B

節前線維　リガンド　節後線維　リガンド　レセプター　レセプター

リガンド
- （ア）ヒスタミン
- （イ）アセチルコリン
- （ウ）ノルアドレナリン

（エ）効果器には G タンパク
（オ）刺激の伝達にはチャネル

リガンド　レセプター

参照 p122

1　領域 A でのリガンドとレセプターの正しい組み合わせは何か．　（イ）と（オ）
2　領域 B でのリガンドとレセプターの正しい組み合わせは何か．　（イ）と（エ）
3　コリンエステラーゼが存在するレセプターはどれか．　（オ）
4　タンパク質のリン酸化に関与するレセプターはどれか．　（エ）

刺激の伝達
ナトリウムイオンの取り込みによる脱分極など．

効果器
標的細胞が実際に仕事をする．

感覚器により検出された刺激の伝達にはナトリウムイオンの取り込みが，また末梢細胞の効果器に実際に仕事を行わせるにはタンパク質のリン酸化が必要となる．したがって神経細胞にはチャネル内蔵型アセチルコリン受容体が，また末梢細胞の効果器には G タンパク共役型アセチルコリン受容体が存在する．

141

■■■ 6-7 血清カルシウム濃度の低下に起因する生理的応答を模式図に示す．
下記の問いに答えなさい．

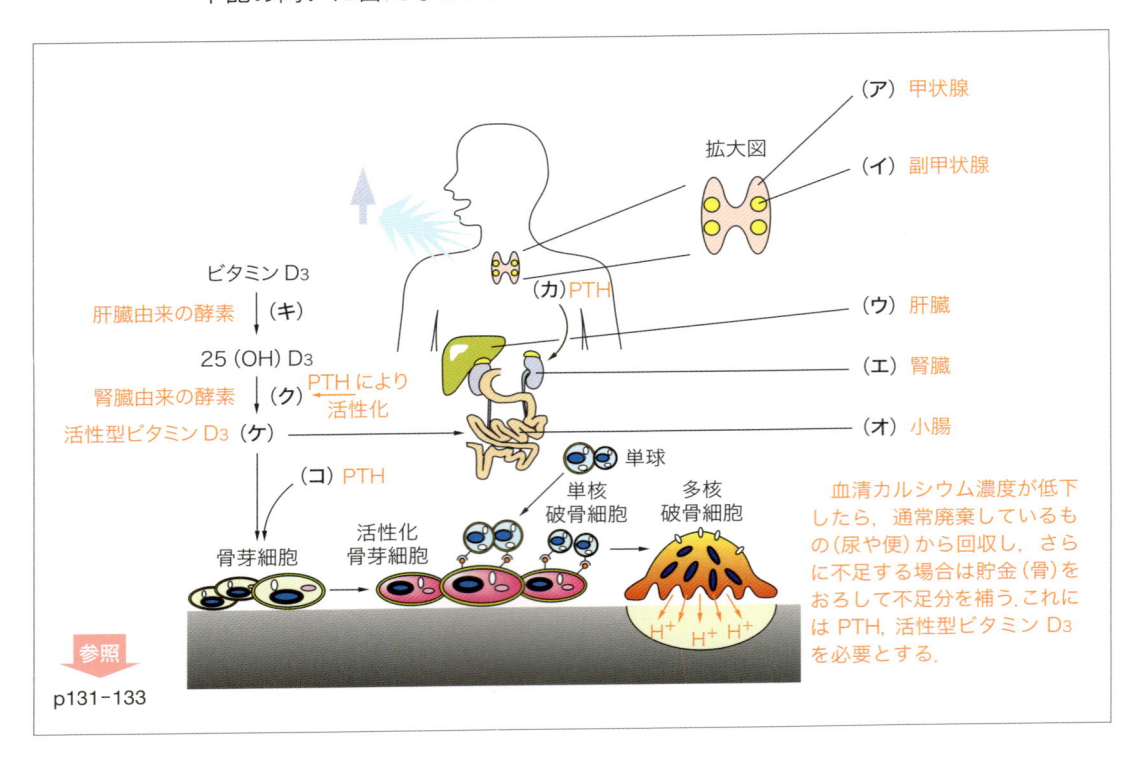

図中のラベル：
- （ア）甲状腺
- （イ）副甲状腺
- （ウ）肝臓
- （エ）腎臓
- （オ）小腸
- （カ）PTH
- （キ）肝臓由来の酵素
- （ク）PTHにより活性化／腎臓由来の酵素
- （ケ）活性型ビタミンD₃
- （コ）PTH

ビタミンD₃ → 25(OH)D₃ → 活性型ビタミンD₃

骨芽細胞 → 活性化骨芽細胞 → 単核破骨細胞 → 多核破骨細胞（H⁺ 放出）

血清カルシウム濃度が低下したら，通常廃棄しているもの（尿や便）から回収し，さらに不足する場合は貯金（骨）をおろして不足分を補う．これにはPTH，活性型ビタミンD₃を必要とする．

参照 p131-133

1. 血清カルシウム濃度が低下した際に分泌されるホルモン（カ）はどれか．
   選択肢：甲状腺ホルモン，**副甲状腺ホルモン**，カルシトニン，インスリン，グルカゴン
2. ホルモン（カ）を分泌する臓器はどれか．　**副甲状腺**
3. ホルモン（カ）の臓器（エ）に対する生理作用は何か．　**Ca²⁺の再吸収**
4. ビタミンD₃を水酸化する酵素（キ）はどの臓器から由来するか．　**肝臓由来の酵素**
5. 25(OH)D₃を水酸化する酵素（ク）はどの臓器から由来するか．
   腎臓由来の酵素．活性化にはPTHを必要とする．
6. 因子（ケ）は何か．　**活性型ビタミンD₃**
7. 因子（ケ）の臓器（オ）に対する生理作用は何か．
   カルシウム結合タンパクの遺伝子発現に関与し，最終的にCa²⁺を再吸収する．
8. 骨芽細胞の活性化に関与するほかの因子（コ）は何か．
   選択肢：甲状腺ホルモン，**副甲状腺ホルモン**，カルシトニン，ビタミンD₃，ビタミンK
9. 血清カルシウム濃度が上昇した際に分泌されるホルモンは何か．
   選択肢：甲状腺ホルモン，副甲状腺ホルモン，**カルシトニン**，インスリン，グルカゴン
10. 上記ホルモンの標的細胞は何か．　**多核破骨細胞**

■■ 6-8 体液，電解質の喪失に起因する生理的応答を模式図に示す．
下記の問いに答えなさい．

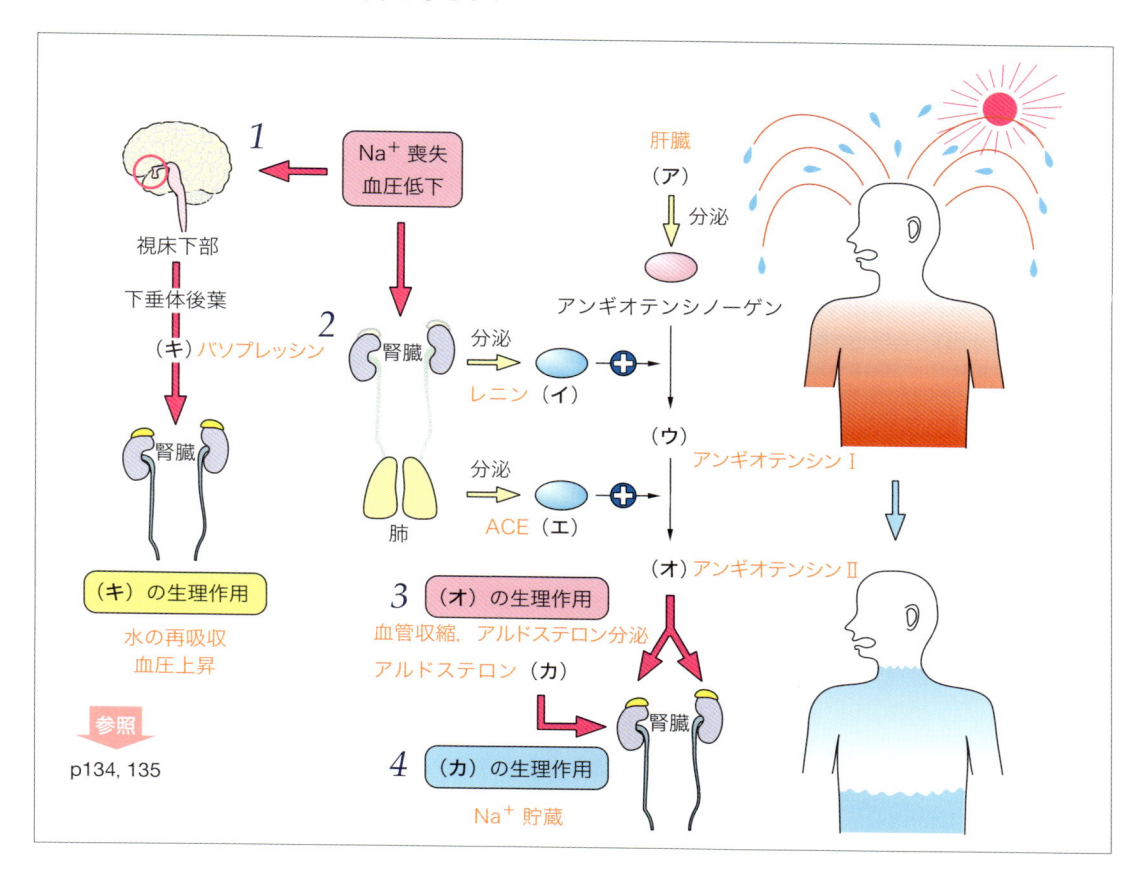

激しい運動を行った結果，水分，ナトリウムの喪失が起こる．その刺激が視床下部に伝わり…
1 下垂体後葉より分泌されるホルモン（キ）は何か． バソプレッシン
2 ホルモン（キ）のもつ生理作用は何か． 抗利尿作用
3 アンギオテンシノーゲンを構成的に分泌する臓器（ア）は何か． 肝臓
4 腎臓より分泌され，アンギオテンシノーゲンを分解する酵素（イ）は何か． レニン
5 酵素（イ）の作用によりアンギオテンシノーゲンより生じる物質（ウ）は何か．
アンギオテンシンI
6 肺より分泌され，（ウ）を分解する酵素（エ）は何か．
ACE（アンギオテンシン変換酵素：angiotensin-converting enzyme）
7 酵素（エ）の作用により物質（ウ）より生じる物質（オ）は何か． アンギオテンシンII
8 物質（オ）のもつ生理作用は何か． 血管収縮，アルドステロン分泌
9 物質（オ）の作用により副腎皮質より分泌されるホルモン（カ）は何か． アルドステロン
10 ホルモン（カ）のもつ生理作用は何か．
Na^+貯蔵：アルドステロンは脂溶性リガンドなので，遺伝子発現による．
11 酵素（イ），あるいは酵素（エ）の阻害薬によりもたらされる生理作用は何か．
血圧降下：アンギオテンシンIIの産生を抑制し，血圧上昇を防ぐ．

◆ 文章例題 ◆

問 1 アスピリンもリドカインも，ともに塩基性物質である．（Y or N）
　　　アスピリンは酸性物質，リドカインは塩基性物質：N
問 2 酸性物質は，酸性状況にすると水っぽくなる．（Y or N）
　　　酸性物質は，酸性状況にするとあぶらっぽくなる：N
問 3 極性の高い状態は水溶性に対応する．（Y or N）
　　　Y
問 4 細胞膜は極性が低い．（Y or N）
　　　Y
問 5 似た者同士は親和性を示す．（Y or N）
　　　Y
問 6 したがって極性の高い物質は細胞膜を透過できる．（Y or N）
　　　極性の高い物質は細胞膜を透過できない：N
問 7 デオキシリボースとリボースの差異は何か．
　　　2′-位の水酸基の有無による．
問 8 塩基対形成に関与する結合様式は何か．
　　　水素結合
問 9 水素結合とは，水素原子を介した共有結合である．（Y or N）
　　　No !!　電気陰性度の差に起因する静電結合である．
問 10 遺伝子の方向性を決める要素は何か．
　　　核酸の糖を構成する炭素原子の位置を示す番号に由来する．
問 11 転写の方向は常に 5′-側から 3′-側（5′→3′）に進む．（Y or N）
　　　Y
問 12 いいえ，3′→5′にも起こり，この反応に関与する酵素が逆転写酵素である．（Y or N）
　　　逆転写とは，逆転写酵素により RNA から DNA に遺伝情報が（逆方向に）転写されることを示す：N
問 13 cAMP の "c" は相補を意味する complement に由来する．（Y or N）
　　　「環状」を意味する cyclic に由来する：N
問 14 DNA 鎖および RNA 鎖の伸長開始とプライマーの必要性を述べなさい．
　　　DNA 鎖の伸長開始にはプライマーを必要性とするが，RNA 鎖の伸長開始には不要である．
問 15 Asp, Asn, Glu, Gln：アスパラギン酸，アスパラギン，グルタミン酸，グルタミンの差異は何か．
　　　アスパラギン酸，グルタミン酸は酸性アミノ酸，アスパラギン，グルタミンは酸アミド基をもつアミノ酸
問 16 遺伝暗号において，1 つのコドンを規定する塩基の数はいくつか．
　　　1 つのコドンは 3 塩基により規定される．
問 17 遺伝暗号において，コドンは何種類か．またアミノ酸は何種類か．
　　　コドンは 64 種類，アミノ酸は 20 種類
問 18 Gla, Hyp は何か．
　　　Gla：γ-カルボキシル基　　Hyp：ヒドロキシプロリン
問 19 アミノ酸の運搬は mRNA が行う．（Y or N）
　　　tRNA が行う：N
問 20 タンパク質は「生き物」なので，適当な養分を与えることにより増殖させることができる．（Y or N）
　　　タンパク質は「生き物」ではない：No !!

問 21 いいえ，タンパク質ではなく酵素が熱に弱い生き物なのダ!!（Y or N）
　　　酵素もタンパク質なので「生き物」ではない：No !!!
問 22 違うちがう．ウイルスくらいの大きさでないと生き物とはいえないのダ!!（Y or N）
　　　ウイルスは，核酸とタンパク質から構成される，単なる物質：No !!!!
問 23 タンパク質の二次構造を 2 種類あげなさい．
　　　α-ヘリックス，β-シートをタンパク質の二次構造とよぶ．
問 24 タンパク質の二次構造に関与する結合様式は何か．
　　　水素結合
問 25 コラーゲンの繰り返し構造は何残基のアミノ酸から構成されるか．
　　　3 残基のアミノ酸から構成される．
問 26 コラーゲン中で最も多いアミノ酸は何か．
　　　Gly-X-Y の繰り返しなので，グリシンが最も多いアミノ酸となる．
問 27 コラーゲン中に存在するプロリンの水酸化に必要なビタミンは何か．
　　　ビタミン C
問 28 澱粉のプロテアーゼ分解によりグルコースが生じる．（Y or N）
　　　グルコースは，澱粉のアミラーゼ分解により生じる：N
問 29 フルクトースの骨格は 6 角形である．（Y or N）
　　　フルクトースの骨格は 5 角形：N
問 30 いいえ，グルコースの骨格が 6 角形なのだ．（Y or N）
　　　Y
問 31 そしてその 6 角形はすべて炭素原子で構成されている．（Y or N）
　　　6 角形の中で，1 つは酸素原子で構成されている：N
問 32 グルコースが 2 分子結合することによりショ糖が構成される．（Y or N）
　　　グルコースが 2 分子結合したものはマルトースである：N
問 33 グルコースの重合体を 4 つあげなさい．
　　　澱粉，グリコーゲン，グルカン，セルロース
問 34 ショ糖を構成する糖は何か．
　　　G-F，すなわちグルコース-フルクトースがショ糖を構成する．
問 35 GTF の基質および高分子生成物は何か．FTF ではどうか．
　　　GTF の基質はショ糖，高分子生成物はグルカン．FTF の基質はショ糖，高分子生成物はフルクタン．
問 36 アルドースを還元すると何が得られるか．それらのおもな用途は何か．
　　　アルドースの還元により糖アルコールが得られ，それらは代用甘味料として使用される．
問 37 グルタミン酸から GABA を生じる反応は何か．
　　　脱炭酸反応によりグルタミン酸から GABA を生じる．
問 38 好塩基球とマクロファージとは，ともに脱顆粒作用を有する．（Y or N）
　　　好塩基球と肥満細胞とが，ともに脱顆粒作用を有する：N
問 39 そしてヒスタミンは脂肪細胞から放出される．（Y or N）
　　　ヒスタミンは好塩基球と肥満細胞とから放出される：N
問 40 アラキドン酸を遊離する酵素は何か．またイノシトール三リン酸を遊離する酵素は何か．
　　　アラキドン酸　→　ホスホリパーゼ A_2
　　　ノシトール三リン酸　→　ホスホリパーゼ C
問 41 リン酸化酵素はホスファターゼとよばれる．（Y or N）
　　　リン酸化酵素はキナーゼとよばれる：N

問 42 　いいえ，キナーゼがリン酸化酵素なのだ．（Y or N）
　　　　Y
問 43 　加水分解によりアラキドン酸を与える物質は何か．
　　　　リン脂質の加水分解によりアラキドン酸が生じる．
問 44 　加水分解により IP₃ を与える物質は何か．
　　　　リン脂質の加水分解により IP₃ が生じる．
問 45 　血糖値の定義とその正常値を述べなさい．血糖値を下げるホルモンは何か．
　　　　血液 100 m*l* 中のグルコースのミリグラム数．インスリンは血糖値を低下させる唯一のホルモンである．
問 46 　タンパク質代謝の最終産物は何か．
　　　　尿素（NH₂-CO-NH₂）である．
問 47 　尿素サイクルは肝臓で起こる．（Y or N）
　　　　尿素サイクルは肝臓で起こる：N
問 48 　核酸代謝により生じるのは何か．
　　　　尿酸
問 49 　コレステロールの役割を 3 つあげなさい．
　　　　細胞膜構成成分，胆汁酸の原料，ステロイドホルモンの原料　→　脂溶性リガンド　→　遺伝子発現
問 50 　リン脂質の役割を 3 つあげなさい．
　　　　細胞膜構成成分，シグナル伝達（IP₃），炎症（アラキドン酸カスケード）
問 51 　アディポネクチンの役割を 2 つあげなさい．
　　　　マクロファージ貪食抑制，インスリン感受性
問 52 　TNF-α の役割を 1 つあげなさい．
　　　　インスリン抵抗性
問 53 　インスリンの自己注射により改善される糖尿病は何型か．
　　　　1 型糖尿病はインスリン分泌不全なので自己注射により改善される．
問 54 　脂溶性リガンドの作用機序を述べなさい．
　　　　活性型ビタミン D₃，ステロイドホルモンなどの脂溶性リガンドは遺伝子発現に関与する．
問 55 　基底膜からはずれて浮遊する細胞の運命はどのようか．
　　　　正常細胞はアポトーシスを起こし死滅する．アポトーシスから逃れると癌化する．
問 56 　下垂体後葉より分泌されるホルモンを 2 つあげなさい．
　　　　オキシトシンとバソプレッシン
問 57 　ACE 阻害薬の薬理作用は何か．
　　　　降圧剤として使用される．
問 58 　血清カルシウム濃度が低下した際の PTH の役割を 3 つあげなさい．
　　　　腎臓におけるカルシウムの回収，腎臓でのビタミン D₃ 水酸化酵素の活性化，骨芽細胞の活性化
問 59 　その状況での活性型ビタミン D₃ の役割を 2 つあげなさい．
　　　　小腸に働きかけて，カルシウム結合タンパクをコードする遺伝子を発現し，PTH とともに骨芽細胞を活性化
問 60 　では血清カルシウム濃度が上昇した際に分泌されるホルモンは何か．
　　　　甲状腺からカルシトニンが分泌される．

索　引

あ
アゴニスト	128	
アスコルビン酸	→物質の極性	
アスピリン	→物質の極性	
アディポネクチン	→生活習慣病	
アデニル酸シクラーゼ	→PKA，PKC	
アドレナリン	→モノアミン	
アナフィラキシー	102，103	
アニーリング	84，85，93	
アポトーシス	→免疫の概要 98	
アミド結合	13	
アミノ酸	18，22，23，34，36，41，48	
アミラーゼ	25	
アラキドン酸カスケード	28，106，107，121，139	
アルカリ性ホスファターゼ	77，78	
アルドステロン	→脂溶性リガンド	
アンタゴニスト	128	
アンチコドン	→転写・翻訳のまとめ	

い
胃潰瘍（アスピリンと）	106，112，113	
鋳型鎖	→転写・翻訳のまとめ	
イソマルトース	→糖質の構造	
一次応答	→免疫の概要	
一次構造	→高次構造（タンパク質の）	
一次抗体	77，78，79，82，83	
遺伝暗号表	60	
遺伝子発現（真核生物の）	56，73	
インテグリン	104，117，119，130	
イントロン	→遺伝子発現（真核生物の）	

う
ウエスタンブロッティング	→電気泳動（タンパク質の）（核酸の）	

え
エイコサノイド	→アラキドン酸カスケード	
エクソン	→遺伝子発現（真核生物の）	
エラスチン	→繊維性タンパク	
塩基性物質	→物質の極性	
塩基対形成	31，58，70	
塩基配列の決定	88，89	
炎症（その概要）	105，120	
エンハンサー	→遺伝子発現（真核生物の）	

お
岡崎フラグメント	→複製	
オステオポンチン	→接着性タンパク	
オプソニン	102，103	

か
外分泌	→情報伝達（細胞間での）	
核酸代謝	37	
核酸の構造	31	
活性型ビタミン D_3	→脂溶性リガンド	
ガラクトース	→糖質の構造	

き
キシリトール	→糖アルコール	
キナーゼ	75	
キニン類，キニン系	108	
逆相クロマト	→物質の極性	
逆転写	55，65	
逆転写酵素	55，65，86，87	
キロミクロン	→脂質代謝	

く
クラススイッチ	→免疫の概要	
グリコーゲン	25，38，39	
グルカン	→糖質代謝（ミュータンス菌の）→糖質の構造	
グルコース	→糖質の構造	
グルコキナーゼ	48，50	

け
形質細胞	→免疫の概要	
血液細胞の分化	102，103，118	
血管透過性	23，105	
結合組織	104，119	
血小板	→血液細胞の分化	
ケトン体	38，39	

こ
好塩基球	→血液細胞の分化	
効果器（リガンドと）	122，141	
抗原提示	→免疫の概要	
好酸球	→血液細胞の分化	
高次構造（タンパク質の）	24，25	
構成酵素	→胃潰瘍（アスピリンと）→酵素（まとめ）	
酵素（まとめ）	40，41，47	
好中球	→血液細胞の分化	
コード鎖	→転写・翻訳のまとめ	
コドン	→転写・翻訳のまとめ	
コラーゲン	→繊維性タンパク→翻訳後修飾	
コリンエステラーゼ	127	
コレステロール	16，18，28，29	
混成軌道，sp^3，sp^2	8，16	

さ
サイトカイン	44，45，52，53，100，116	
細胞外マトリックス	→結合組織	
細胞周期	98	

147

	細胞傷害性T細胞	→免疫の概要	チャネル	122, 123
	細胞性免疫	→免疫の概要	中性脂肪	18, 28, 29, 38, 39
	サザンブロッティング	→電気泳動（タンパク質の）（核酸の）	調節タンパク	→PKA，PKC
			電気泳動（タンパクの，核酸の）	76, 79, 80, 81
	サッカロース	→糖質の構造	転写	58, 64
	三級アミン	12, 13	転写・翻訳のまとめ	58, 60, 66, 67, 68, 69, 70
	三次構造	→高次構造（タンパク質の）	転写因子	→遺伝子発現（真核生物の）
	酸性物質	→物質の極性		
	三文字表記，一文字表記（アミノ酸の）	22, 60, 104, 108, 135	澱粉	25, 50
	シクロオキシゲナーゼ	107, 112, 113, 121	糖アルコール	26
	自己分泌	→情報伝達（細胞間での）	糖質代謝（細胞の）	32, 33, 48, 50, 51
	脂質代謝	30, 34, 35, 45	糖質代謝（ミュータンス菌の）	26, 27, 49
	ジスルフィド結合	24	糖質の構造	25, 26
	ジデオキシ誘導体	→塩基配列の決定	糖尿病	→生活習慣病
	脂肪細胞	→結合組織		42, 43, 51
	脂肪酸の構造	11, 18, 19, 28, 121	動脈硬化	→生活習慣病
	修飾残基	→翻訳後修飾	トコフェロール	→物質の極性
	順相クロマト	→物質の極性	ドパミン	→モノアミン
	脂溶性物質	→物質の極性	トロンボキサン	→アラキドン酸カスケード
	脂溶性リガンド	46, 55, 57, 61, 130, 131, 132, 133, 134, 135, 142, 143		
	常染色体	→染色体	な	内分泌	→情報伝達（細胞間での）
	情報伝達（細胞間での）	99, 100		
	ショ糖	→糖質の構造	ニコチン型	→チャネル
	神経細胞（概要）	14, 96, 97	二次応答	→免疫の概要
			二次構造	→高次構造（タンパク質の）
	水素結合	24, 25, 58, 64, 65		
	水溶性物質	→物質の極性	二次抗体	77, 78, 79, 82, 83
	水溶性リガンド	122, 123		
	スクロース	→糖質の構造	ヌクレオシド	→核酸の構造
	スプライシング	→遺伝子発現（真核生物の）	ヌクレオチド	→核酸の構造
			ノーザンブロッティング	→電気泳動（タンパク質の）（核酸の）
	生活習慣病	40, 44, 45, 52, 53		
	制限酵素	74, 75		
	性染色体	→染色体	は	配位結合	12, 13, 21
	赤血球	→血液細胞の分化	薄層クロマト	→物質の極性
	接着性タンパク	22, 104, 117, 119		
	セロトニン	→モノアミン	非共有電子対	13, 17, 21
	線維芽細胞	→結合組織	ヒスタミン	→モノアミン
	線維性タンパク	104, 105, 109	ビタミン	101, 116
	染色体	94, 95	ビタミンC（プロリンの水酸化）	→翻訳後修飾
	セントラルドグマ	54, 55, 71	ビタミンK（γ-カルボキシル化）	→翻訳後修飾
	相補鎖	→転写・翻訳のまとめ	肥満細胞	→血液細胞の分化
	疎水結合	24		→結合組織
	ソルビトール	→糖アルコール		
た	体液性免疫	→免疫の概要	フィブロネクチン	→接着性タンパク
	代謝の全体像	38, 39	複製	58, 62, 63, 70
	脱顆粒	23, 105, 120		
	タンパク質代謝	34, 36, 37		

	物質の極性	12, 13, 14, 15, 18, 20, 21, 101, 112, 113	
	不飽和脂肪酸	→脂肪酸の構造	
	フルクタン	→糖質の構造	
		→糖質代謝（ミュータンス菌の）	
	フルクトース	→糖質の構造	
	プロスタグランジン	→アラキドン酸カスケード	
	分子モデル	8, 9, 16, 17, 48, 50, 51, 139	
	ヘキソキナーゼ	48, 50	
	ペプチド結合	24, 59, 60	
	変性 LDL	→生活習慣病	
	傍分泌	→情報伝達（細胞間での）	
	泡沫細胞	→生活習慣病	
	飽和脂肪酸	→脂肪酸の構造	
	補酵素	101	
	ホスファターゼ	126	
	ホスホリパーゼ A₂	28, 117, 137, 138, 139	
	ホスホリパーゼ C	28, 137, 138, 139	
	補体系	103, 111	
	ホルモン	32, 33, 39, 42, 45, 46, 51, 100, 116, 134, 135, 143	
	翻訳	59	
	翻訳後修飾	55, 61, 71, 72, 73	
ま	マクロファージ	→血液細胞の分化	
		→結合組織	
	マルトース	→糖質の構造	
	マンノース	→糖質の構造	
	ムスカリン型	→G タンパク	
	免疫の概要	114, 115	
	モノアミン	22, 23, 32, 102, 110	
や	誘導酵素	→胃潰瘍（アスピリンと）	
		→酵素（まとめ）	
	四次構造	→高次構造（タンパク質の）	
ら	ラギング鎖	→複製	
	ラミニン	→接着性タンパク	
	リーディング鎖	→複製	
	リガーゼ	→複製	
		75, 82, 83	
	リドカイン	→物質の極性	
	リポキシゲナーゼ	107, 121	

	リポタンパクリパーゼ	28, 35	
	リポタンパク質	→脂質代謝	
	略記法	10, 11, 16, 17, 19, 121	
	リン脂質	28, 29, 106, 107, 117, 121, 137, 138, 139	
	ロイコトリエン	→アラキドン酸カスケード	
＊	ALT（GPT），AST（GOT）	34, 36, 41, 47	
	B 細胞	→血液細胞の分化	
		→免疫の概要	
	cAMP	→PKA, PKC	
	Cox-1, Cox-2	→胃潰瘍（アスピリンと）	
		→酵素（まとめ）	
	ddNTP	→塩基配列の決定	
	DAG	124, 137, 138, 139	
	DNA ジャイレース	54, 55	
	DNA ポリメラーゼ	54, 55	
	DNA ポリメラーゼⅠ	→複製	
	DNA ポリメラーゼⅢ	→複製	
	DNase	76	
	ELISA 法	83	
	FTF	27, 49	
	G タンパク	122, 123	
	G-3-P DH	86, 87	
	GABA	→モノアミン	
	Gla	22, 55, 61, 73, 108	
	Gla タンパク	→翻訳後修飾	
	GTF	27, 49	
	HDL 代謝	→脂質代謝	
	hnRNA	→遺伝子発現（真核生物の）	
	Hyp	22, 61, 72	
	I 型アレルギー	110	
	IP₃	124, 137, 138, 139	
	LDL 代謝	→脂質代謝	
	MMP	105, 109, 119, 120	
	PCR, RT-PCR	81, 84, 85, 86, 87, 90, 91, 93	
	PDE	126, 127, 136	
	PKA, PKC	124, 125, 126, 127, 136, 137, 138	
	RGD 配列	→接着性タンパク	
	RNA ポリメラーゼ	54, 55, 56, 57, 64	
	RNase	76	
	RNase H	86	
	STR	90, 91	
	T 細胞	→血液細胞の分化	
		→免疫の概要	
	Taq ポリメラーゼ	75, 84, 85, 93	
	TATA 結合タンパク	→遺伝子発現（真核生物の）	
	TNF-α	→生活習慣病	
	t-PA, u-PA	105, 109, 119, 120	
	γ-GTP	41, 47	

生命科学の基礎

2011年2月1日 第1版第1刷発行

著　者　城座　映明
発行者　木村　勝子
発行所　株式会社 学建書院
〒113-0033　東京都文京区本郷 2-13-13　本郷七番館 1F
TEL(03)3816-3888
FAX(03)3814-6679
http://www.gakkenshoin.co.jp
印刷製本　三報社印刷㈱

Ⓒ Teruaki Shiroza, 2011［検印廃止］ Printed in Japan

JCOPY〈㈳出版者著作権管理機構　委託出版物〉
本書の無断複写は著作権法上での例外を除き禁じられています．複写される場合は，そのつど事前に，㈳出版者著作権管理機構（電話 03-3513-6969，FAX 03-3513-6979）の許諾を得てください．

ISBN978-4-7624-0675-1